MINGUO JIANZHU GONGCHENG QIKAN HUIBIAN

民國建築工程期刊匯編

69

《民國建築工程期刊匯編》編寫組 編

廣西師范大學出版社
GUANGXI NORMAL UNIVERSITY PRESS
·桂林·

第六十九册目録

中國營造學社彙刊

中華郵政特准掛號認爲新聞紙類

中國營造學社彙刊

第五卷第一期

本社出版書籍

婉漪圖

本社出版書籍

(一)彙刊第一卷一二期 (絕版) 每期六角

彙刊第二卷一二三期 (絕版) 每期六角

彙刊第三卷一二三四期 (絕版) 每期六角

彙刊第四卷一二三四期 每期八角

彙刊第五卷一期 每期八角

(二)工段營造錄 李斗著 四角

(三)一家言居室器玩部 李笠翁著 三角

(四)元大都宮苑圖考 (絕版) 四角

(五)營造算例 梁思成編訂 一元

(六)梓人遺制 元薛景石著 五角

(七)牌樓算例 劉敦楨編訂 五角

(八)園冶 明計成著 甲種一元八角 乙種一元

(九)正定古建築調查紀略 梁思成著 五角

(十)清式營造則例 梁思成著 甲種八元五角 乙種五元五角

(十一)岐陽世家文物圖像冊 甲種六元 乙種四元

(十二)岐陽世家文物考述 八角

(十三)三几圖(蝶几燕几匡几) 一元八角

(十四)大同古建築調查報告 梁思成 劉敦楨著 甲種一元六角 乙種一元

(十五)同治重修圓明園史料 劉敦楨著 六角

(十六)雲岡石窟中所表現的北魏建築 梁思成 林徽音 劉敦楨著 四角

中國營造學社彙刊第五卷第一期目錄

中國營造學社彙刊　第五卷　第一期　目錄

圖版壹

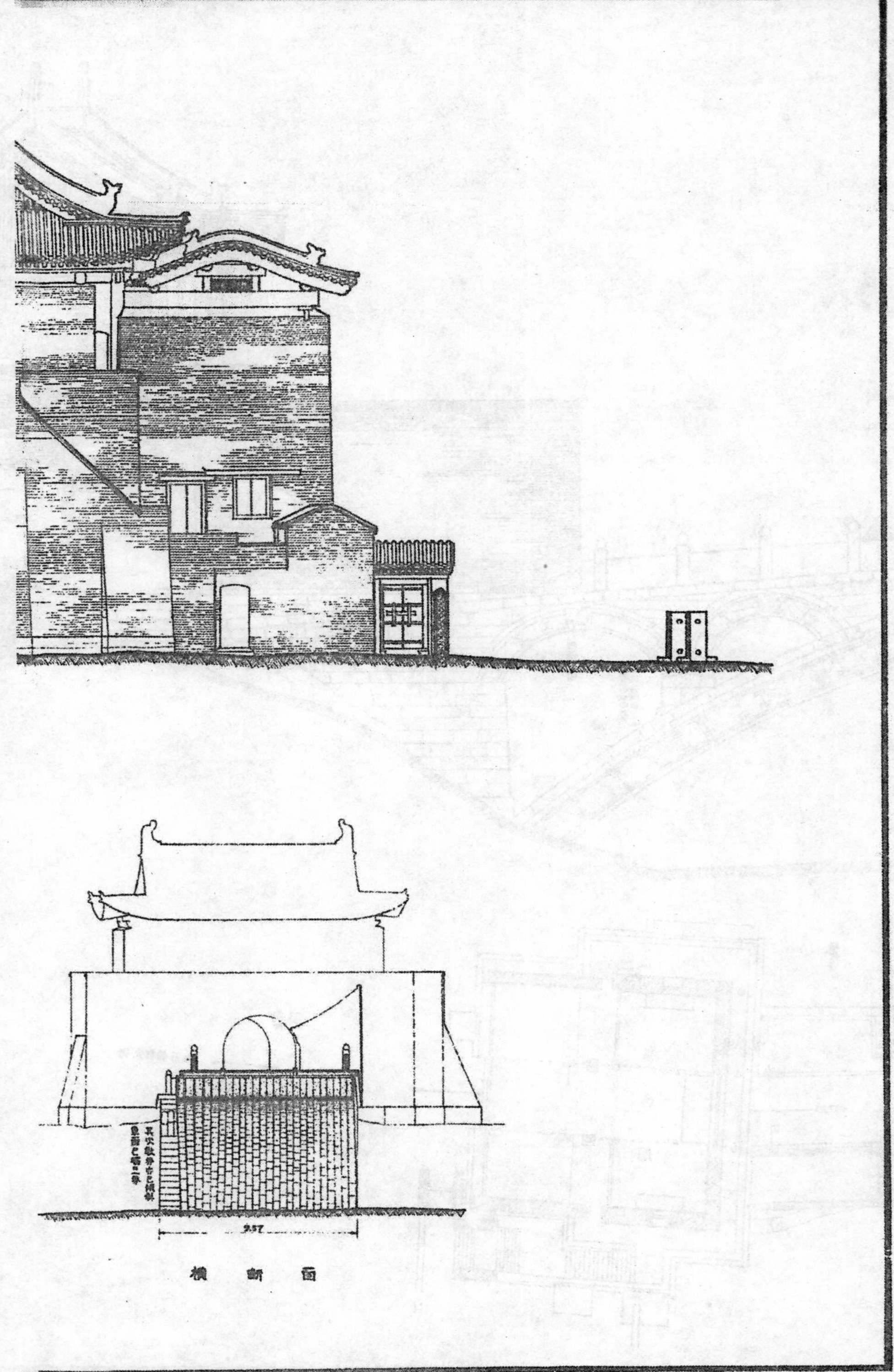

横断面

關帝廟

御大石橋村大 橋行 國 橋行 國

明代邊牆

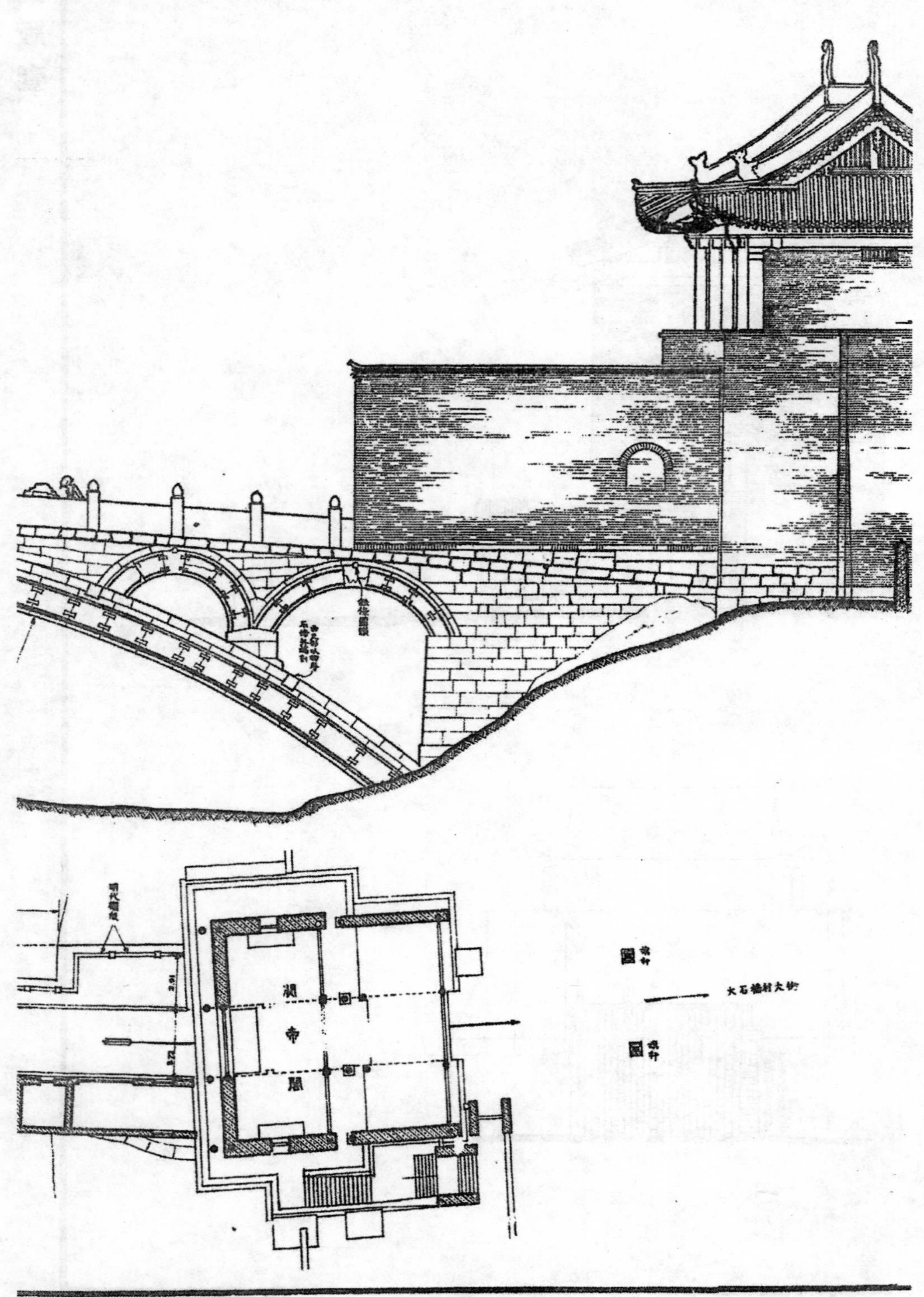

北趙縣安濟橋現狀實測圖

李春造　中國營造學社測繪　民國念貳年拾壹月實測　念叁年拾月製圖

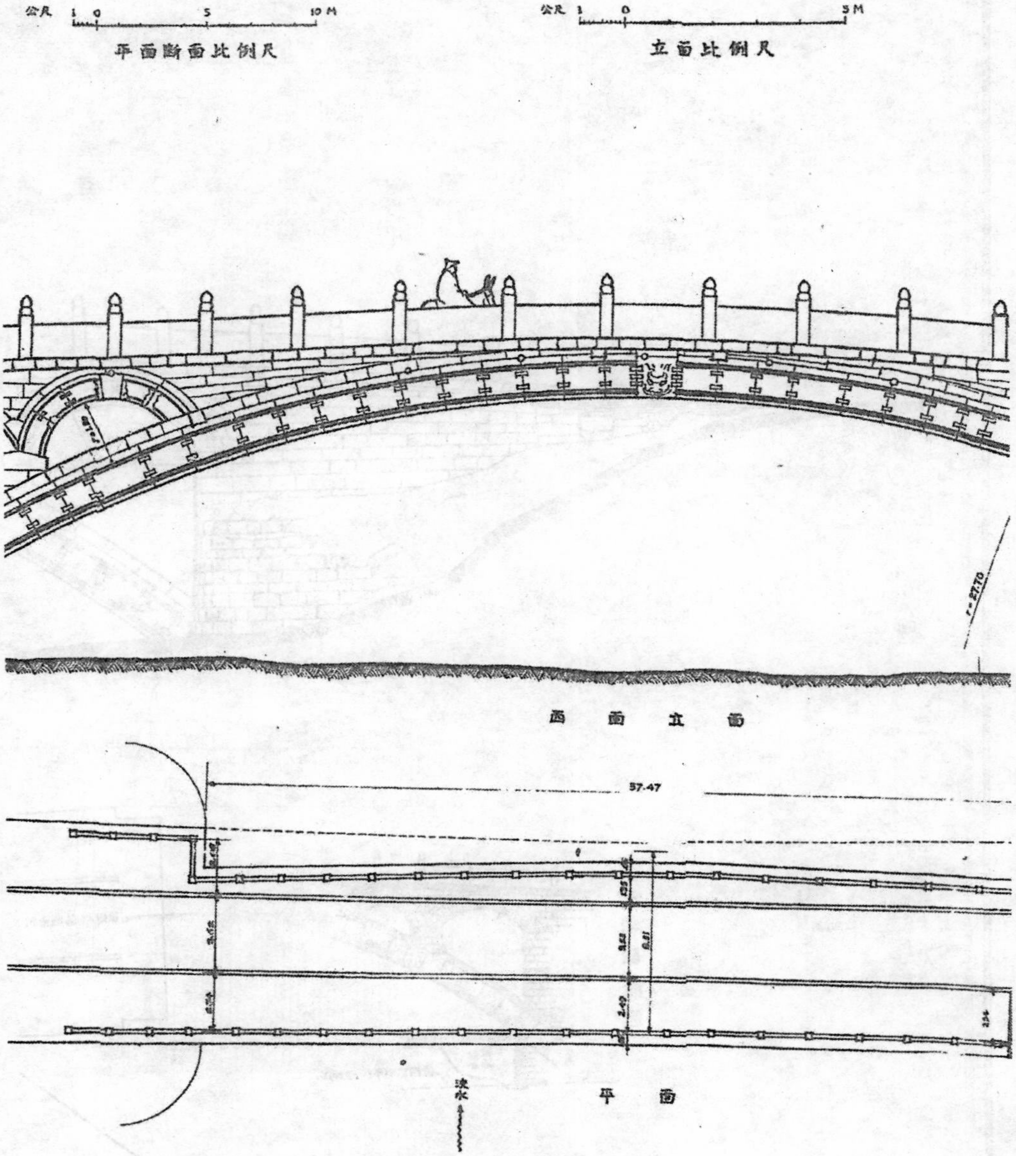

r=27.70

西面立面

37.47

9.61

洨水

平面

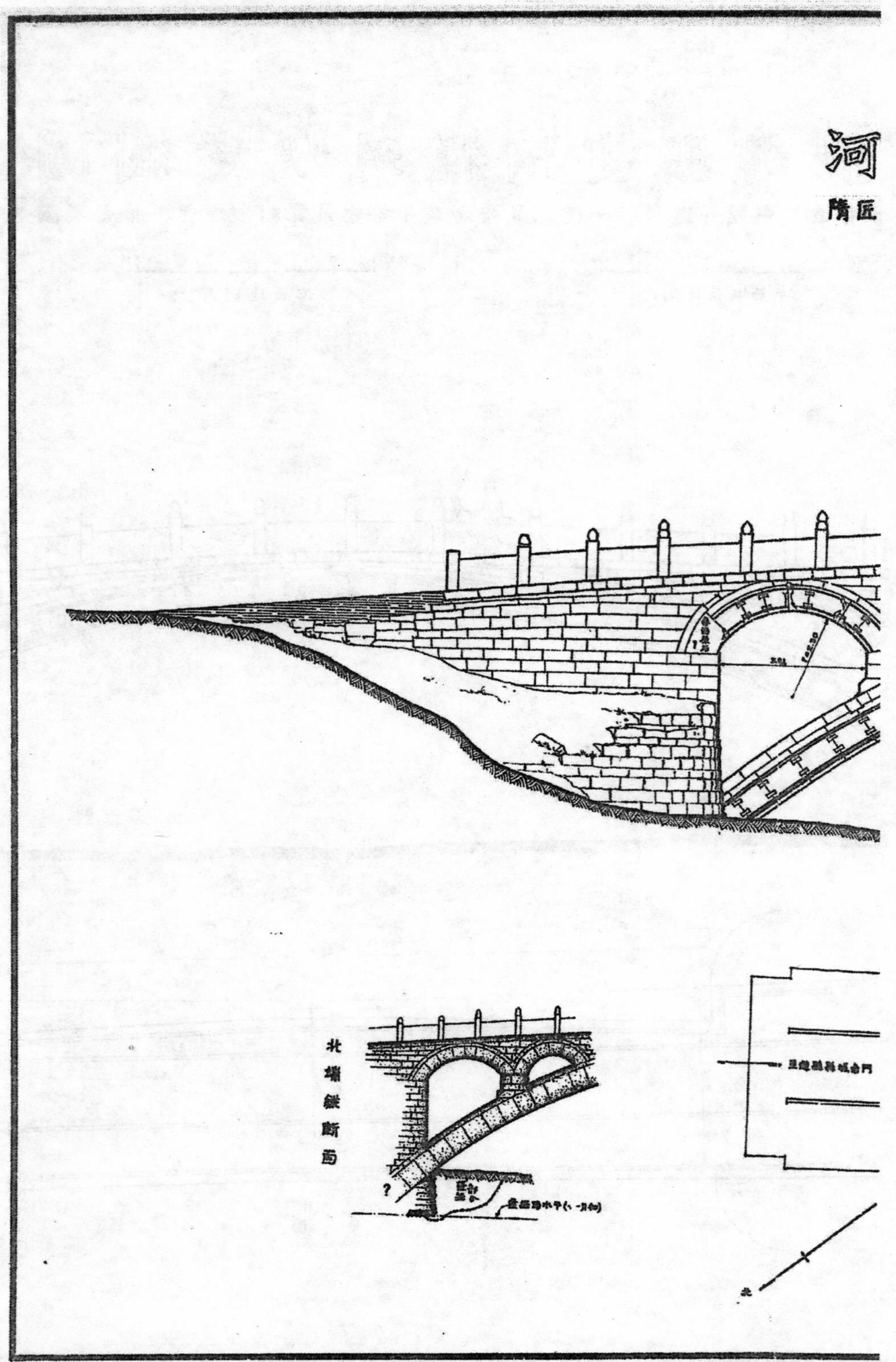

河
隋匠
北端縱斷面

圖版貳

現狀實測圖

一月實測廿三年十月製圖

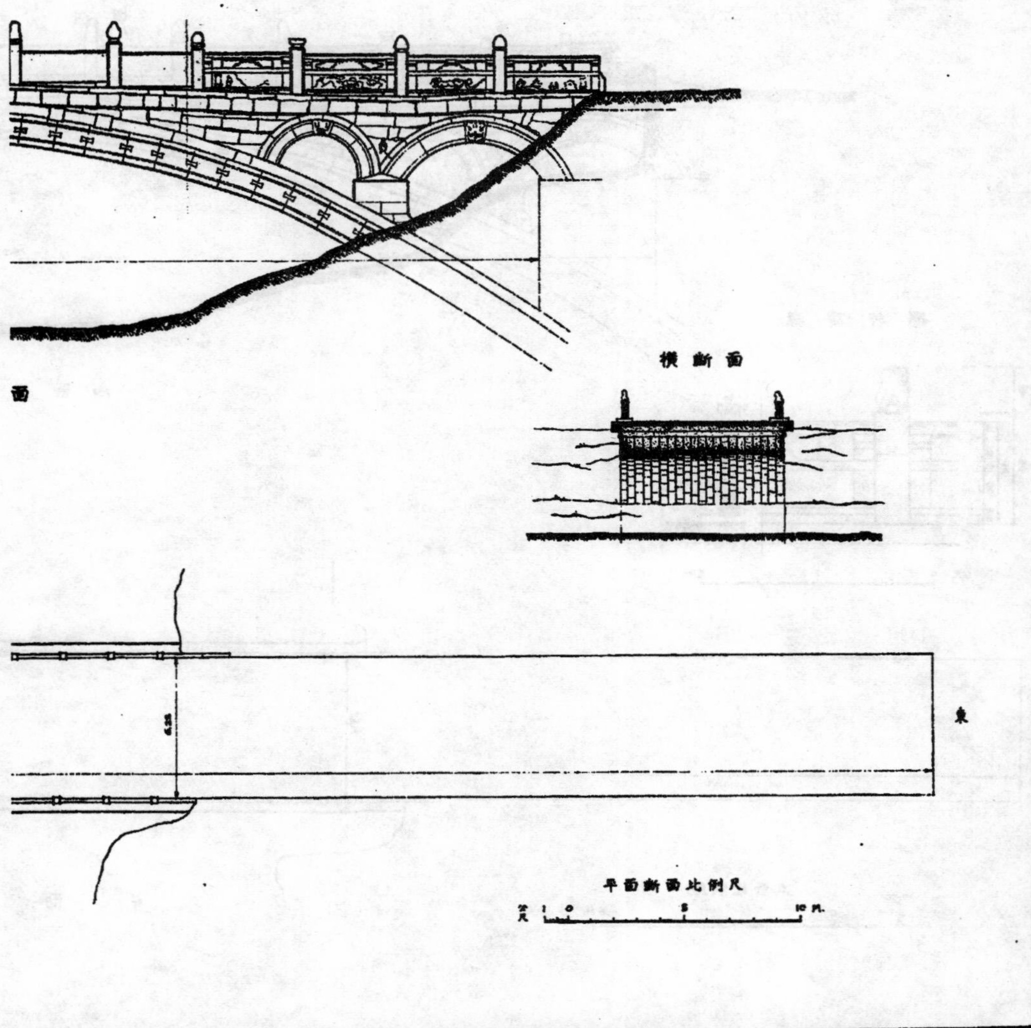

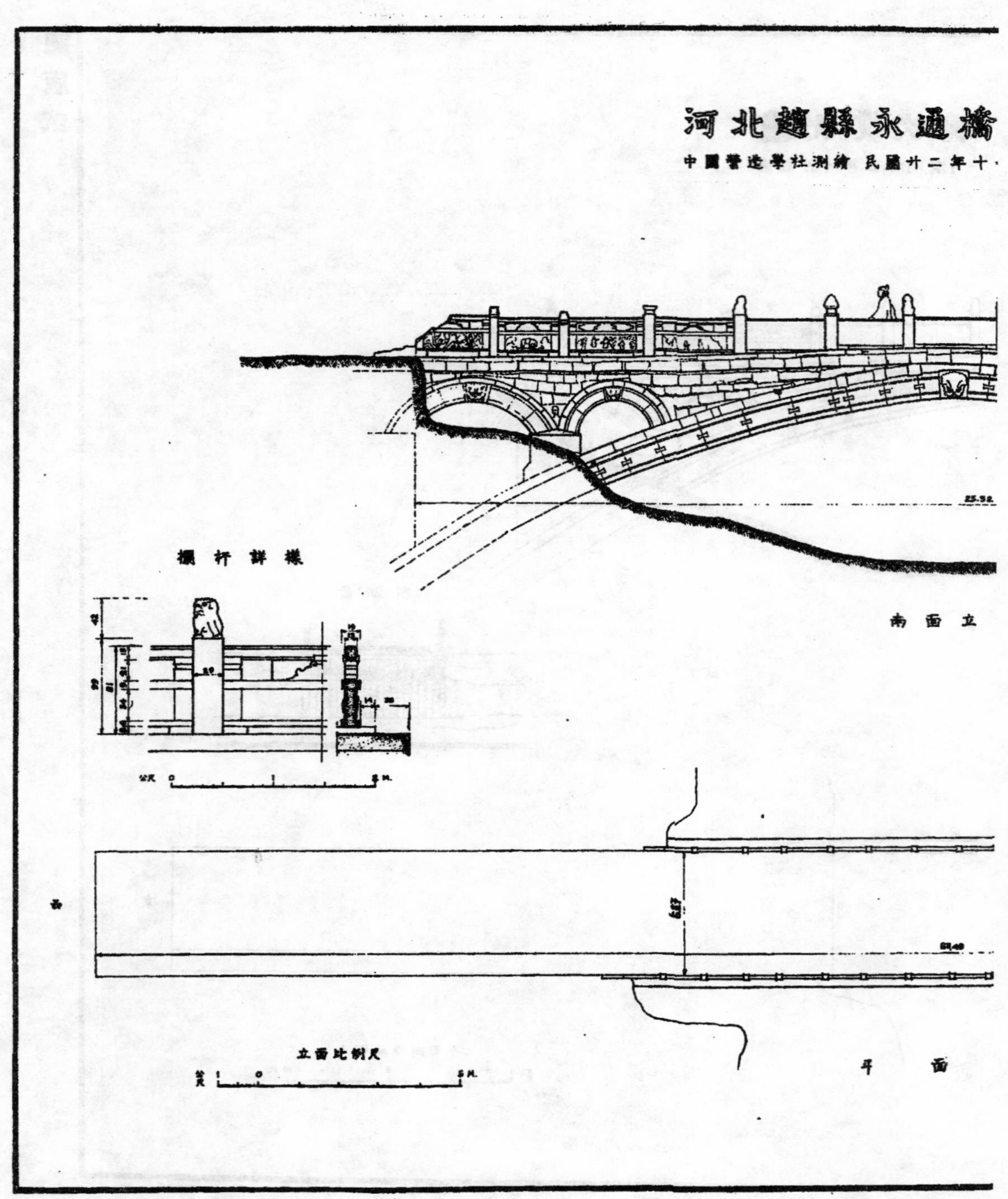
河北趙縣永通橋
中國營造學社測繪 民國廿二年十
欄杆詳樣
南面立
立面比例尺
平面

圖版叁

（甲）安濟橋西面全景

（乙）安濟橋東面全景

圖版肆

(甲)安濟橋西面新欄版

(乙)安濟橋東面舊欄版

圖版伍

（甲）安濟橋東面損壞處裏券

（乙）安濟橋大券底面

圖版陸

(甲) 安濟橋西面券面詳影

(乙) 安濟橋大券券伏

圖版柒

(甲)安濟橋北端券脚金剛牆

(乙)安濟橋北端兩小券西面

34585

34586

圖版捌

(甲)安濟橋橋面鳥瞰

(乙)安濟橋南端關帝閣

圖版玖

（甲）永通橋北面東半

（乙）永通橋南面西部

圖版拾

永通橋東端北面小券

圖版拾壹

(甲) 永通橋正德二年欄版之一

(乙) 永通橋正德二年欄版之二

圖版拾貳

(甲) 永通橋正德二年欄版駝峯

(乙) 永通橋清代補加欄版

圖版拾叁

（甲）永通橋小券撞券石上河神像之一

（乙）永通橋小券石上河神像之二

圖版拾肆

(甲)永通橋小券券墩上浮雕飛馬

(乙)永通橋西端小券北面券面浮雕

圖版拾伍

(甲)濟美橋東南面全影

(乙)濟美橋中部小券

圖版拾陸

(甲)濟美橋撞券石上河神像

(乙)濟美橋券面浮雕背馳圖

趙縣大石橋即安濟橋　附小石橋濟美橋

梁思成

一　緒言

北方有四大勝蹟著名得非常普徧，提起來鄉間的男女老少大半都曉得的「滄州獅子應州塔，正定菩薩趙州橋。」爲著給記憶力的方便這兩句諺謠便將那四大勝蹟串在一起成了許多常識之一種。

四處中之趙州橋，在一般平民心目中更是個熟識的古蹟？小放牛裏的：

「趙州橋魯般爺修，

34595

玉石欄干聖人留，
張果老騎驢橋上走，
柴王爺推車軋了一道溝……
誰沒有聽過或哼過它幾遍？

這平民心目中的四件寶貝，我前已調查考證過兩處。第一處正定，不止是那七十三尺銅鑄觀音可觀，隆興寺全寺中各個建築，且是宋代遺建中極重要的實物。第二處應縣佛宮寺木塔，全塔木構，高六十餘公尺，建於遼清寧二年，爲我國木塔中之最古者；巍峨雄壯，經八百餘年風雨，依然屹立，宜尊爲國寶之一。

這一次考察趙州，不意不單是得見偉麗驚人的隋朝建築原物，並且得認識研究這千數百年前的結構所取的方式，對於工程力學方面竟有非常的了解，及極經濟極聰明的控制。所以除却滄州鐵獅子我尚未得瞻仰不能置辭外，我對於北方諺謠中所稱揚的三個寶貝實在讚嘆景仰不能自已，且相信今日的知識階級中人對這幾件古傳瑰寶確有認識愛護的必要，敢以介紹人的資格，將我所考察所測繪的作成報告，附以關於這橋建築及工程方面的分析，獻與國內同好。

除大石橋外，在趙州更得到許多寶貝，其中有兩座橋，一座是縣城西門外的永通橋，即所謂小石橋；一座是縣西南八里宋村的濟美橋。因爲他們與大石橋多有相同之點，所以一並在此敍述。

在趙縣調查期間，蒙縣立中學校長耿平允先生及諸教員多方幫忙，並許假住校中；縣政府，建設局，保衛團亦處處保護，給予便利，都是我們所極感謝的。

二 安濟橋

安濟橋—俗呼大石橋—在趙縣南門外五里洨水上，一道雄偉的單孔弧券（segmental arch）橫跨在河之兩岸（圖版壹及叁）在券之兩端各發兩小券。橋之北端有很長的甬道，由較低的北岸村中漸達橋上。南岸的高度比橋背低不多，不用甬道，而在橋頭建立關帝閣一座；閣座是磚砌的高臺，下通門洞，凡是由橋上經過的行旅，都得由這門洞通行。橋面分爲三股道路，正中走車，兩旁行人。關帝閣前樹立一對旗杆，好像是區劃出大石橋最南頭的標識。

這一帶的鄉下人都相信趙州橋是「魯般爺修」的，他們並且相信現在所看見的大石券，是直通入水底成一個整圓券洞！但是這大石券由南北兩墩壁量起跨長三七·四七公尺（約十二丈）且為弧券。

按光緒趙州志卷一：

安濟橋在州南五里洨水上，一名大石橋，乃隋匠李春所造，奇巧固護，甲於天下。上有獸跡，相傳是張果老倒騎驢處。……

關於安濟橋的詩銘記贊，志載甚多見附錄二其中最重要的為唐中書令張嘉貞的安濟橋銘：

趙州洨河石橋，隋匠李春之跡也，製造奇特，人不知其所以為。試觀乎用石之妙，楞平碪斲，方版促郁，緘穹隆崇，豁然無楹，吁可怪也！又詳乎乂揷駢坒，磨礱緻密，甃百像一，仍餬灰璺，腰鐵栓蹙。兩涯嵌四穴，蓋以殺怒水之蕩突。雖懷山而固護焉，非夫深智遠慮，莫能𠝣是。其欄檻蕐柱，鎚斲龍獸之狀，蟠繞挐踞，睢盱翕欻，若飛若動。……

可惜這銘的原石今已不存。張嘉貞新唐書中有傳，武后時拜監察御史，玄宗開元八年公元七二〇，為中書令，當時距隋亡僅百年，既說隋匠李春，當屬可靠。其他描寫的句子，如「緘穹隆崇，豁然無楹」，「腰鐵栓蹙」和「兩涯嵌四穴」還都與我們現在所見的一樣。只是「其欄檻蕐柱，鎚斲龍獸之狀，蟠繞挐踞，睢盱翕欻，若飛若動」則已改變。現在橋的西面有石欄版，正中幾片刻有「龍獸之狀」，刀法布局，都不見得出奇，當為清代補葺圖版肆（甲）東面南端，尚存有舊欄兩版

34598

圖版肆(乙)，或者就是小放牛裏的『玉石欄杆，』但這舊欄也無非是明代重修時遺物而已詳下文。

「至於文中『製造奇特人不知其所以爲』正可表明這橋的造法及式樣，乃是一個天才的獨創，並不是普通匠人沾襲一個時代固有的規矩的作品；這眞正作者問題，自當格外嚴重些。

志中所錄唐代橋銘，尙有李翱、劉渙、張彧三篇見附錄二對於橋的構造和歷史雖沒有記載，但可證明這橋在唐代已是『天下之雄勝。』這些勒銘的原石也都不存在了。

在小券的壁上刻有歷代的詩銘題字，其中有大觀宣和及金元明的年號見附錄一。這千三百餘年的國寶名跡，將每個時代的景仰，爲我們留存到今日。

這堅壯的石橋，在明代以前，大概情形還很好。州志錄有明張居敬重修大石橋記，算是修葺的第一次紀錄。記中說：

世廟初，有鬻薪者以航進置橋下，火逸延焚，致橋石微隙，而腰鐵因之剝削；且上爲輜重穿敝。先大夫目擊而危之曰：弗葺，將就頹也！以癸亥歲，率里中杜銳等肩其役，垂若而年，石敝如前，余兄弟復謀請李縣等規工而董之，令僧人明進緣募得若干緡，而郡守王公實先爲督勅。經始於丁酉秋，而冬告竣，勝地飛梁，依然如故。……

按張居敬，隆慶丁卯一五六七舉人，他的父親張時泰，嘉靖甲子一五六四舉人，中舉祗比他早三年。記中所謂癸亥，大概是嘉靖四十二年一五六三。丁酉乃萬歷二十五年一五九七。這是我們所知道修橋的惟一記錄，而當時亦祇是『石微隙而腰鐵剝削』而已。

現在橋之東面已毁壞圖版叁(乙)伍(甲)西面石極新。據鄉人說，橋之西面於明末壞崩，按當在萬歷重修之後若干年，而於乾隆年間重修但並無碑記。橋之東面亦於乾隆年間崩落，至今尙未修葺。落下的石塊還成列的臥在河牀下。現在若想拾起重修，還不是一件很難的事。

石橋所跨的洨水，現在只剩下乾涸的河牀，掘下二公尺餘方纔有水，令人疑惑那裏來的『怒水之蕩突』。按州志引舊志說水有四泉；張孝時洨河考謂其『發源於封龍山……瀑布懸崖，水皆從石罅中流出……』漢書地理志則謂『井陘山洨水所出』。這許多不同的說法，正足以證明洨水的乾涸不是今日始有的現象。但是此橋建造之必要，定因如水經注裏所說『洨水不出山而假力於近山之泉』……『受西山諸水每大雨時行，伏水迅發，建瓴而下，勢不可遏』……『當時頗稱巨川，今僅有涓涓細流，惟夏秋霖潦，挾衆山泉來注，然不久復爲細流矣。』

現在洨水的河牀無疑的比石橋初建的時候高得多。大券的兩端都已被千餘年的淤泥掩埋，券的長度是無由得知。我們實測的數目，南北較大的小券的墩壁(金剛牆)間之距離爲三七·四七公尺，由四十三塊大小不同的楔石砌成，但自墩壁以外，大券還繼續的向下去，其淨跨(clear span)長度當然在這數目以上。這樣大的單孔券，在以楣式爲主要建築方法的中國，尤其是在一千三百餘年以前，實在是一樁値得驚異的事情。誠然在歐洲古建築中，三十七八公尺乃至四十公尺以上的大券或圓頂，並不算十分稀奇。羅馬的班題甕(Pantheon)公元一二三大圓頂徑約四十二公尺半，半徑約二十一公尺；與安濟橋約略同時的君士坦丁堡的聖蘇非亞教堂(St. Sophia)今爲禮拜寺，大圓頂徑約三二·六公尺，半徑一七·二公尺。安濟橋的淨跨固然比這些都小，但是一個不可忽視的要點，乃在安濟橋的券乃是一個『弧券』(segmental arch)；其半徑約合二七·七〇公尺，假使它完成整券，則跨當合五五·四〇公尺，應當是古代有數的大券了。

中國用券最古的例見於周漢陵墓，如近歲洛陽發現的周末韓君墓，墓門上有石券〔注一〕，旅順附近南山裏諸漢墓門上皆有圓券〔注二〕；魯蜀諸漢墓亦多發券。至於券橋之產生，文獻與實物，俱無佐證，是否受外來影響，尚待考證。我們所知道關於券橋最初的紀載，有水經注穀水條：

其水又東，左合七里澗。澗有石梁，即旅人橋。橋去洛陽宮六七里，悉用大石，下圓以通水，題太康三年十一月初就功。

由文義上看來，其爲券橋，殆少疑義。且後世紀錄券橋文字中所常用『幾孔』字樣，並未見到，所以或許也是一座單孔券橋。後世常見的多孔券橋，其重量須分布於立在河心的墩子上，即今日所謂金剛牆。但是古代河心多用柱——木柱或石柱——石墩見於記載之始者，爲唐洛陽天

並列砌劵法

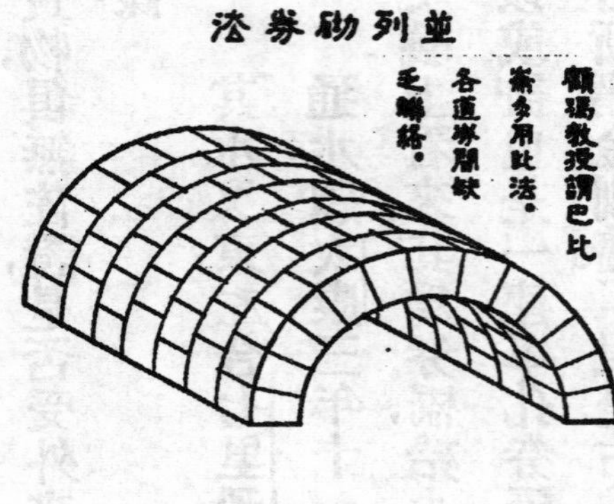

顧瑪教授謂巴比崙多用此法。各道劵間缺乏聯絡。

縱聯砌劵法

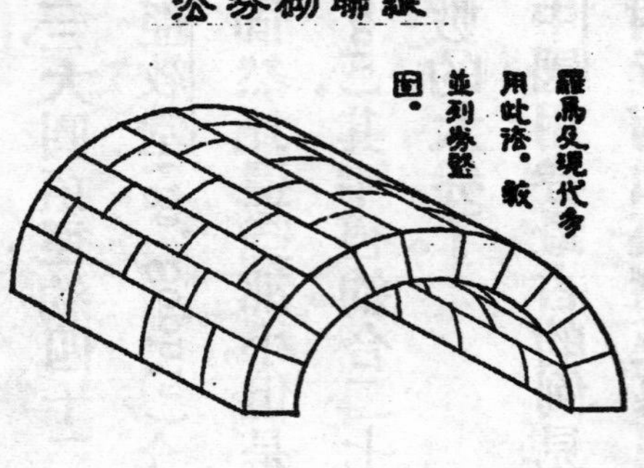

羅馬及現代多用此法。較並列劵堅固。

津橋，於貞觀十四年『更令石工累方石爲脚』〔注三〕在這種方法發明以前我頗疑六朝以前的劵橋都是單劵由此岸達於彼岸的。所以大石橋的尺寸造法雖然非常但單劵則許是當時所知道的唯一辦法。

現代通用的砌劵方法，是羅馬式的縱聯砌劵法，砌層與劵筒的中軸線平行而在各層之間使砌縫相錯（插圖）使劵筒成爲一整個的。許多漢代墓劵，也是用羅馬式砌法。安濟橋大劵小劵的砌法，出我意外的，乃是巴比崙式的並列砌劵法，用二十八道單獨的劵並比排列着，每道寬約三十五公分强（插圖及圖版伍（乙））。大劵厚一·〇三公尺，全部厚度相同。每石長度並不相同，自七十公分至一〇九公分不等。各塊之間皆用『腰鐵』兩件相連，無論表劵（即劵面）裏劵，都是如此做法（圖版伍（甲）陸（甲））。西面劵頂正中的如意石（key stone）刻有獸面，並用腰鐵三個；這是近代重修的。劵面隱起雙線兩道，大概是按原狀做成。各道劵之間並沒有密切的聯絡，除却在大劵之上用厚約三十三公分的石板依着劵筒用不甚整齊的縱聯式砌法鋪在劵上，其主要砌縫與大劵二十八道劵縫成正角卽清式瓦作發劵上之『伏』圖版陸(乙)。它的功用似在做各道單獨的大劵間的聯絡構材。 但是這單薄的伏—尤其是中部—和它上面不甚重的荷載所產生的磨擦力(friction)並不足以阻止這些各個劵的向外倒出的傾向。

大劵兩端下的劵基爲免水流的冲激，必須深深埋入，絕不衹在現在所見的劵盡處，雖然亦不能如鄉人所傳全劵成一整圓。 爲要實測劵基我們在北面劵脚下發掘，但在現在河牀下約七八公寸，卽發現承在劵下平置的石壁圖版壹及柒(甲)。 石共五層共高一·五八公尺每層較上一層稍出臺下面並無堅實的基礎，分明衹是防水流冲刷而用的金剛牆而非承納橋劵全部荷載的基礎。 因再下三四公寸便卽見水，所以除非大規模的發掘，實無法進達我們據學理推測的大座橋基的位置。 發掘後，我因不得知道橋基造法而失望，也正如鄉下人因不能證實橋劵爲整圓而大失望一樣。

再講這長扁的大劵上面每端所負的兩個小劵圖版柒(乙)，張嘉貞銘所說的『兩涯嵌四穴』眞是可驚異的表現出一種極近代的進步的工程精神。 羅馬時代的水溝(aqueduct)誠然也是劵上加劵，但那上劵乃立在下劵的劵墩上，而且那種引水法並不一定是智慧的表現，雖然爲着它氣魄雄厚，古意縱橫，博得許多的榮譽。 這種將小劵伏在大劵上以減少材料，減輕荷載的空撞券法(open spandrel)在歐洲直至近代工程中纔是一種極通用的做法。歐洲古代的橋，如法國 Montauban 十四世紀建造的 Pont des Consuls 雖然在墩之上部發小券但小券並不伏在主券上。眞正的空撞券橋至十九世紀中葉以後纔盛行於歐洲。Brangwyn & Sparrow 合著的說橋 (A Book of Bridges) 則認爲一九一二年落成的 Algeria, Constantine 的 Point Sidi Rached 一道主券長七十公尺兩端各伏有四小券的橋是半受羅馬水溝影響半受法國 Ceret 兩古橋(1321)影響的產品。但這些橋計算起來較安濟橋竟是晚七百年乃至千二百餘年。

這兩個小券靠岸的較中間的略大圖版柒(乙)也是由二十八道並列的單券合成，如同大券一樣，它們也是弧券雖然在這地位上用整半圓券或比較更合理。靠岸的一邊有方石砌成的墩壁，以承受第一小券(卽較大的一個)的一端。第一小券與第二小券(卽較小的一個)相接處，用石墩放在大券券面上承托着。在東面損壞處可以看出券面上鑿平以承托這石墩；西面却是石墩下面斜放在券面的斜面上，想是後世修葺時疎忽的結果。據我們實測南北四小券都不是規矩的圓弧，但大略說北端第一小券半徑約二·三〇公尺，淨跨三·八一公尺，第二小券半徑約一·五〇公尺，淨跨二·八五公尺，近河心一端的券脚都比近岸一端的券脚高。小券的厚度爲六六公分，上加厚約二〇公分的伏。但在北端西面第一小券券脚尙是一塊舊石，較重修的券面厚約二十公分，圖版壹及柒(乙)可以看出現狀與原狀出入處。第二小券上如意石獸面大概也是重修前的原物。

因爲用這種小券大券上的死荷載便減輕了許多材料也省了許多，這小券頂與大券頂間的線便定了橋的面線。橋面以下券以上的三角形撞券(spandrel)均用石砌滿，上鋪厚約二十七八公分的石版，以受車馬行旅不間斷的損耗。

這橋的主要造法既是二十八道單獨的孤券券與券間沒有重要的聯絡構材，所以最要防備的是各個石券向外倒出的傾向。關於這個預防或挽救的方法，在這工程中除去上述的伏以砌法與二十八道券成爲縱橫的聯絡外，我們共又發現三種：(一)在券面上小券的券脚處有特別伸出的石條，外端刻作曲尺形圖版陸(甲)及柒(乙)希冀用它們拘住勢要向外倒出的大券。(二)在小券脚與正中如意石之間又有圓形的釘頭圖版壹及柒(乙)，表示裏面有長大的鐵條，以供給石與石間所缺乏的張力。但這兩種方法之功效極有限，是顯而易見的。(三)最可注意的乃是最後一種，這橋的建造是故意使兩端闊而中間較狹的圖版壹。現在橋面分爲三股中間走車，兩旁行人，我們實測的結果，北端兩旁欄杆間距闊九·〇二公尺；南端若將小房移去當闊約九·二五公尺；而橋之正中若東面便道與西面同闊(東面便道現已缺三券)則闊僅八·五一公尺。相差之數，竟自五一公分乃至七四公分，絕非施工不愼所致。如此做法的理由，固無疑的爲設計者預先見到各個單券有向外傾倒的危險，故將中部闊度特意減小，使各道有向內的傾向來抵制它，其用心可謂周密，施工亦可謂謹愼了。

但卽此偉大工程與自然物理律抗衡，經歷如許年歲，仍然不免積漸傷損，所以西面五道券，經過千餘年，到底於明末崩倒，修復以後，簇新的石紋，還可以看出。後來東面三道亦於乾隆年間倒了。現在自關帝閣上可以看出橋東面的中部，已經顯然有向外崩倒的傾向（圖版捌（甲））若不及早修葺，則損壞將更進一步了。

橋本身而外，尙有附屬建築物二：

（一）在橋的南端岸上的關帝閣（圖版壹及捌（乙））閣由前後兩部合成，後部是主要部分，一座三楹殿，歇山頂，築在堅實的磚臺上。臺下的圓門洞正跨在橋頭，凡是由橋上經過的行旅，全得由此穿過。由手法上看來，這部分也許是元末明初的結構。前部是上下兩層的樓，上層也是三楹；下層外面雖用磚牆，與後部磚臺聯絡相稱，內部卻非門洞，而是三開間，以中間一間爲過道，通聯後部門洞，爲行人必經之處。上層三楹前殿，用木樓版，捲棚懸山頂。這前部，由結構法上看來，當屬後代所加。正殿內關羽像，尙雄偉。前簷下的匾額，傳說是嚴嵩的手筆。

（二）靠在閣下，在橋上南端西面便道上，現有小屋數楹，當是淸代所加（圖版壹及叁（甲））。

（三）橋之北端，在墩壁的東面，有半圓形的金剛雁翅。按淸式做法，雁翅當屬橋本身之一部。但這裏所見，則顯然是後世所加，以保護橋基及隄岸的。

34606

三　永通橋

測繪安濟橋之後，在趙縣西門外護城河上意外的我們得識到小石橋，原名永通橋，其式樣簡直是大石橋縮小的雛形（圖版貳及玖）。

按州志卷一：

永通橋在西門外淸水河上，建置莫詳所始，以南有大石橋，因呼爲『小石橋』。

卷十四錄明王之翰重修永通橋記；

吾郡出西門五十步，穹窿莽狀如堆碧，挾溝澮之水……橋名永通，俗名『小石』。蓋郡南五里，隋李春所造之大石……而是橋因以小名遜其靈矣。橋不楹而聳，如駕之虹，洞然大虛，如弦之月；旁挾小竇者四，上列倚欄者三十二；締造之工，形勢之巧，直足頏頏大石，稱二難於天下。……歲丁酉，鄉之張大夫兄弟……爲衆人倡，而大石橋煥然一新……比戊戌，則郡父老孫君張君欲修此以志續功。……取石於山，因材於地。

穿者起之，如砥平也。倚者易之，如繩正也。雕欄之列，獸伏星羅，照其彩也。文石之砌，鱗次繡錯，鞏其固也。蓋戌之秋，亥之夏，爲日三百而大功告成。……父老孫君名寅，張君名歷春。

這橋之重修，乃在大石橋重修之明年，戊戌至己亥，公元一五九八秋動工，至一五九九夏完成。這是我們對於橋的歷史，除去正德二年欄版（見下文）刻字外，所得唯一的史料。

在結構法上，小橋與大橋是完全相同的，沒有絲毫的差別。兩端小券墩壁間的距離爲二十五公尺半，大券淨跨當較此數略長。大券也是弧券，其半徑約爲十八公尺半，由二十一道單券排比而成。券上施伏，兩端各施兩小券（圖版拾）。小券的墩壁及券的形式，券墩與大券的關係，與大橋完全一致。唯一不同之點，祇在小券尺寸與大券尺寸在比例上微有不同；小橋上的小券，比大橋上的小券在比例上略大一點；如此正可以表現兩橋大小之不同，使能顯出它們本身應有的大小比例（scale）〔注四〕。在建築圖案上，此點最爲玄妙。小石既是完全摹仿大石者，乃單在此點上知稍裁制變換，適宜事情，似非偶然。

橋面欄杆之間，一端寬六·二三公尺，一端寬六·二八公尺，並無人行便道（圖版貳）。兩端欄杆盡處，橋面石版尚向東面鋪出三十公尺餘，西面鋪出約二十五公尺。現在河之兩岸，堆出若干世紀的煤渣拉圾，已將兩端券脚掩埋了大部分，拉圾堆上已長出了多座黃土的民房，由這些民房裏面仍舊堆出源源不絕的煤渣拉圾，繼續這「桑海變滄田」的工作。

這橋除去工程方面的價值外，在雕刻方面保存下來不少的精品。大石橋的「玉石欄杆」我們雖然看不着了，小石橋欄版上的浮雕，却是的確值得我們特別的注意。現存的石欄版有兩類，在建築術上和雕刻術上都顯然表示不同的作法及年代。一類是欄版兩端雕作斗子蜀柱，中間用駝峯托斗，以承尋杖，華版長通全版，並不分格的圖版拾壹；這類中北面有兩版，南面有一版，都刻有正德二年八月公元一五〇七的年號。一類是以荷葉墩代斗子蜀柱華版分作兩格的，年代顯然較後，大概是清乾嘉間或更晚所作圖版拾貳(乙)。

斗子蜀柱是宋以前的作法，元明以後極少見，據我所知正德二年已不是產生斗子蜀柱的時代，所以疑心有正德年號的欄版，乃是仿照更古的藍本摹作的。至於駝峯托斗承尋杖圖版拾貳(甲)，這次還是初見；但這種母題，在遼宋建築構架中却可常常見到。

在各小券間的撞券石上，都有雕起的河神像圖版拾叁兩位老年有鬚兩位青年光頷，都突起圓睛大眼，自兩券相交處探首外望。在位置上和刀法上，都饒有高矗式（Gothie）雕刻的風味。北面東端小券墩上浮雕飛馬圖版拾肆(甲)清秀飄逸，與西端券面上的肥魚圖版拾肆(乙)表現出極相反的風格。

四　濟美橋

我們是爲拜仿宋村石佛寺石佛而走過宋村橋的。按州志卷一：濟美橋在宋村東北里許洨水上。萬歷二十二年，花馬營貞孀元王氏捐貲重修。名「濟美」者，所以成先夫志也。

但是我在橋券如意石底面發現的却是嘉靖二十八年的刻字。橋的布局甚爲奇特圖版拾伍(甲)，共四孔兩大兩小，大者居中，小者在兩端；大券的淨跨約當小券四倍，左右而兩大券之間，復加小券圖版拾伍(乙)伏於大券之上，其原則與大石橋上小券相同，無疑的是受了大橋的影響。

濟美橋的發券法，與大石橋小石橋一樣，也是用大券一道，上加伏一層。券面之上起線兩道，但不用腰鐵。大券也是由多數單券排比而成。但因券短橋狹，所以沒有特爲聯絡各道單券而施的構材。大券撞券上的河神像圖版拾陸(甲)券面上的背馳圖圖版拾陸(乙)，都是雕刻中之上品。橋上欄杆欄版內的浮雕，也頗有趣。

注一　見國立北平圖書館館刊，第七卷第一號韓君墓發現紀略。

注二　見東方考古學叢刊第三冊，南山裏。

注三　參看本刊本期劉敦楨石軸柱橋述要（西安灞滻豐三橋）

注四　建築物的 Scale 是指其所表現的大小是否適當而言。例如門是人出入的孔道，故與人有一定的關係，門太大則建築物顯得小，門小則建築物顯得大。其他各部都如是，因以顯出建築物之 Scale。

附錄一 安濟橋券壁刻字鈔錄

北券北壁刻字

題 鳳口部員外
橋意詩成
雲氣
何處口聲頻坐
三更月行嗟萬
王塵荒唐不足道
孔氏有口津
千載口口蹟閱盡
古 程途迴
翡口口口口割雲通
綠口口地絕紅塵
如口口口何須更
問津 舒城鮑捷

遊石橋偶成 舒城鮑捷
洨河之水清且瀰口往征人
急於蟻誰移雲根口掌平
穹窿碧密如生成一口長虹
何處墮偃蹇蒼龍口游
臥嗟哉溱洧乘輿勞滹沱
舟子頻呼招任渠車馬紛
於織往口來續無病涉百
代奇口誰爲鎸區區驢跡今
浪口 口口戊寅正月既望

李 也口大夫
廿有 予於 月
寅春來口是口爲賦
晦齋雲中口源彥題
架石飛梁儘一虹蒼龍驚
蟄背磨空坦途箭直千口
過驛使鳳馳萬國通雲口
月輪高拱北雨添春水去口
東休誇世俗遺仙跡自口
神丁役此工
燕南貢士許子志道口
太清觀玉于口判命口口
杜公之子如璋 至治改元
口尹隆平口口康口
口口口匠戴垣刊

郡
橋
紀口來
至
多我再
津要口口
口口磨
巍巍乎
泰和初
二日書
內姪王
至元口口之赴

驢跡辨
石橋片石上有驢足跡四前有
石坑凹一處世傳張果老在此
口驢其坑凹處蓋其笠跡也嗟
老乘驢當几前經歷處皆
何獨立於一石而止果老
果僊必不乘驢乘驢必不至墜
乘驢　着地俱有形跡
石橋口於隋匠李春果
在口口口口隱於中條往來汾
開絳於口口往來此橋屢矣
更再無一跡口留於他處耶夫
口間奇巧險怪偶然近似者甚多
此蓋石病偶有形似好事者附
會爲此說以欺人雖明智達者
口口經自取信也噫
口口中隱鮑捷辯

回謝天齋國信
使與義軍節度使完顏槊
副使遊騎將軍知東北門口使劉君詔
天會十四年十月二十八日過此

趙縣大石橋

北券南壁刻字

壬子秋九月被
召過此
口口鑿石極堅頑陌上口
人得往還月魄半輪沉水
口虹腰口口駕雲間鄭口
車渡心應愧秦帝鞭驅血
口股爲問長江深幾許口
口吹馬下天山
前河南漕長楊奐題
宣差眞定等路萬戶夫人姪渤海口口口
宣差同知趙州節度
使事高天錄命工刊
汶口石口張顯造
僕壯年嘗往來燕趙
間每過此橋未嘗不
遡覽山川形勢徘徊
下忍去今老矣遭値
喪亂迺復過此慨然
有懷因作是詩以寓
意焉　房山劉百熙
誰知千古媧皇石解口
人間地不平半夜移來
山鬼泣一虹橫絕海神
驚水從碧玉環中過人
在蒼龍背上行日暮凭

南券北壁刻字

天水趙延
夫被
詔赴
闕過此時
宣和甲辰
季冬十八
日題
陳安本曾遊
王華買君文將
命迓客過此大觀
三年八月廿五日
口口此口口口
口至口口
口久口
口時口
水
以劉
赴
既
往
皿

欄望河朔不須擊楫壯
心生 癸卯歲六月中澣日
宣差眞定府五路萬戶使口口口
川偶聞南來遣使
賀
口口方知口口口口
接口副使者迺
家兄檢口口知也奉侍南
口徘徊偶得此絕斯誌口口
川信覩今爲口武
吏董璞 泰和五年
申四月氶口
口壘口跨瀵流
必口口口
口溢驚維拍山口
肯敎行者稍爲口
德銳勉次
高韻
見危
疑瀑布十橫
天涯羈旅行無
免得舟人來往
中山楊口口
廣平張口
大定丙午歲
寓居洨川
暇日仝來

金 西
守鎮邢台口口歲餘
眞定 仝
亭盤但
二年歲
休前
隆壽
促

南劵南壁刻字

口
口比口
此承
口口

本
口口口口口濟
時　雨季秋且
從而第一口下口
僧居焉曰口
醮甫
安濟橋通官道
心口裏有閑人
不斷東西水流
馳南北塵

江範化口匠成橋

州人口承受口公有口　繼口遷口含

全趙石橋之口心洞口考　高　口　壓

調山口口時　會容口口順

公輿口軍見遇頗厚口日公　斬　何從

退位之口舉此詩口歎非　舟口口不口

口口口口識丁丑口口口口秋　歲口臨城縣令張口口

口口口口

口口口口口弗口口之暇

口口

公眞蹟于壁口覼口再

然石抱

口之聲口蓋口孝

口恩奬知薦口

口口口

口口

口

附錄二 光緒趙州志所載安濟橋永通橋文獻照錄

安濟橋銘

唐中書令張嘉貞

趙州洨河石橋隋匠李春之跡也製造奇特人不知其所以爲試觀乎用石之妙楞平碪斵方版促郁緘穹窿崇豁然無極吁可怪也又詳乎叉插駢坒磨礱緻密甃百象一仍餬灰釁腰鐵栓蹙兩涯嵌四穴蓋以殺怒水之蕩突雖懷山而固護焉非夫深智遠慮莫能剏是其欄檻蕐柱鎚斵龍獸之狀蟠繞拏踞眭盱翕欻若飛若動又足畏乎大通濟利涉三才一致故辰象昭回天河臨乎析木鬼神幽助海若倒乎扶桑亦有停杯渡河羽毛填塞引弓繫水鱗甲攢會者徒聞於耳不覩於目目所覩者工所難者比於是者莫之與京

安濟橋銘

唐 李翺

九津九星横河中天下有道津梁通石穹隆兮與天終

安濟橋銘

唐參軍劉涣

於繹工妙沖訊靈若架海維河浮鼉役鵲伊制或微茲模蓋略析堅合異超涯截壑叐堂忽動觀龍是躍信梁而奇石

敢爲博北走燕翼南馳温洛騑騑壯轅殷殷雷薄擕斧拖繡騫驄視鶴藝人侔天財豊頌閣銜輪見嗟錯石惟作並同

良球人斯瞿聊

安濟橋銘有序

唐　張　彧

閣茂歲我御史大夫李公晟奉詔總禁戎三萬北定河朔冬十月師次趙郡郡南石橋者天下之雄勝乃揆厥迹度厥功皆合於自然包我造化僕散客也狀而銘曰

洨水伊河諸州牙湊秋霖夏潦奔突延袤抒材藏制樸斲紛糅幹也泉閈盤根玉甃虹舒電施虎步雲構截險橫包乘流迴透玦圠匠造琳琅簇籧廠作洞門呀爲石竇窮莫弊盈璪記萬就力將岸爭勢與空鬭呑齊跨趙儆夜防晝月掛虛櫓星羅伏獸謂之鈴鍵撮我宇宙謂之關梁扼我　寇郡國書傳三邊檄奏郵亭控引事物殷富夕發朔擩朝趨禁霤質含冰碧文耀蘂繡花影全芳苔痕半舊天啓大壯神功罕究勒銘亘橋敢告豪右

安濟橋詩

宋刺史杜德源

駕石飛梁儘一虹蒼龍驚蟄背磨空坦平箭直千人過驛使馳驅萬國通雲吐月輪高拱北雨添春水去朝東休誇世俗遺仙跡自古神丁役此工

安濟橋詩

元劉百熙房山

誰知千古媧皇石解補人間地不平半夜移來山鬼泣一征橫絕海神驚水從碧玉環中過人在蒼龍背上行日暮憑欄望

河朔不須磐栱壯心生

安濟橋詩

漕長楊 奐

五丁鑿石極堅頑陌上行人得往還月魄半輪沉水底虹腰千丈駕雲間鄭卿車渡心應愧泰山鞭驅血尙殷爲問長江深幾許雪風吹下爲天山

安濟橋詩

蔡 鍰

郡南尙有渡仙橋水逝雲飛換六朝僊客重來値秋暮疎林寒雨晚蕭蕭

安橋橋詩

明 鮑 捷 舒城

洨河之水淸且瀰來往征人急於蟻誰移雲根一掌平穹隆磐密如生成一飛長虹何處墮偃蹇蒼龍水濟臥嗟哉溱洧乘輿勞渉泝舟子頻呼招任渠車馬紛於織往過來續無病涉百代奇勳誰爲鐫區區驢跡今浪傳

又

千年留石磧閱盡古今人坦坦程途迥騑騑車馬頻割雲通綠水補地絕紅塵如矢堂堂去何須更問津

安濟橋詩

祝萬祉

公餘攬轡過仙橋隋跡傳來歷幾朝百尺長虹橫水面一灣新月出雲霄恒山北接千峯秀驛路南來萬國遙春旱桑麻勞

灌溉民家廬舍半蕭條

安濟橋詩

王懿

趙州南去駕橫橋洨水西來湧勢迢萬竈合煙籠短棹長虹嵌石跨青霄棘山疎蟲凝朝岫帝閣犖崇起夜潮仙跡茫茫何所見白驢飛渡有人謠

安濟橋詩

張光昌

登臨放眼太行西水拍欄杆煙樹齊懸向地中偃月日陡從天外落虹蜺雲遮隱見青龍臥苔蝕依稀白衛蹄最笑秦人癡并趙邱墟一樣夕陽低

安濟橋詩

王悃

長虹百尺鎖關河新月一灣洨水波兩岸煙光楊柳嫩千家燈火客槎過勢凌霄漢蛟龍起地接樓臺風雨多隱隱仙帆何處去石梁猶頌白驢歌

安濟橋詩

王基宏

安濟石橋日月留龍蟠虎踞洨河洲無楹自奪天工巧有竅能分地景幽豈是長虹吞皓月故敎半魄隱清流不言果老多神異況剩白驢嵌石頭

古橋仙跡　明判州陸　健

車馬人千里乾坤此一橋良工元絕代口口口殊標月落靑虹冷天空白鶴遙口口口口口泯泯帶春口

咏安濟橋　清張士俊

誰擲瑤環不記年半沉河底半高懸從來興廢如河水只有長虹上碧天

咏安濟橋　侍御傅振商

石橋碧影駕長虹流水無心夕照中千載乘驢人不見徘徊學步愧靑驄

咏安濟橋　安汝功

天橋蒼虬卷橫波百步長跙心堅不轉萬古作津梁

安濟橋有感　杜　英

龍臥蒼江勢欲飛馬銜寒雨淨無泥影沉雲掩半邊月路險天橫千丈霓人世變更仙跡在水神畏避浪頭低憑欄灑盡傷時淚落日太行山色西

安濟橋詩

清學正饒夢銘

誰到橋頭問李春仙驢仙跡幻成眞長虹應捲濤聲急似向殘碑說故人（橋本隋匠李春所造俗爲驢跡以神其說）

重修大石橋記

郡舉人張居敬

余趙城南距五里有洨河河有橋名安濟一名大石乃隋匠春李所造云橋跨截河流抵北長二十丈石甃磨礱備極固護翼以扶欄如其長之數而兩之其製穴竇嵌空不楹而架中一空如斷環可十五丈兩脇二大穴摩頂二小穴用以殺怒水蕩突昔人謂如初月出雲長虹歛澗此得橋之槩者也蓋趙爲畿輔要區雄於河朔其在幅員所稱四通之域也往來肩摩轂擊而洨水匯四泉之流夏秋間雨潦霖霪衆流俱赴泛濫汪洋渚涯間屋沓特甚假令津梁不通則郵傳檄奏之馳驅貨殖車輿之輻輳將不勝爭渡之喧而誰其效濟人於溱洧者耶惟是瓶作葺修俱不可廢世廟初有鬻薪者以航運置橋下火逸延焚致橋石微隙而膠鐵因之剝削且上爲輜重穿敝先大夫目擊而危之曰弗葺將就頽也以癸亥歲率里中杜鋭等肩其役垂若而年石敝如前余兄弟復謀請李縣等規工而董之令僧人明進緣募得若干緡而郡守王公實先爲督勅經始於丁酉秋而冬告竣勝地飛梁依然如故毋敢縱爲殘毀者則又令守曹公禁諭保護之力也張居敬曰陵谷滄桑相爲遷變神工密緻亦際刼灰以余所覩記茲橋已一敝於逸火兩敝於積轍則桑土先計信存乎人也河水上流波湍至橋下則湛然渊停風景自殊堪輿家謂當更鍾英毓秀豈有見於地靈人傑云乎哉

雜考

朝野僉載

趙州石橋其工磨礱密緻如削望之如初月出雲長虹飲澗上有勾欄皆石也勾欄並爲石獅子龍朔中高麗諜者盜二石獅子去後復募匠修之莫能相類者天后時默啜破趙州欲南下至石橋馬跪地不進但見一靑龍臥橋上奮迅而怒默啜乃遁去

永通橋詩

宋刺史杜德源

並駕南橋具體微石材工蹟世傳稀洞闢夜月輪初轉甃啓春龍勢欲飛金道馬塵奔驛傳玉欄獅影燦晴暉可憐題柱詩人老慙愧相如駟馬歸

重修永通橋記

明王之翰

吾郡出西門五十步穹窿莽狀如堆碧挾灤滄之水振關隘之喉巍然欲與雉堞相揖西爲一方雄觀者非橋乎橋名永通俗名小石蓋郡南五里隋李春所造大石有仙跡焉聲施海內者久而是橋因以小名遜其靈矣橋不楹而聳如駕之虹洞然大虛如弦之月穹挾小竇者四上列倚欄者三十二締造之工形勢之巧直足頡頏大石稱二難於天下而地居九省之衝途扼西京之要歷年多負重於天下者久抵今鋪石磨礱欄杆斜倚行者病其坎壈而居者嘆其傾頹人盡惜焉而莫修舉也歲丁酉鄉之張大夫兄弟謂家世橋也毅然各捐數十金爲衆人倡而大石橋煥然一新爲烈宏多矣比戊戌則郡父老孫君張君欲修此以志續功而持簿募緣以與四方共嘉惠不一月得錢如千緡取石於山因材於地穿者起之如砥平也倚者易之如繩正也雕欄之列獸伏星羅照者彩也文石之砌鱗次纖錯鞏其固也蓋戊之秋亥之夏爲日三百而大功告成南配大石橋爲郡奇勝者二若伯仲若壎箎巳是夏也大雨霖霪百潦會流層浪浴天驚濤拍岸澎湃灝湫橫恣於涯

渚之間而石橋爲東會不得汎溢狂瀾爲郡祟焉大哉父老之修作功於是乎偉矣自非然者日殘月剝以就於圯無論水之奔宕田卒汗萊抑誰翼焉而能飛渡乎就使褐一葦以凌亂其流而郵驛之傳遞商賈士庶之衆會無乃疲於津梁乎故夫橋修而行人之往來不厲不揭而咸攸濟也則父老之利益於人詎淺鮮哉而功於是乎偉矣噫向微兩張大夫爲之先其豪傑焉而能自興起爲人間世溥大利乎哉兩大夫長公居敬字伯簡次公居仁字林廣父老孫君名寅張君名雁春

石軸柱橋述要（西安灞滻豐三橋）

劉敦楨

一 緒言

我國橋梁之種類，就今日已知者，依其外觀及結構性質，可別爲三類。曰『梁式之橋』。曰『栱橋』。『曰繩橋』。

梁式之橋

『梁式之橋』在國內最爲普遍，其發達之期，似亦較早。惟秦以前典籍，謂『橋』爲『梁』，或『徒杠』，無橋之稱。據說文『梁，水橋也，徒，步行也，杠，橫木也』疑其始架木水上，橫亘如梁，若今鄉曲之獨木橋，僅供步行之用，故有是名（圖版壹（甲））。後世之橋，種類雖繁，然除『栱橋』『繩橋』二種外，要皆自此簡單之木梁發達而成。逮史記秦本紀載『昭襄王五十年，初作河橋』，乃『橋』字見於紀載之始。惜原文簡略，不諳其爲『徒杠』？抑其寬度足以濟車馬，如孟子所云之『輿梁』？

圖版壹

(甲)浙江溪口橋

(乙)故宮藏宋李嵩水殿納涼圖

圖版貳

自鮑希曼中國風景轉載

(甲)四川雅州雅江橋

(乙)四川漢州橋

(甲)福建泉州洛陽橋

(乙)湖南醴陵縣橋

(甲)頤和園荇橋

(乙)廣西桂林灕江浮橋

圖版伍

（甲）福建漳州橋

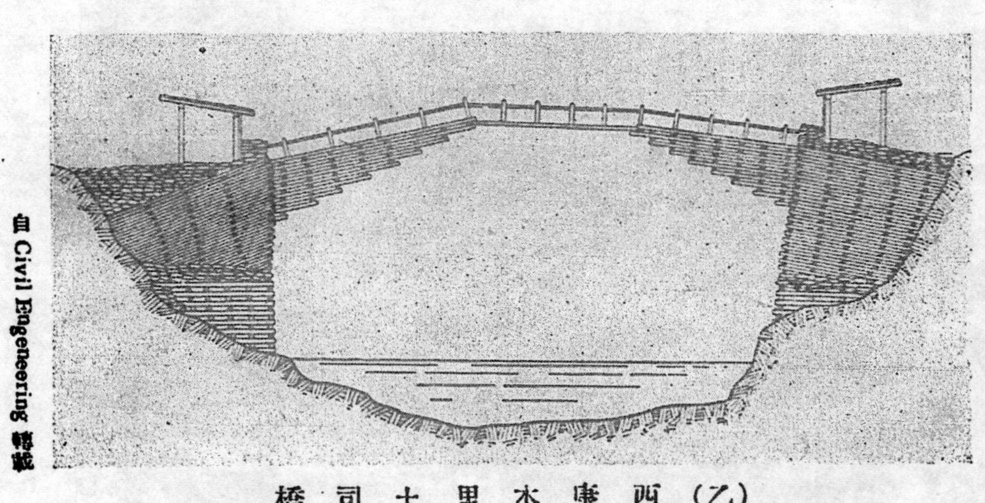

（乙）西康木里土司橋

自 Civil Engeneering 轉載

(甲) 青海西寧縣札麻隆附近橋

(乙) 甘青道中享堂橋

圖版柒

(甲) 雲南盤江橋

(乙) 浙江五洩山橋

圖版捌

(甲)蘇州寶帶橋

(乙)陝西三原縣橋

圖版玖

由Civil Engeneering轉載

(甲) 蘇州橋

(乙) 浙江餘杭縣苕溪橋

(甲) 浙江仙霞關橋

(乙) 四川繩橋

圖版拾壹

（甲）四川灌縣竹索橋

自 Civil Engeneering 轉載

（乙）某竹索橋兩端之屋

34637

(甲) 西康瀘定橋

(乙) 雲南元江橋

圖版拾叁

西安普濟橋

34639

圖版拾肆

陝西西安灞河橋

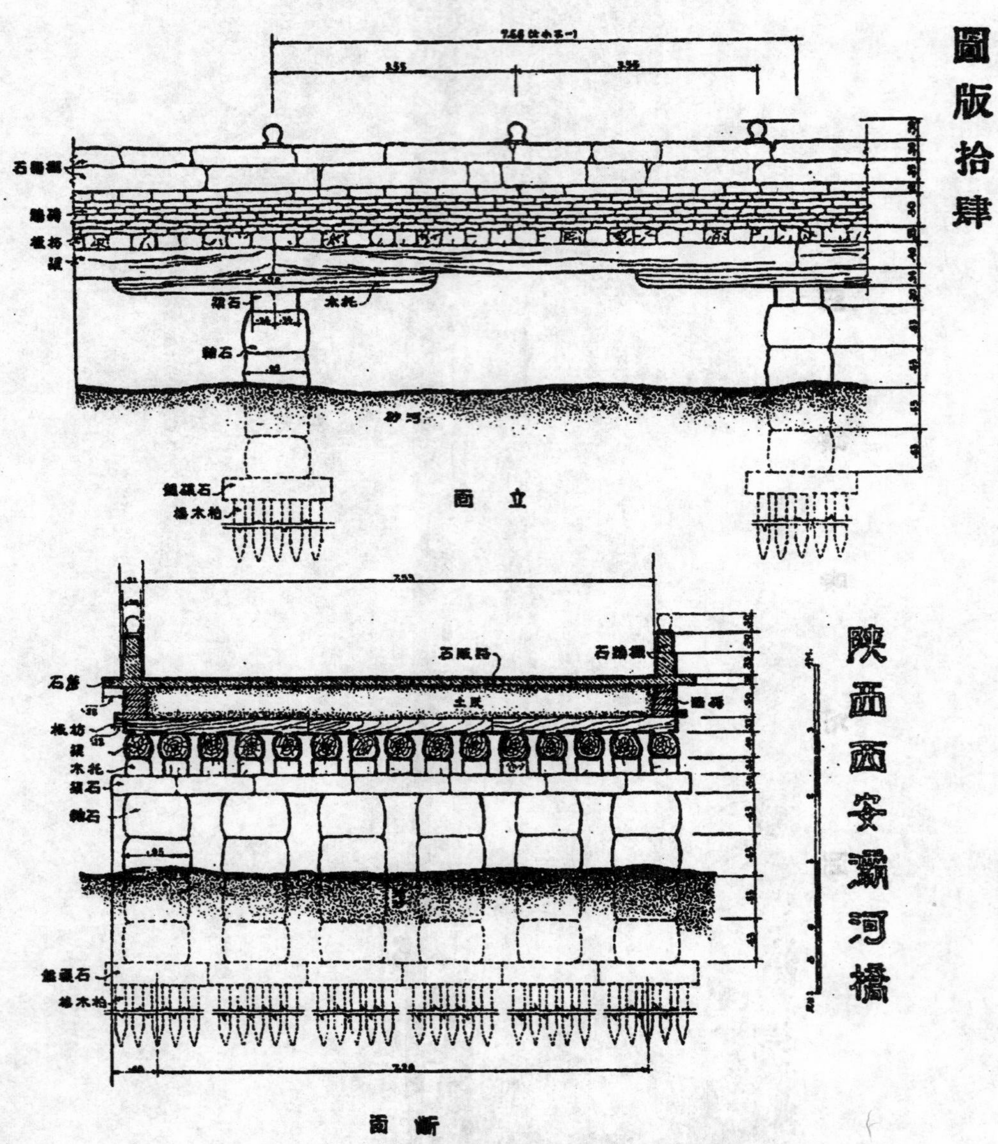

立面

斷面

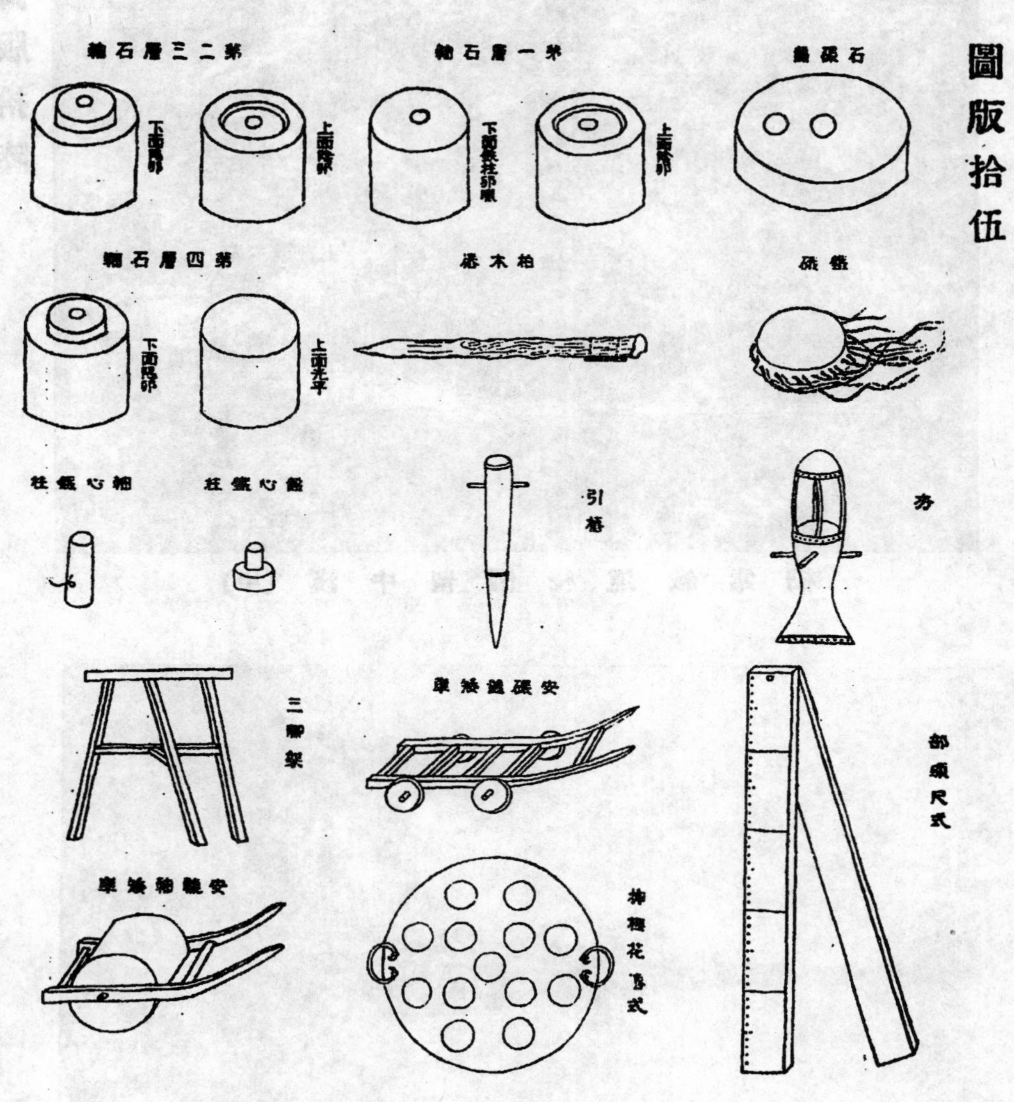

34641

圖版拾陸

(甲) 漢中留壩棧道鐵索橋

(乙) 壩橋側面

圖版拾柒

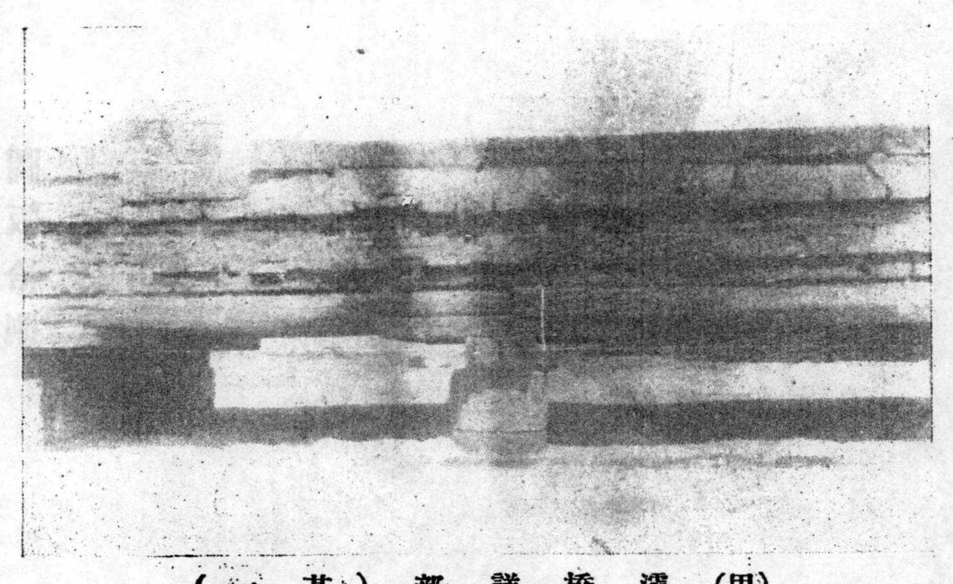

(甲)灞橋詳部(其一)

(乙)灞橋詳部(其二)

圖版拾捌

(甲) 滻橋側面

(乙) 滻橋詳部(其一)

圖版拾玖

(甲)滻橋詳部(其二)

(乙)豐橋側面

34645

圖版貳拾

(甲)豐橋詳部(其一)

(乙)豐橋詳部(其二)

以說文「橋水梁也」釋之，似其結構方法，亦屬於「梁式之橋」。

「梁式之橋」，如前所述，其出發點較爲簡單。然後世人文演進，橋之需要益繁。每以材料之異同，與河身廣狹深淺不一其度，致橋之式樣，隨宜變化，日臻複雜。其種類可得論舉者，大體可區爲六種。

(一)木橋　「梁式之橋」最初殆爲木構。但木梁之長爲材料強度所支配，不能過大，故河面寬者，勢必增加橋之間數，補其缺點。各間之間，在未用石墱以前，殆結舟爲「浮梁」，或立柱爲架，承受梁之兩端，使各間之梁，銜接爲一。除「浮梁」一種另於下節叙述外，橋柱之種類，因構材不同，又有木柱石柱二種之別。以結構演進之順序言，橋之用木柱者，施工集料較爲簡便，其發生時期亦應較早；其次乃並用木石二種之柱；然後始有純粹之石柱橋。故疑史記蘇秦傳所述「尾生與女子期於梁下，女子不來，水至不去，抱柱而死」，指木柱之橋言也。自是以後，文獻所載，歷代相沿，至於近世，猶未全廢。如唐六典謂「天下……木柱之梁三，皆渭水便橋中渭橋東渭橋」；及舊唐書新唐書李昭德傳，「利涉橋歲爲洛水衝注，常勞治葺，昭德創意累石代柱」與西安府志載「廣濟橋明萬曆二十四年，知縣王九皐重修，造木橋長亘里許，爲百空，高三丈餘，闊二丈」，皆其最著者。橋之兩側，飾勾欄者，最爲普遍。或更施榱棟，覆亭或橋屋，形如閣道，往往見於宋元人畫中圖版壹(乙)。亦有橋上設商廛，如南宋杭州豐樂橋，建樓其上，爲朝士會飲之地。流風所被，遂至「飛橋」「栱橋」「繩橋」等，亦類有橋屋，不能不謂為木橋之影響也。惟現存實物屬此式者，多以木石混合為之，其純粹用木柱木梁而兼橋屋者為數較少矣。

(二)石橋　「梁式之橋」以石締構者，自石梁以下部分有石柱與石墩二種不同之方式。石柱之制，見關中記「秦渭橋……北首壘石水中，謂之石柱橋」及唐六典「天下……石柱之橋四，雒則天津，永濟，中橋，灞則灞橋。」疑其式樣係模仿木柱之橋，故稱石柱，而不云石墩。今山西晉祠橋即屬此式。石墩之法，據爾雅釋宮「石杠謂之徛」。郭璞注曰，「聚石水中以為步渡彴也」。邢昺疏引廣雅，謂「彴步橋也」。似其初山溪小澗，布石水中，以為步渡，尚無石梁之設。今其法猶往往見於四川各處，殆即「彴」之遺制。而雅州雅江橋(圖版貳(甲))，盛鵝卵石於篾簍中以代墩，其性質位於彴與石墩之間，足為石墩發達過程中之參考。至於石墩之使用，水經注穀水條載洛陽建春門石橋銘文「陽嘉四年乙酉壬申……使中謁者魏郡清淵馬憲監作石橋梁柱，敦敕工匠盡要妙之巧」所云「敦」是否即「墩」之誤植，無由辯證。其正式見於紀載者，當以元和志「洛陽天津橋建於隋大業間，唐太宗貞觀十四年更令石工累方石為腳」為最先。其後武后時，李昭德重修洛陽利涉橋，亦壘石代柱，復銳其前，以分水勢，遂開今日「分水金剛牆」之先河。而宋太祖建隆間向栱治西京天津橋，甃巨石為腳，以鐵鼓絡石縫，太祖至降詔褒美，具見宋史河渠志。惟鐵鼓之法，前乎此者，曾見於隋李春所建趙縣大石橋，似非創於向栱。但是橋無墩，其用於橋墩或自栱始，未可知也。故李向二氏於橋墩結構法之改善，厥功頗偉，不愧爲歸然巨匠。自此以後，石墩之法，遍用於「梁式之橋」與「栱橋」而石柱用者漸稀，幾什不一覯矣。

柱與墩上架石梁之法，自漢晉以來，亦已盛行。如初學記載「漢作灞橋以石爲梁」與水經注穀水條「洛陽建春門石梁治石工密」其例不遑枚數。今此式之橋，因結構簡單，隨處皆可發見圖版貳(乙)。最巨者當推宋蔡襄所建之泉州洛陽橋圖版叁(甲)長三百六十餘丈，爲國內首屈一指。石梁之上，更施橋屋者，應屬於木石混合一類，另於下節述之。

(三)木石混合橋　前節所述，秦漢之際，已有石柱石梁之橋，在我國橋梁史中，不可不謂爲劃期之進展。然石橋結構，比較繁重，物力人工，俱難期其普及，於是隨事實要求，又產生木石混合之橋。其最先見於紀錄者，爲一橋之內，混用木石二種之柱。如關中記載「渭橋廣六丈，南北三百八十步，六十八間，七百五十柱，一百二十二梁。南北有堤激立石柱，柱南京兆立之，柱北馮翊立之，橋之北首壘石水中，謂之石柱橋。董卓入關焚此橋」足徵橋之石柱，僅限於北首一處，其餘梁柱，仍爲木構，故有董卓之焚。今四川灌縣之竹索橋，即混用木柱與石墩於一橋之內。其次則爲石梁之上，加木構之橋屋，如漢之灞橋，以石爲梁，見前述初學記；而漢書王莽傳載地皇三年二月，灞橋焚，自東往西，數千人以水沃救不滅，莽惡之，更名長存橋，則石構橋身之上，必更有木造之橋屋故焚燒盡一晝夜史籍以災稱也。然此式之橋，除適用美觀及經濟諸點外，亦有利用橋屋重量抵抗洪濤之衝擊，如閬部疏謂『閬中橋梁甲天下雖山坳細澗皆以巨石梁之上施榱棟都極壯麗初謂山間木石易辦已乃知非得已蓋閬水怒而善奔故以數十重重木壓之』，即其一例。他若易普通石柱爲石軸式之柱，其上架木梁鋪板築土覆石便車馬往來者，則有本文所述之普濟灞滻灃四橋。而川黔湘贛閩諸省多於山谿絕澗，結石爲墩，施托木數層架木梁其上圖版叁(乙)，頗類下述之飛橋。或更於木梁上構橋屋，宛如古之閣道，爲狀甚美。而簡單者，如頤和園之荇橋僅覆亭其上圖版肆(甲)。其餘因地因材，隨宜演變，式樣極多，在各種梁橋中其支脊當推爲最衆矣。

(四)鐵柱橋　木鐵混合之橋，屬於『梁式之橋』者甚鮮。有之，則惟江西浮梁縣之鐵柱橋一例。據浮梁縣志橋在浮梁東五十里臧灣宋時里人臧洪范鐵柱十二架木爲橋至宋末毀於兵燹爲此式唯一之紀載。

(五)浮橋　橋之結構遇河面過寬及河身過深，或河流漲落不定者，非尋常木石之柱架與石墱所能濟事，遂有『浮橋』之產生。據詩經大雅『親迎於渭造梁於舟』及春秋『昭公元年秦公子鍼奔晉造舟於河』，知周代已有其法。惟『浮橋』之構造，秦漢以前者，無由追索。自漢以後，據文獻所載，大都聯舟鋪板以舟代柱或墱，故亦稱爲『浮航』或『浮桁』。又復繫舟於纜，防爲洪流所衝蕩圖版肆(乙)，如晉書五行志上『太和六年六月京師大水，……朱雀大航纜斷，三艘流入大江。』爲纜之紀載最早者。纜之制，據元和志『天津橋在河南縣北四里隋大業元年初造以鐵鎖維舟，鉤連南北，夾路對起四樓；』及唐開元間重修之蒲津橋與明正德間重修桂林永濟橋等皆用鐵索爲之。亦有用竹索或草纜者見張仲素河橋竹索賦；及宋史謝德權傳，『咸陽浮橋壞，轉運使宋大初命德權規畫，乃築土實岸聚石爲倉，用河中鐵牛之制，纜以竹索』與皇朝輿地通考所述甘肅狄道州永寧橋『明初……造舟十二，維以鐵纜草纜各二』是已。其鐵牛一物，係用以鎮纜，或以石鼈，或以鐵錨，其制不一。而橋與岸之間，再以棧與版聯之；建柱水中，固以揵茷，隨水漲落，使與兩岸低昂相續。水面廣者，又於中流建中濟石。兩岸復立木柱，鐵柱，鐵牛，鐵山，石囷，石獅，石浮圖之屬，以繫纜，更以石堤護之。如晉書成都王穎傳，『造浮橋以通河北，以大木函盛石沈之，以繫橋，名曰石鼈』；水經注卷五河水條，『趙建武中造浮橋於津(延津)上，採石爲中濟石』；唐張說蒲津橋贊『開元十二年鍛爲連鎖，鎔爲伏牛，鎖以持航，牛以繫纜』，唐仲友修中津橋記，『爲橋二十有五節，旁翼以欄，載以五十舟，舟置一錠，橋不及岸十五尋，爲六棧，維以柱二十，固以揵茷，隨潮與橋岸低昂，續以版四，鍛鐵爲四鎖，以固橋紐，竹爲纜，凡四十有二，其四以維舟，其八以挾橋，其四以爲水備，其二十有六以繫茷，繫鎖以石囷四，繫纜以石獅十有一，石浮圖二』；包裕永濟橋記，『造舟五十，鑄鐵柱四，各長丈八尺，埋峙岸滸，半入地中，鑄鐵纜二，各長百丈餘，橫亘舟上索舟於纜索纜於柱，鎮鐵錨於水以固舟，甃石塊於堤以固岸』；及圖書集成蒲州河橋條『唐開元十二年鑄八牛，東西岸各四牛以鐵人策之其牛並鐵柱入地丈餘前後鐵柱三十六鐵山四夾兩岸以維浮梁』其例甚多不能畢舉。大抵古代之橋河面寬者木柱石墩之術俱窮故浮橋之數量頗衆其紀載亦豐。漢以來重要之橋每於兩端樹桓表，設津吏司啟閉，察奸宄而唐代浮橋亘者類以國工修之若舊唐書職官志謂『天下造舟之梁四，河則蒲津，大陽，河陽，雒則孝義』是也。後世雖易舟爲石墩而墩之形狀，銳前殺後，似脫胎於舟。甚至如閩省之橋其墩縷琢往往若舟式圖版伍(甲)未能忘情舊習，尤其明證。

(六)飛橋　飛橋之結構，不用柱及墩，而自兩岸施挑梁(Cantilever)，層疊相次，至中以橫梁及板聯爲一體。挑梁之配列，有二種。一爲水平形，即前述木石混合橋之托木圖版叁(乙)置於橋墩上者其出跳不能過長故僅用於橋之開間小者。一爲斜列狀外端稍高其性質在挑梁與斜撐之間，宜於開間較大之橋。本文所謂『飛橋』大都屬於後者。據沙州記『吐谷渾於河上作橋，謂之河厲，長一百五十步，兩岸壘石作基陛節節相次，大木縱橫更鎮壓，兩邊俱來相去三丈，竝大材以板橫次之施鉤欄，甚嚴飾』；及秦州記『枹罕有河夾岸，岸廣四十丈，義熙中乞佛於河上作飛橋，橋高五十丈，三年乃成』知南北朝時『飛橋』已盛行於西北一帶。其後宋仁宗明道中，夏竦知青州，用牢城廢卒言仿其法爲橋；慶曆間，陳希亮復倣其制，建之宿州，見澠水燕談錄，『青州城四面皆山，中貫洋水，限爲二城。先時跨水植柱爲橋，每至六七月間，山水暴漲，水與柱鬭，率常壞橋，州以爲患。明道中，夏英公守青，思有以捍之，會得牢城廢卒，有巧思，疊巨石固其岸，取大木數十相貫，架爲飛橋，至今五十餘年不壞。慶曆中，陳希亮守宿，以汴橋壞，率常損官舟，害人命，乃法青州所作飛橋，至今汾汴皆飛橋，爲往來之利，俗曰虹橋。』 其事又見宋史陳希亮傳，『希亮知宿州，州跨汴爲梁，水與橋爭，常壞舟，希亮始作飛橋無柱，以便往來，詔賜縑以褒之，仍下其法，自畿邑至於泗州，皆爲飛橋。』 今豫皖一帶，是否尚存其法，雖屬不明，而甘肅青海及西康雲南一帶，猶沿用之。 圖版伍（乙）所示西康之飛橋，兩岸累石爲脚，以大木縱橫相壓，幾如沙州志所述，最足珍異。 圖版陸（甲）亦復類似，惟開間稍小。 圖版陸（乙）與圖版柒（甲）皆施橋屋其上；又樹枋楔於橋兩端，或以斜撐補挑梁載重力之不足；似均受國內木橋之影響也。

栱橋

我國『栱橋』之產生，文獻與實物俱無佐證，是否受外來影響，今尚不明。 據水經注卷十六穀水條『其水又東，左合七里澗，澗有石梁，卽旅人橋，橋去洛陽宮六七里，悉用大石，下圓以通水，題太康三年十一月初就功，』殆爲『栱橋』最初之紀載。 惟近歲洛陽發見周末韓君墓，墓門有石栱，見國立北平圖書館館刊第七卷第一號韓君墓發見略記；而旅順附近南山裏與朝鮮樂浪諸漢墓之羨門，皆有圓栱，頗疑栱之用於橋梁，或更早於晉太康七里澗橋，未可知也。 『栱橋』之構材，用石者最多，磚甓者次之。其種類依栱之形狀，有五邊形栱，圓栱，瓣栱，平栱，尖栱，楕圓形栱，拋物線栱數種。五邊形者圖版柒(乙)，似於石梁之下兩端再加斜撐，遂成此狀。其性質位於「梁式之橋」與「栱橋」二者之間，與宋式城門類似，疑爲未有圓栱以前之構造法，遺留於後日者。圓栱之橋，國內較爲普遍，其最長者當推明周忱所建蘇州寶帶橋圖版捌(甲)；多至五十餘甕。惟實例所示圓栱之下用分水金剛牆與否，殊不一律。北平官式建築圓栱橋之做法，見本社刊行之營造算例第九章橋座做法。惜原文無圖，不無難解，異日當另爲一文，附圖釋於後，載入本刊，以供參考。此外蘇常一帶之橋，有於圓栱下加反圓栱（Reverse Arch），上下相聯若管狀，最爲特別；而力學上之解釋，亦極穩固，在國內橋梁中可謂爲別開生面者矣。瓣栱見本刊第四卷第二期同治重修圓明園史料中之湧金橋，一般用者絕少。以北平門券結構推之，似瓣栱僅限於橋之表面，其內仍爲普通圓券。平栱橋係圓栱弧線之一部分，代表作品當推趙縣之永濟橋。橋爲隋巨匠李春建，其開間之巨，與年代古遠，爲國內現存諸橋冠，詳見本刊梁思成先生所著趙縣大石橋一文，茲不復贅。拋物線栱之橋見於山西。尖栱橋亦多存於北方圖版捌(乙)，長江以南，用者較稀。楕圓形栱偶見於蘇州圖版玖(甲)，疑其導源於圓栱，非蓄意爲之也。

栱橋之結構，有於栱之兩側，或二栱之間，爲節省材料與減輕橋之重量，另闢小栱一處或二處，曾見於趙縣大石橋，小石橋，及浙江餘杭之苕溪橋圖版玖(乙)。以已知之例證之，似其法未受西方之影響也。拱石之間，絡以鐵鼓，使鄰接之石，接合嚴密者，最爲普通。但亦有於拱石上琢石榫，犬牙相銜，如江西廬山之棲賢寺橋。橋上兩側，多護以欄楯。其建亭或橋屋，商慶其上，（圖版捌（乙），圖版玖（乙），圖版拾（甲），則同化於木橋之式樣無疑也。

繩橋

『繩橋』之制，大都因山溪深谷，奔流急湍，不可立橋柱橋墩者，乃懸長綆爲渡，今猶盛用於陝川黔滇及西康諸省。其簡單者，以木筒貫藤索或竹索。人過則縛以筒，游索往來，相牽爲渡（圖版拾（乙）。次如四川灌縣之竹索橋，立木架四座於溪間，更於中流累石墩一處，其開間大者約達二百尺。結巨索數行於架及墩上，懸橋於索，鋪板其上，復利用兩側之索，兼爲欄楯（圖版拾壹（甲）。此外紀載結構法最詳者，當推圖書集成所載四川汶川縣之鉁繩橋；『其法用細竹爲心，外裹以篾絲，長四十八丈，索用三股合爲一股，一尺五尺爲圓，（嘉慶大清一統志謂繩圍一尺五寸）橋寬八尺，左右各四繩，木掛爲欄，以翼之，掛底橫木以扶底，底繩用一十四繩，上鋪密板，可渡牛馬，東西兩頭各五十步，平立兩大木柱爲架，長可六丈，名將軍柱，橋繩俱由架上鋪過，使不下墜，東西建層樓，樓之下，各有立柱，轉柱，立柱以繫繩，轉柱以絞繩。』蓋竹索非鐵絙可比，橋過長者，必於兩端立木架承之，與立柱，轉柱等，俱爲舊式施工法不可缺之條欵。亦有兩端之屋，分上下二層，下繫竹索，上累巨石壓之（圖版拾壹（乙）。再次爲鐵索橋，冶鐵索十餘條，或二三十條，懸於兩山岩石間，用木絞使直，鋪板其上，

34655

如西康之瀘定圖版拾貳(甲)，滇之元江圖版拾貳(乙)，黔之盤江，皆爲人所習知。盤江橋係明朱家民建，其概略見田雯黔書：『冶鐵爲絙三十有六，長數百丈，貫兩崖之石而懸之，覆以板……擇材之巨者數百，排比之，臥於兩涯，水次鎮以巨石，柱以強榦，屑纍而加，參差以出，鐍其本使固，及兩木之末不屬者僅三十尺有四，則又選圍可丈之木，交其上，而後行者可方軌聯鑣。』其餘橋之小者，無崖石可憑藉，則夾岸疊石爲駁岸，建屋其上，以資鎮壓。而最小者，僅繫鐵索於石柱，或並欄楯無之圖版拾陸(甲)。橋上亦有覆橋屋，如木橋形狀，見趙翼所著之粵滇雜記，惟爲數較少耳。

我國繩橋之起原，今尚不明，僅據洛陽伽藍記卷五宋雲惠生使西域，『從鉢盧國向烏塲國，鐵鎖爲橋，懸虛爲渡』，及水經注卷一河水條，『法顯曰，度葱嶺，已入北天竺……縣絙過河，河兩岸相去咸八十步……余徵諸史傳，卽所謂罽賓之境……絙橋相引……郭義公曰，烏秅之西，有懸渡之國，山谿不通，引繩而渡』，知南北朝時，此制已行於西域與印度之北部。在地理上，西域天竺，皆與我川滇西康諸省比較接近，雖不議爲孰創孰因，然二者間，具有聯帶之關係，殆無疑義。

上述我們橋梁之分類，係就今日已知者言之，補苴諟正，尚有所待，決非短期內所能解決。

此外橋之結構，因地理氣候材料及其他環境之不同，往往有不宜於甲地，而轉適於乙地者，其例亦復不少。如石柱之制，自橋墩發達後，用者漸鮮，但我國舊式橋洞開間較小，而墩之體積頗巨，致墩之附近，停留泥沙之機會亦多。待橋洞爲泥沙淤積，日高，宣洩不暢，一遇洪濤，則橋身首當其衡，未有不岌岌可危。以較石柱，所費工料既鉅，而其功用復互有短長，不能一概而論。本文所述之灞滻灃三橋，即爲適應上述要求而產生者也。

灞滻灃三橋係以石柱代橋墩。柱圓形，每行六柱，中心相去約爲直徑一倍半。其空間足分洪濤衝擊之力，而柱身以石軸四具疊累而成，施工採料，尤爲簡便。據道光十四年楊名颺灞橋圖說，其制仿自康熙四年梁化鳳所建西安西南四十里之普濟橋（圖版拾叁）。梁氏陝西西安人，清初以軍功躋身方鎮，見清史稿本傳及碑傳集諸書，惟其建橋事蹟，爲平生勛績所掩，闕而未載。其後康熙中陝撫貝和諾建灞橋，三載即圮。乾隆二十九年陝撫明山復造石墩橋於灞上，爲空三十有六架木梁其上，五載後亦圮。道光十三年，陝官民集議重修，而慮橋之易壞。時距梁氏修建普濟橋已百有六十餘載，其橋見在，因師其式重建灞滻二橋。圖說稱其『石盤作底，石軸作柱，水不搏激，而沙不停留，至今鞏固』，蓋指柱小且圓，不阻水，不停沙言也。今案普濟橋雖經後世修治，於一部分石軸柱之外，側護以石墩，然灞滻二橋自建立迄今已屆百載，其橋洞未淤塞，而軸柱亦無傾頹現象，則圖說所云，似有所本。其事在橋墩發達以後，將及千載，竟不爲常法所囿，另闢途徑，自成一格，故爲介紹於後，供留心我國舊式橋梁結構者之參攷焉。

二 灞橋

灞橋在西安東北二十里，跨灞水上，自漢以來，爲潼關至西安驛路要津。橋之歷史，據初學記，漢書，元和志，雍錄，長安志，西安府志，嘉慶一統志，及灞橋圖說諸書所載，橋創於漢，以石爲梁，其地點在今滻水入灞之北，至王莽地皇三年，橋災，更名長存橋。隋文帝開皇三年重修，復以石爲之。唐中宗景龍二年仍舊所爲南北二橋，南橋卽今處，時人送別多於此，故亦名銷魂橋。入宋後，橋傾圮，經韓縝重修。元時復經山東唐邑人劉彬修築，爲十五虹，長八十餘步，闊二十四尺，中分三軌，旁翼兩欄，築堤五里，栽柳萬株。明成化六年，布政使余子俊增修。嗣沙壅東遷，遺址僅存。清康熙六年，巡撫賈漢復設舟渡，水落則濟以木橋。三十九年，巡撫貝和諾捐俸造橋，甫三年卽圮。乾隆二十九年，西安，同州，鳳翔三郡士民，輸金請修復，經巡撫明山奏建石墩木橋，爲水洞二十有四，旱洞十有二。越五載，橋復壞，僅存橋墩五座。於是巡撫文綬援前例，定冬春搭浮橋，夏秋設舟渡之法。惟秦嶺開墾日久，已成童山，夏秋之際，山洪暴發，沙逐水流，致河床淤積日高，而河面亦漸寬。自乾隆中葉至道光初六十年間，河面增加五十餘丈。當水漲時，搭盖浮橋，固屬不易，水消後，又復舟楫莫通，行旅苦之。 道光中葉，陝省官民倡議集資重修，經撫臣楊名颺奏准興工，即現存灞橋是已。

橋工經始於清道光十三年（1833A.D.）十月，至翌年七月落成，至今恰爲百年週期。 其結構詳見灞橋圖說一書。 書包含告示，奏稿，部文，橋記，捐貲姓名，圖式，修橋法則，童謠解八項，未分卷亦無撰者姓氏，以書中語意推之，似爲楊名颺所編。 內列圖式十五幅，修橋法則十八條，述石軸柱橋之結構與施工法頗詳，並旁及打樁，灰土堤諸事，可與江西文昌萬年二橋志媲美。 第揆之現狀，自梁木以上之攔土枋及風板欄干等，不與圖說所載符會，疑其後橋面復經一度或數度之修治。 茲摘要紹介於後；

（一）式樣 橋之式樣，圖說謂以清康熙間梁化鳳所建之普濟橋爲藍本。 惟普濟狹隘，僅容一軌，乃取其法擴而大之；於石軸柱上架木梁，鋪版，其上再築灰土，覆以石版，便車馬往來。（圖版拾肆。） 其結構性質，顯然屬於「梁式之橋」；而所用材料，則混用木石二種。 除上部無橋屋外，大體形式，似胎息於舊式木柱之橋。

（二）橋之尺度 橋長一百三十四丈，分爲六十七間（原書稱龍門），砥柱四百有八。 各間之面闊極不一律，有大至七公尺，小至四公尺餘。 疑建造當時，因材料長短不齊，與施工方便，隨宜決定者。 橋面兩側，翼以石欄，欄以內約寬七公尺半，三軌並行，頗稱安敞，圖說謂寬二丈八尺，殆包括欄干於內言也。橋之高度，圖說謂湊高一丈六尺。今按現存橋柱，下部爲沙所掩，僅露出石軸二層，其確實高度尙待查考。若以露出部分推之，大體尙能符合。

㈢開挖引河 灞水寬度自增大後，水分南北中三路泛流，非總歸於一處。故於打椿前，離橋東上游五里許，自南至北斜築堤一道。先淘深三四尺爲基礎，以稻草沙土逐層築起成外坦內陡形狀，計底寬一丈二尺，頂收八尺。龍口水勢洶湧，用布袋數百盛碎石於內沈下，乃易合口。再於堤外密布木椿，編柳條圍護，引南隅之水北流。待南頭工竣，再改堤引水南流。

㈣引椿 下引椿先用羅盤審定方向，以蔴繩牽長一二丈，將羅盤對準。繩不宜過長，長則腰軟不準。以柏木椿依繩釘下，每根離一丈，再由第一根挨次順打。椿以雜木爲之，約長六尺，用鐵包頭。離上端尺餘安橫木一根，以便搖拔（圖版拾伍）。

㈤水平 下引椿後，待沙澄水定，刨去浮沙，以見水爲平。量至引椿鋸一橫線爲記。安砌石軸下之碾盤，即以橫線爲準。

㈥刨槽 刨槽須先定各間之面闊，然後自橋頭第一排碾盤中心量至第二排碾盤中心，得中空若干尺，於各排碾盤中心各釘一椿爲記。每槽安石柱六根，寬度依橋面尺寸而定。其下碾盤直徑四尺五寸，即於榰兩側各刨寬二尺五寸，共寬五尺爲一槽。槽深三尺，若水少沙乾，加深更穩。

(七)梅花樁　打梅花樁以先打之中樁一根爲準，再以木板開眼作梅花樁式，套於中樁上，按眼揷樁。就中迎水一根鑿眼通透樁從眼中釘下，量碾盤之透眼，與迎水中線尺寸對準，免有參差。樁用粗直柏木，色白而綿，冬取者爲佳。削去枝節，乘濕帶皮用之則不燥裂。心紅而起層者爲剌柏，不可用。樁之直徑，自五寸至八寸。長一丈三尺。每一碾盤下，用樁十三根，如木版樁式所示圖版拾伍。內迎水一根留高一尺，套入碾盤卯眼內，露出卯外。打樁時，以三脚架四具圍攏，上搭枋板，立十六人摔鐵硪打之。硪以生鐵鑄成，徑一尺二三寸，厚三寸，約重一百三十觔。週圍列三十二孔，以生蔴結辮十六條，每辮約長五尺，穿二孔，各以一人拉之。若土堅樁長，不易釘入，則先打引樁三四尺，拔起後，再插柏木樁。凡打樁，須時刻監察，非打破毛頭，不准截鋸，防匠工偸懶鋸去故也。

(八)安砌碾盤　前述梅花樁打完後，須按水平鋸齊。若稍有高下，則安砌碾盤，必不平正。碾盤圖版拾肆，伍，徑四尺五寸，厚一尺，中心鑿卯，徑五寸，深五寸，內安鐵柱，俾與上層石軸原書又稱轆軸聯絡。又於離邊五寸處，鑿一透卯，徑五寸，套迎水樁於內。施工時先以厚木材鋪路，用矮車運碾盤至槽口，將碾盤透卯對準套迎水樁於內，再用墨線自兩頭中線拉直，使與碾盤中線一致。盤之底面與樁頭須挨次摹過，若有空處，用熟鐵片墊塞，務使根根着實，稍有活動便傾側不能穩固矣。碾盤外側，再靠盤釘護樁八根保護之。

（九）安砌石軸　石軸四層圖版拾肆，各徑三尺高二尺；另於上下二面作雌雄卯，安鐵柱於內，以資聯絡。即第一層石軸底面鑿鐵柱卯眼一個，徑三寸，深五寸；上面鑿陰卯一個，徑一尺，深寸半，卯內再鑿鐵柱卯眼一個，徑三寸，深五寸圖版拾伍。待碾盤砌妥後，照前法以板鋪路，用矮車運石軸至槽口。先以糯汁牛血拌石灰錘融，約用石灰五十觔，塡於碾盤中心卯眼內。次將盤心鐵柱安入卯內。鐵柱分上下二層圖版拾伍；上層徑三寸，高五寸，下層徑五寸，高五寸。然後用木棍將石軸四面撬起，對準上下卯眼放下。如底有不平，用鐵片墊塞，防其動搖。第二第三兩層石軸俱於底面鑿陽卯一個，徑一尺，高寸半；陽卯中心再鑿鐵柱卯眼一個，徑三寸，深五寸。又於軸上面鑿陰卯一個，徑一尺，深寸半；再鑿鐵柱卯眼一個，徑三寸，深五寸圖版拾伍。安砌時，因位置漸高，須兩邊搭架，橫頭斜搭大木二根，以厚枋板從上而下，鋪至地面，將石軸放倒，下用木棍，上用蔴辮掛住，拉至架上放平。次於下層石軸之中心陰卯內安裝軸心鐵柱圖版拾伍，徑三寸，高一尺；依前法，將石軸砌上。第四層石軸底面鑿陽卯同前，惟上面因安放石梁，無陰卯，稍異圖版拾伍。

（十）石梁　前述每排石柱六根，俱用碾盤一層與石軸四層構成。石柱之上再加石梁一層圖版拾肆。梁寬厚均一尺二寸，共用石十四根。內四根長二尺七寸五分，分搭兩頭，計實砌於外側石軸上者一尺五寸，挑出軸外者一尺二寸五分。每頭俱係平砌兩根圖版拾柒（甲），接縫適在石軸之中心。另於梁底鑿暗卯，安直徑三寸，長五寸之鐵柱，期其穩固。此外中部石軸共五空間，安砌四尺五寸長石梁十根，亦係兩根並用。

（十一）**托木** 石梁上，加托木十五根圖版拾肆拾柒(甲)(乙)，長七尺，厚八寸，寬一尺。在平面上與石梁成九十度。先於石梁上勻分槽口十五處，每處鑿寬一尺，深一寸，將托木兩頭削圓，裝於梁上，以受木梁。

（十二）**木梁** 每洞橫搭木梁十五根，各位於托木上圖版拾肆。梁徑一尺二三寸，長準各間面闊。兩頭搭至石軸中心，以螞蝗鐵釘兩頭鉤住，連成一氣。

（十三）**枋板** 木梁上，鋪枋板圖版拾肆與梁成九十度。板寬一尺，厚八寸，長七八尺不等，以四塊聯為一排，湊長等於橋寬為度。 每枋一塊，用暗閂二個，每個長五寸，寬三寸，厚一寸。每塊接頭處，嵌柏木銀錠一個，橫直相連，雖經重載往來，不至移動。

（十四）**攔土枋及灰土** 圖說謂枋板上兩邊橫安攔土枋二層，均長七八尺，寬八寸，厚一尺。枋中間底下，俱用暗閂兩個，上面接縫嵌銀錠扣，橋外兩邊再用螞蝗長釘，從梁木牽至攔土枋釘住，以防築打灰時攔土枋向外擠出。枋之外側，自飛簷石以下，滿釘風板二層，每層高一尺，厚三寸，糊以桐油蔴灰。 枋以內滿築三合灰土，厚二尺。 今按橋之現狀，已易攔土枋為磚牆圖版拾肆拾柒(甲)，高半公尺，不及圖說所載之二尺；其外側亦無風板存在圖版拾柒(甲)；似木梁以上部分，經近世一度改造矣。

(十五) 路版石及簷石　築灰土至攔土枋平，其上安路版石一層（圖版拾肆），長三尺，厚五寸。在橋面兩側者，挑出橋邊七寸作簷，上加攔牆石壓住一尺一寸，餘一尺二寸留內作路（圖版拾肆）。

(十六) 攔牆石與欄干　攔牆石二層，下層一尺一寸見方，上層一尺見方，俱用糯汁牛血拌石灰嵌住，接縫加鐵錠。據圖說攔牆石與橋邊齊，但現牆則向內縮進少許（圖版拾肆），當係後代所改。其上兩邊各排欄干一百二十個，每個相離一丈一尺，高一尺五寸，方五寸，鑿眼於攔牆石上，深入四寸，露明一尺一寸，用糯汁牛血拌石灰嵌定。舊雕鳥獸花果不一，其式兩頭用犀象各二個云。

(十七) 灰土堤　橋之兩端各樹枋楔，建神祠，候館，碑亭，又於兩岸加築灰土堤三百丈。堤高以二丈為率；內堤根刨槽五六尺，堤身露明一丈四五尺。仿黃河走馬堤，外坦內陡。底寬二丈四尺，頂厚八尺，上下均折一丈六尺。每堤一丈，打土三十二方，每方寬厚皆一尺。裏皮用灰土二步，每步計一尺，外皮灰土五步，塡槽灰土二步，蓋頂灰土四步，約堤一丈，打灰土十一方，素土二十一方。土工八鎚八夯八硪，土近者每方不過銀五六錢。石灰每方四百斤，十一方合用灰四千四百斤。每堤一丈，高二丈，厚一丈二尺。因取土遠近，買灰貴賤不等，約估工料銀三十兩。又堤過於當衝，必須於堤頭上離八九丈另作水箭一道，逼溜向外。箭頭寬一丈，尾寬五六尺，長十丈，亦用灰土包築，與正堤同。按灰土堤之法，得之嚴如熤。如熤前守漢中時，見山河堰石堤用海塘勾閂法旋作旋衛，因築灰土堤二百丈，堰堤內外皆流水，歷久不傾；又於沔城西南角衝當之處，打灰堤三百丈，迄今鞏固云。

（十八）監修人員　灞橋及滻橋重修工程，係陝撫楊名颺董其事。參預謀度，相與諮諏者，有何煊，李義文，莫爾賡，程楙采，查廷華，慶祿，孫蘭枝諸人。監工督造則爲許保瑞，汪平均，陳斌，陳煦，黃謙受，倪柱等人。其餘司出納稽核，捐輸採料，簿計及勷理工務諸員，具載道光十四年楊名颺重建灞橋記一文，不復贅。

（十九）工費　橋之經費，由長安，咸寧，咸陽，渭南，涇陽，三原，朝邑，大荔，郃陽，韓城，盩厔等縣官紳士民，共捐集十二萬四千六百餘兩，再加乾隆三十年修橋餘存銀四千餘兩，共十二萬八千六百餘兩。除灞滻二橋用工料銀十萬三千餘兩，尙存銀二萬五千餘兩，照舊例發商生息，按季彙解司庫，供二橋歲修之用云。

三　滻橋

滻橋在灞橋西十里跨滻水上。滻水亦源出秦嶺，經嶢山口，北流入灞。舊有橋，久衝沒，病涉與灞橋同。清道光十三年楊名颺重建灞橋後，復以餘貲建滻橋。橋長四十二丈，區爲二十間，砥柱一百有六，寬二丈三尺，高一丈五尺，兩端建枋楔，式樣作法略如灞橋（圖版拾捌（甲）（乙）拾玖（甲）。其詳部結構與灞橋異者表出如次。

（一）橋之寬度較灞橋稍窄，故每間僅用石軸柱五根。石軸之高最上層稍矮，非每層相等，與外側飾龍首，俱與灞橋異。

（二）木梁之數減爲十三根。托木亦然。

（三）托木之斷面改方形。

（四）枋板大小不一律。其巨者嵌入木梁內，可於枋板外端見之。

（五）風版已凋落無存。欄土枋之位置改用磚牆，當與現存灞橋同經後世改造者。

四 豐橋

豐橋亦作灃橋，在西安東南三里，跨灃水上，故亦稱三里橋。據西安府志及嘉慶一統志，橋創於明永樂十二年。孝宗宏治五年，知縣趙璉重修，架木為之，高一丈五尺，闊二丈餘。現存之橋，則為石軸柱式，圖版拾玖（乙）貳拾（甲）（乙），與灞滻二橋類似，疑非趙璉之舊。但其建造年代，諸書略而未載，姑留以待考。

橋凡二十七間，每間列石軸柱六根，每二根相並，以鐵箍繫之，非前二橋所有。石軸之數，露出河床上者四個，其下不明。軸高超過本身之直徑，與灞滻二橋適相反對，故其河床以上部分，亦較高。石軸上並列枕木二根，非石製。再上施極短之托木，與木梁各八根。其間隔頗稀，不如灞橋叢密。風板間有脫落，猶存大部。其上欄干，係版築之土垣，較簡陋。兩涯則以石軸累疊為駁岸，亦不常見。縱觀此橋式樣，大體雖與灞滻二橋一致，而其詳部結構方法，不如前二橋之堅固合理，疑其年代或亦稍晚。

附記　本文灞滻豐三橋像片，及灞橋實測圖，係張昌華先生所作，又承陝西建設廳代攝普濟橋像片，楊仁輝先生惠贈福建漳州橋像片，統此致謝。

圖版壹

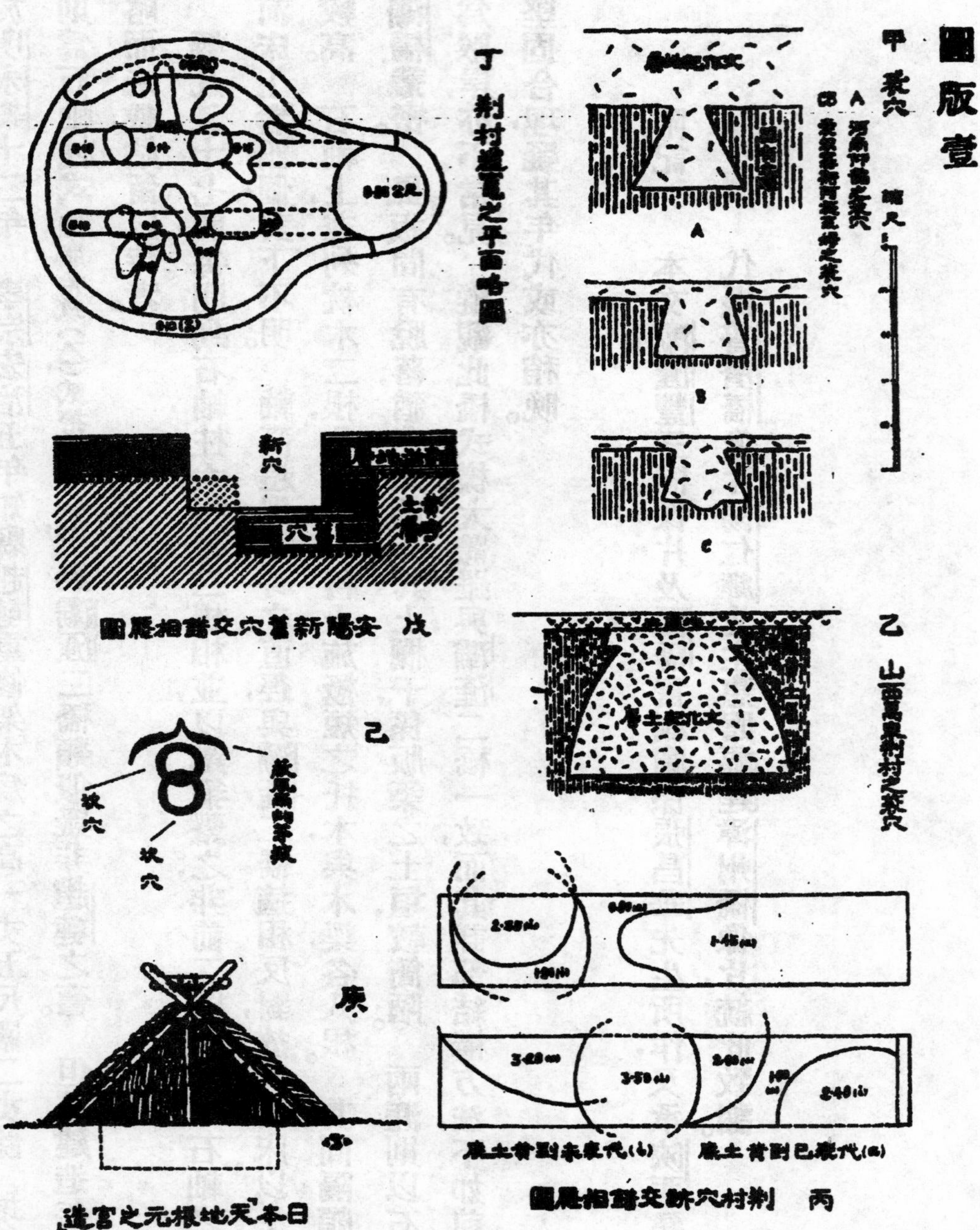

甲 灰穴
A 河南仰韶之灰穴
乙 山西萬泉荊村之灰穴
丙 荊村穴跡交錯相壓圖
丁 荊村遺址之平面略圖
戊 安陽新舊穴交錯相壓圖
新穴
己
袋穴
袋穴
庚
日本"天地根元之宮"造

圖版貳

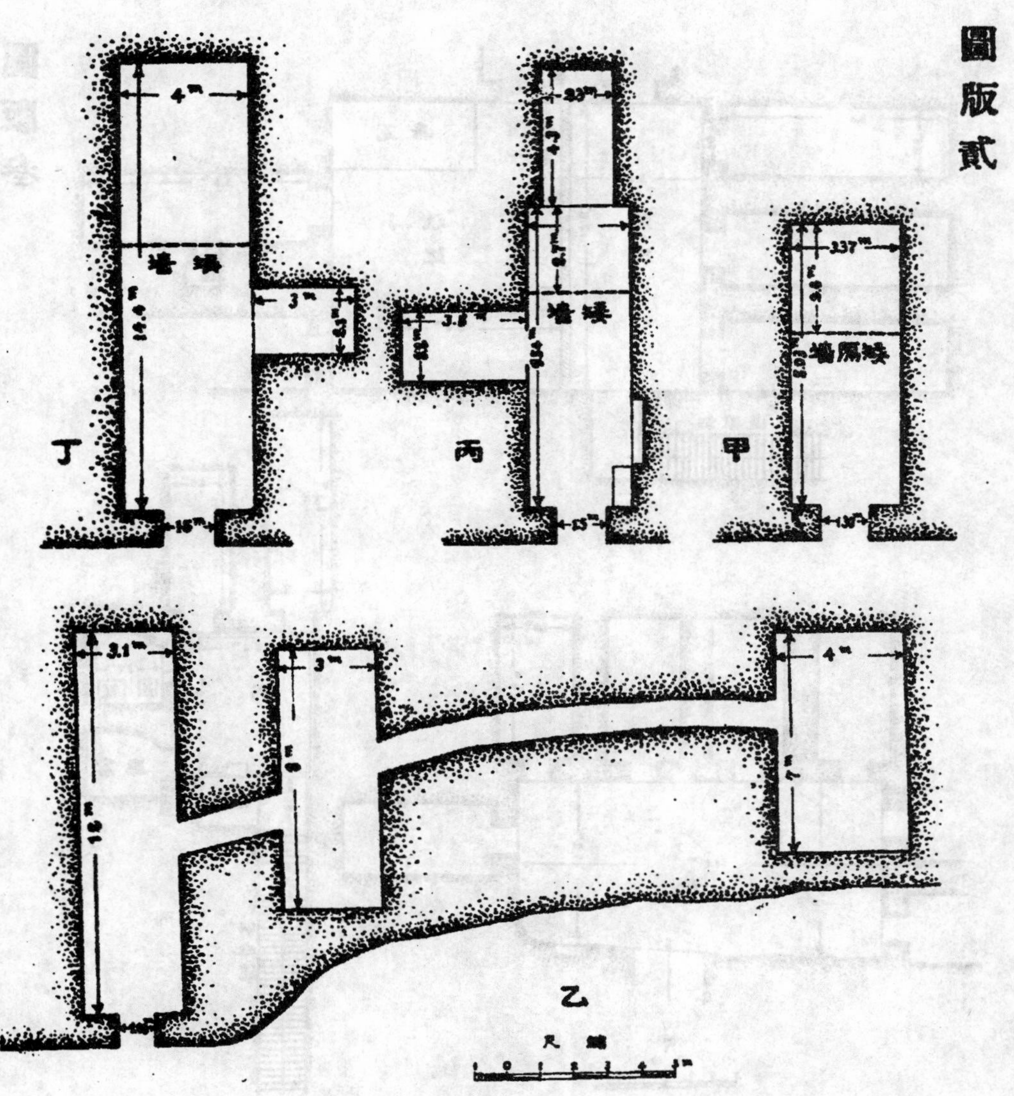

34669

圖版叁

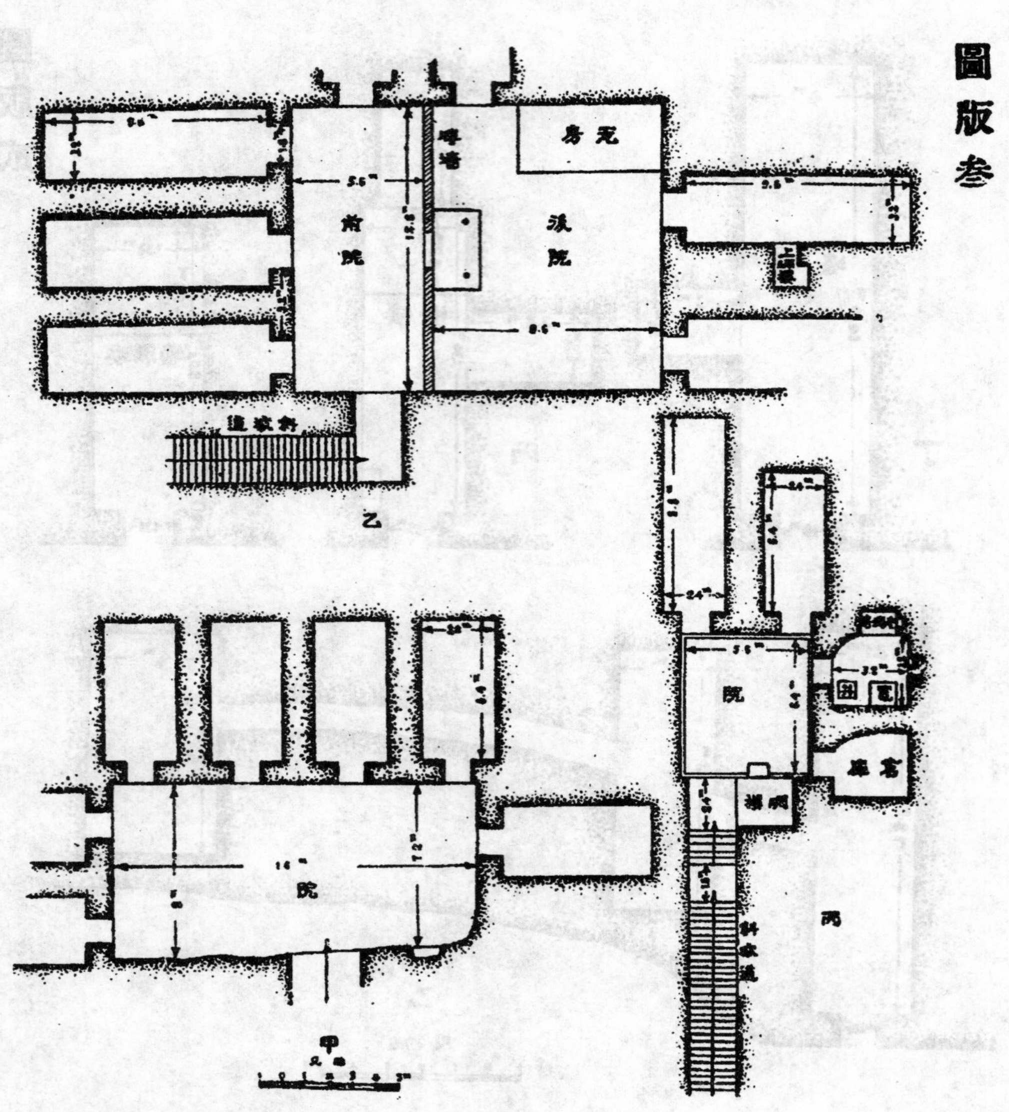

圖版肆

(甲)穴外之門(其一)

(乙)穴外之門(其二)

圖版伍

(甲)三方向之穴

(乙)磚牆(其一)

圖版陸

（甲）磚牆（其二）

（乙）上層之牖

圖版柒

(甲) 穴外圍牆及碉樓

(乙) 穴內情狀

穴居雜攷

龍非了

一　緒言

在蜿蜒於陝西甘肅山西河南察哈爾數省之陰山北嶺間，常見黃土斷層上有如蜂房之蓽門圭竇，叩之即穴居焉。入其境疑似太古；豈有巢氏軒轅氏之教化，尚未洽被及此，抑何穴居遺風至今日科學昌明時代，尚流傳未替？抑余按之歷史其穴居存在之區，即華夏文化發育之地。試觀晉以前吾國政治中心之帝都，俱不出此黃土區域而紀元前二世紀以前，一切國内歷史上重大事件，亦靡不發生於此區域内。時至今日，往昔遺蹟如宮闕城堡，雖經天災人禍，大部淪爲塵壤，然歷代帝王之陵寢，尚巍然遺留，與佛塔競高下而不朽。此猶僅就表面言之；至於堙沒地下之遠古文化，如舊石器時代之文物，已由法人德日進（Teihard de Chardin）桑志華（F. Licent）

在中國北部寧夏陝西黃土層中，（係第四世紀人類初期）發現一部。新石器時代之文化，亦由瑞典安特生（An der sson）等先後於河南甘肅山西等省發現。又步達克（D. Black）等在北平附近發現北京猿人化石，謂爲現今華北人之祖先。則此黃土地質區域，實孕育吾華族遠古上古中古一貫文化之地點也。然揆之進化論，上古穴居之遺風，應隨數千年文化演進而消滅，其得與後世較高之文化俱存者，必自有其特殊之環境與其特別之歷史性在焉。

大凡世界文明之曙光，類發生於氣候和煦，地味腴潤之區，且往往發現於交通便利之河流兩岸。然則黃河流域之中游，在往昔決不如今日之荒凉。舊日冀豫兖諸州之土質，爲壤土，墳土，壚土，宜五穀饒林產，適畜牧，見於禹貢及周禮者，眞僞姑不具論。卽以詩經國風，描寫林竹之美，桑蔴之茂，及史記貨殖傳敍述當時人口之稠密，皆足證明紀元前後，黃河流域之氣候地質，適於人類之居住與繁殖也。然唯其土質肥沃，人文殷盛，亦隱伏後世頹衰之因。蓋重寶所在，人所必爭，不有天府腴壤，則數千年來奚至上下攘奪，鋒鏑相尋，循環無已。且外族之蹂躪，自匈奴後，有五胡之亂，繼以安史遼金蒙古女眞，無不爲游牧民族，以侵略中原爲目標。故二千年來，黃河流域，屢爲歷史上漢族與北方民族爭奪之地點。不幸漢族常居失敗地位，於是衣冠南渡，文物播遷，非止一度，江南之盛，亦適以反映中州之衰落已。同時政治黑暗，徭役賦稅，不惜民力，與乎森林之摧毀，水利之不修，官吏之殘暴，商賈之削剝，皆足使社會經濟與民衆生活，時瀕困竭。

一遇天災饑饉，揭竿而起，挺而走險者，如漢之赤眉黃巾，唐之黃巢，明之流寇，率人而食，城市爲墟，數演歷史上最慘酷之內亂。然則孑遺之民，迭經變亂，求生不暇，又烏得不穴居野處，營其原始時代之生活？所幸中州氣候乾燥，土質堅韌，不虞崩潰，而高曾矩矱，歷世相沿，猶未盡忘復之穴之，尙可以禦寒而袪暑。故雖云人謀不臧，有迫使然，抑亦天錫之惠，助之無形歟？

二 我國古代穴居

吾國穴居之俗，雖尙見於今日，然穴居之方式，就吾人所知者，自上古迄今，決非毫無變遷。今請稽諸經籍，再證以近歲發掘之成績，並與鄰接外族之穴居記載，互相比較，觀其究竟。

考吾國文字中與穴居有關者爲類頗夥。惟其大多數已不如今日所常用。其中屬於篆籀者，約五十餘字，餘皆爲廢字，及省字增字。除少數爲動詞外，其餘胥爲形容詞，或穴類之名詞。其形容詞之含義，如穹，空，窄，窅，窈，窲，窔，窵，窒，窮，窘，窶等，在古代是否專指穴居而言，尙待研討，可暫置不論。此外穴類之名詞，約可分爲十種：

(一)居住　穴、盜、覆、空、窟、窇、窑、窴、

(二)墓穴　穴，窆，窀，穸，

(三)牢廄　𥨭(兔穴)　窠(鳥穴)　窂(牛馬穴)　窠(鷄雉雛鴿居)　窵，窵，

(四)倉庫　竇(入地圓形)　窖(入地方形)　窨(酒水室窨室)　窌，窇，㝥，窖，䆜，

(五)陶窰　窯，窖，窑，窯，

(六)庖厨　竈，竈，窖，竈，

(七)坎穴　穽，窞，䆛，

(八)孔穴　窗，窬，竇，窐，窮，

(九)窟窿　窟，究，完，窇，竉，窢，窩，窼，空，

(十)特別穴名　穿，穾，窉，窇，寊，窡，窫，窅，窬，窮，窠，窿，窮，窴，窶，窰，窸，竀，窨，竉，竆，竊，竈，

前表中，除(七)(八)(九)(十)四項外，其餘六項皆爲人類生活必需之設備，可見古人穴居之普及，及其利用範圍之廣，初不限於居住一項也。次將第一項居住字類之意義見於羣書者，舉列如左：

[穴+展]　篇海「天子所居也。」意者，古宮殿曾有穿穴者，故「[穴+展]」從穴。

窋　與「窟」同字，說文「物在穴中貌。」又禮記禮運篇「營窟」。孔疏「營累其土而爲窟，地高則穴於地，地下則窟於地上，謂於地上累土而爲窟。」殆有二形：一

在地上，一在地下。

空 說文『竅也』。段注：『今俗語所謂孔也』。因周官有司空，及方輿記秦人呼土窟爲土空亦殆有古今二義。

盜 說文『北方謂地空因以爲土穴爲盜戶』。段注：『因地之孔爲土屋也，廣雅，盜、窟也』。疑爲土室，且類似皿形，略如近歲發掘之『袋穴』詳下文。

復 說文『地室也』。段注：『大雅正義引作覆於地也四字。箋云復於土上。庾蔚之云復謂地上累土爲之。毛傳云陶其土而復之土謂堅者堅則不患崩壓，故旁穿之，使上有覆』。是則復亦營窟，皆爲地上壘土覆土之居也。

窇 玉篇：『土窒，又窨也』。

穴 說文『土室也，从宀八聲』。段注：『宀，覆其上也』。又通考：『象穿土爲穴之形』。禮記禮運篇疏：『地高則穴』。詩大雅箋云：『鑿地曰穴』。又說文復字注：『庾蔚之云穴則穿地也。穴則正穿之，上爲中霤。毛傳云陶其壤而穴之，壤謂柔者，柔則恐崩，故正鑿之陶其壤，謂正鑿之直穴之中爲中霤。鄭注月令云：中霤猶中室也，古者複穴，是以名室爲霤』。是則穴爲地下直穴無疑。恐與近今發掘新石器時代之穹窿圓底其上開口之『袋穴』同其形狀。且吾以爲穴之訓，若從宀八聲之訓，則穴之上疑尚有交覆四注之物。若從象穿土爲穴之訓，則穴之古文爲內象覆穴營窟之表面抑象穴中之剖面乎？竊意八象四周之穹窿狀，兩解均可通，祇八則未識究象何物。象穴上之囪乎？抑象穴內有巜（人）乎？抑象從上俱下之人（入）乎？若然則內與內（內）爲同形，均可解爲穿地爲穴其上具中霤之穴也。

茲將以上數字列表比較於後：

名稱	地室或土室	地上或地下	土質	構造法	穿法
窟	土室	地下或地上		掘或壘	
盜	土穴 土屋	地下		因土穴	
復穴	地室		堅土	累覆	旁穿
竈	土窨	地下			
穴	土室	地下	柔壤	穿鑿	旁穿

再就典籍之片段記載涉及上古穴居情狀者，撮列如左：

（一）易繫傳序：「上古穴居而野處，後世聖人易之以宮室，上棟下宇，以待風雨，盖取諸大壯。」

（二）禮記禮運篇：『昔者先王未有宮室，冬則居營窟，夏則居橧巢。』

（三）禮記月令篇其祀中霤句疏：『古者複穴，皆開其上取明，故雨霤之後，因名室爲中霤。』

（四）孟子滕文公章：『當堯之時，水逆行，氾濫於中國，蛇龍居之，民無所定，下者爲巢，上者爲營窟。書曰：洚水警余。洚水者，洪水也。 使禹治之，禹掘地而注之海，驅龍蛇而放之菹，水由地中行，江淮河漢是也。 險阻既遠，鳥獸之害人者消，然後人得平土而居之。』

（五）墨子辭過篇：『古之民未知爲宮室時，就陵阜而居，穴而處，下潤濕傷民，故聖王作爲宮室之法。』

（六）譙周古史考：『太古之初，人吮露精，食草木實，穴居野處，山居則食鳥獸，衣其羽皮，飲血茹毛。』

（七）宋羅泌路史卷五有巢條：『太古之民，穴居而野處，摶生而咀華。』

（八）顧炎武日知錄卷二司空條：『司空，孔傳謂主國空土以居民；未必然。 顏師古曰：空，穴也。古人穴居，主穿土爲穴以居人也（原註見漢書百官公卿表注此語必有所本。） 易傳云上古穴居而野處。 詩云：古公亶父，陶復陶穴，未有家室，今河東之人，尚多有穴居者，（原註今人謂窯即古陶字莊子言逃虛空虛空即今人所謂冷窯也。） 洪水之後，莫急於奠民居，故伯禹作司空，爲九官之首』。

（九）田藝蘅曰『古者穴居野處，未有宮室，先有山而後有穴，宀當象上阜高凸，其下有冂可藏身形，故穴從此，室家宮宇之制皆因之』。

上文所描寫者，大都後人追述之詞。故所云『上古』『太古』『古者』，俱無確定之年代。然證以近歲考古發掘所得，穴居之習固非誕妄，足證易禮孟子墨子所載，當時必有所本，非全部嚮壁虛造者也。茲將前文所述分析如左，以供參考。

	時代	種類	利害	地之高下
一	上古	穴居	不能避風雨	
二	昔者	營窟	宜冬	
三	古者	複穴	有雨霤	
四	堯時	營窟	避洪水蛇龍	上者
五	古	穴而處下	有濕潤之害	陵阜
六	太古之初	穴居		
七	太古	穴居		
八	禹時	空		
九	古者	宀	可藏身	阜上

前二表所示，雖不能據以論斷穴居之確實年代，然可推知穴居之情狀，因地勢高下，與土壤之性質不無異同。除窟，宸，覆三者爲特殊種類外，餘殆爲土室穴居，其地點似在廣漠之平原，即孳育華族文化之黃河流域。又據禮記中霤疏『開其上以取明』推之，似指直穴而言，其數量較旁穿之穴或更爲普遍也。

前述直穴之推測，依近歲考古發掘之證物，其確實性益爲顯著。據民國十年農商部地質調查所安特生氏(J.G.Andersson)發掘河南澠池縣仰韶村新石器時代末期之遺址，有直立之袋穴(Pocket)包於紅土層內，形如長筒，上下直徑自一·九至二公尺，深〇·五至一·五公尺不等圖版壹(甲)。穴中及穴上爲文化紀之灰土層所掩蔽，有陶器及其他破碎器物。安氏引德人佛雷爾氏(Forrer)所述愛爾塞司省(Elsass)阿施亥姆(Achenheim)新石器時代之圓穴，兼住室與儲藏用者圖版壹(甲)與此極相類似，疑爲仰韶期人民所居之地穴，而不能決定注一。其後安氏計算此期文化，約在紀元三千年前注二。徐中舒先生援據文獻及紋飾等，則論爲虞夏民族之遺蹟注三。

注一　地質彙報第五卷第一期安特生中華遠古之文化。

注二　地質專報甲種第五號安特生甘肅考古記。

注三　安陽發掘報告第三期徐中舒再論小屯與仰韶。

自安氏發掘仰韶遺跡以來，我國考古學之進展，日新月異，而穴居之證據，亦層出無已。其最重要者有民國二十年北平師範大學與山西省立圖書館美國福利爾藝術館聯合發掘山西萬泉縣荆村瓦渣斜石器時代之遺址，亦發見圓形直立之袋穴，與安特生發掘者不期符合。穴上口稍小，四周之壁向外作凸曲線，如梨桃形。深三公尺，底之半徑約四公尺。內含文化紀灰土及夾木炭之褐土，與骨石陶器諸物圖版壹（乙）。且有數穴交錯相壓，深淺不同圖版壹（丙），穴內塡積土層之硬度亦參差不一。董光忠張蔚然二先生斷爲時代不同之穴居遺址注四，殆即詩經所云『陶復陶穴』者是也。此外又有圓形之竈，壁面塗石灰與粘土之混合物，厚八公分，底部有煙道支蹻，火門等圖版壹（丁），疑係石器時代燒造陶器用者。

注四　師大月刊第三期理學院專刊董光忠山西萬泉石器時代遺址發掘之經過。

其次民國二十二年中央研究院與河南省政府共同發掘濬縣遺址多處，於劉村發見仰韶期六囪陶窰，與直立之袋穴注五。後者之口徑爲一·八公尺，底徑二公尺，周壁整齊，底面則係極平之天然石。穴中堆積之灰土層內，雜有燒土並彩陶，灰陶，陶環，鹿角，蚌殼，麻龜獸骨等物，皆人類生活所需，知爲穴居之遺蹟無疑。惟此期之穴底大於口。同縣辛莊黑陶期者，則面積較大，底與口亦略等。灰陶期者更大，口徑亦大於底。諸穴面積由小而大之故，似與穴之用途及穴頂構造之技術進步有關也。依上三例，知新石器時代之末期，圓形直立之穴散布於河南山西二省，圍頗廣，其爲當時最普通之居住，應無疑問。

注五 河南政治月刊第四卷第四期濬縣發掘經過。

此外經長期之發掘，對我國古代文化史貢獻最巨者，當推中央研究院發掘河南安陽殷墟一舉。其工作經始於民國十七年，迄今六載，尚賡續進行。據發掘報告第一二期所載注六，有圓形，腰圓形，長方形，長方形，菱形之坑穴多處，而以長方形者居多。圓形穴之直徑達一・九公尺長方形穴有長一・九公尺寬一公尺，其方向偶有取正南正北者。穴皆直立有平整顯然之牆壁，非前述之袋穴。惟其深淺不一律，有深至十公尺，已過水面，頗令人難於索解。坑之剖面圖版壹(戊)間有成梯級形狀者，疑爲數穴重疊，非掘於同時，殆與瓦渣斜諸例同爲『陶復陶穴』之結果歟。

注六 安陽發掘報告第一期李濟小屯地面下情形分析初步。第二期張蔚然殷墟地層研究與李濟發掘殷墟之經過及其重要發現。

最近二三年內殷墟發掘之成績，未正式披露於世，就董作賓李濟二先生一部分發表者言之注七，第四次發掘，曾發見長方形之版築土基，四周有天然卵石之柱礎。及純黃土之臺基，方向與指南針所示者一致。又於臺附近地層下，發見長方形之坑，約大十公尺，有梯級可上下。其中含破陶，牛骨，狗骨之屬，顯係穴居遺跡。此種坑穴面積頗大，周壁以硬土築成，堅固如鐵。

亦有數圓穴銜接相連，似爲一族之住穴，具聯帶關係者。以上諸穴之地層，較低於前述版築之土基，其爲未有宮室以前之先民居住，似無可疑。

注七　慶祝蔡元培先生論文集內董作賓甲骨文斷代研究例。國聞週報第十一卷第二十四期李濟河南考古之最近發見。

前述仰韶瓦渣斜劉莊諸例之確實年代，一般認爲屬於仰韶期者，是否即如安特生所定在紀元三千年以前，抑如徐中舒先生指爲虞夏民族之遺蹟，似非今日所能定讞。然仰韶期無靑銅器物發見，且出土器物無一有文字銘刻，則其文化應遠在殷墟以前，殆無疑問。而殷都小屯之年代，據甲骨文所示，亦宜如董作賓先生之論，自盤庚十四年至紂亡止，凡二百七十三年，與竹書紀年所載者符合　注七。故我國史前之穴居結構，約略可知者：（一）穴之平面配置，以圓形者時代較早。殆至殷以前或殷初，漸有橢圓形方形長方形菱形數種方式。證以伊文思氏（Evans）所述 Crete 島之史前遺蹟，則人類居住之進展順序，無論東西，皆以圓形平面爲最早　注八。（二）諸穴之剖面，雖皆爲直穴，然穴之口徑小於底徑者，似屬於較早之階級，殆即前文所述之「盜」。頗疑人類最初之居住，必係利用天然巖穴或土洞，或如說文段注所云「因地之孔爲土室」者。故仰韶期遺物所示，雖係人工所鑿之袋穴，而其平面係不規則之圓形，其剖面亦上小下大，尙未脫天然巖穴或土洞之形狀也。洎至殷墟諸穴，隨文化之進展，始易爲直壁。此外濬縣灰陶期之穴口徑大於底徑者，其年代與進展順序，固非今日所能論定。若以考工記『囷窌倉城逆牆六分』推之注九，似却綱之法亦為古代築穴所常用。(三)穴頂之結構，在殷墟等處，尚未發現宼瓦之證據，故李濟先生據甲骨文『宮』字與殷墟發掘數個銜接之圓穴，疑為茅茨之項圖版壹(己)。以日本原始型建築『天地根元宮造』圖版壹(庚)及下述四裔之穴居證之，殆為事所必有者也。

注八 A. Evans; The palace of Minos at Knossos.

注九 周官考工記匠人『囷窌倉城逆牆六分』鄭注：逆猶却也，築此四者六分其高，卻一分以為綱，囷，窗倉穿地曰窌。賈疏：假令高一丈二尺，下厚四尺，則四尺去二尺為綱，囷倉城地上為之，須為此綱者，雖入地口宜寬，則牢固也。

穴居之年代，就殷墟發掘之證物言，其數個圓穴銜接相連者，較低於版築土基之地層，則此類圓穴必年代較早。頗疑為殷遷都以前或遷都後未久之住居遺址。迨其後宮室日就發達，國都所在地點，穴居之習宜漸歸淘汰。昔日居住而兼藏物者，遂變而為專供窨藏之用。故殷墟發掘中有專藏龜版排列整然之穴焉。然僻遠地點之文化，恒較國都落後，必尚有墨守舊法知詩經大雅一章所述『古公亶父陶復陶穴，未有室家』者。知殷之末期，周祖先居於渭水流域，猶營穴居生活，不知家屋之締構。此外周易言穴居者，亦有數例，若需六四『需於血，出自穴；

一需上六『入於穴有不速之客三人來』；坎六三『來之坎之，檢以枕入於坎窞。』所述之穴，坎窞，俱與人類生活，關聯切密至筮卜之書引以爲喻，則周之初期穴居習慣，或尙未全廢歟？

我國文化自殷周以來，作長足之進展，故宮室制度，亦隨人文演進，日臻完備。凡建築物之主要構材，若棟、宗、桷、楹、梲、節等，皆見於經傳。足徵吾輩今日所用之大木架構，在原則上，至遲應成立於周初。甚至殷末既已有之，殊未可知。洎周之末季，刻桷丹楹，山節藻梲，已漸離實用而趨華靡。故下逮秦漢，宮闕連雲，蔚爲巨觀。惟周末以來，典籍所載，穴居與窖藏之習，猶間有遺存，如

(一)左傳襄公三十年秋七月『鄭伯有嗜酒，爲窟室，而夜飲酒，擊鐘焉。』

(二)史記刺客列傳專諸條『公子光伏甲士於窟室中。』

(三)史記貨殖傳『宣曲任氏之先，爲督道倉吏，秦之敗也，豪傑皆爭取金玉，而任獨窖倉粟。』　徐廣注曰『窖，音校，穿地以藏也。』

(四)史記酈食其傳『夫敖倉，天下轉輸久矣，臣聞其下迺有藏粟。』

前舉四例，內宜注意者(甲)窟室之營建，不問地域南北，皆有其例。依其性質言，殆卽前文所言之『寏』或『窖』。(乙)秦漢之際，『窌』『窖』之制，數見不鮮。殆因其時去古未遠，雖一般建築已達相當發達之域，而先民穴居之俗，累世相傳，猶未盡沫歟？

三 四裔之穴居

我國上古穴居之風習經殷周二代千餘年文化之陶冶，隨生活改進而日就式微，殆無疑問，故秦漢以來典籍言穴居者甚少。然漢魏六朝之史籍，每載文化落後之鄰接民族，尚保存穴居野處之原始生活，略似我國史前情狀，足資吾輩研究此問題者之借鏡。爰就見聞所及，撮錄如次，以資參考。

韓

後漢書卷百十五『邑落雜居，亦無城郭，作土室，形如冢，開戶在上。』

三國志魏志卷三十『居處作草屋土室，形如冢，其戶在上。』

挹婁

後漢書卷百十五『處於山林之間，土氣極寒，常爲穴居，以深爲貴，大家至接九梯。』

三國志魏志卷三十『處山林之間，常穴居，大家深九梯，以多爲好。』

勿吉

魏書卷一百『其地下濕築城穴居其形似塚開口於上以梯出入。』

北史卷九十四『地卑濕築土如堤鑿穴以居開口向上以梯出入。』

靺鞨

隋書卷八十一『地卑濕，築土如堤，鑿穴以居，開口向上，以梯出入。』

舊唐書卷一百九十九下『無屋宇，並依山水掘地爲穴，架木於上，以土覆之，狀如中國之塚墓，相聚而居，夏則出隨水草，冬則入處穴中。』

黑水靺鞨

新唐書卷二百十九『居無室廬，負山水坎地，梁木其上，覆以土，如丘冢然，夏出隨水草，冬入處。』

北室韋

北史卷九十四『冬則入山，居土穴。』

隋書卷八十四『氣候最寒，雪深沒馬，冬則入山，居土穴中。』

深末怛室韋

隋書卷八十四『冬月穴居，以避太陰之氣。』

女眞

金史卷一世紀『舊俗無室廬，負山水坎地，梁木其上，覆以土，夏則出隨水草以居，冬則入處其中，遷徙不常。』

蒙古

胡蘊玉中華全國風俗志穴居條『察哈爾蒙民，多穴居野處，俗謂土窖，形式方圓互異，穴外葺蒿爲盖，穴內鋪氈以居。』

鉢和

洛陽伽藍記卷五『入鉢和國，地土甚寒，窟穴而居。』

北史卷九十七『其土尤寒……穴地以處。』

謝颶

新唐書卷二百二十一下『地寒人穴處。』

高昌

宋史卷四百九十『穿地爲穴以處。』

以上諸條描寫之情狀，分析如次表：

地域種族或地名	穴類	穴形	穴戶構造	居地	氣候	居住時期
韓	草屋土室	似冢	草頂戶在上			

東	挹婁	穴居		深接九梯以多爲好	處山林之間	極寒	
	勿吉	築土堤鑿穴居	似塚	開口於上以梯出入	其土卑濕		
	靺鞨	築土堤掘地爲穴	似中國塚	架木於上以土覆之開口向上	依山水		冬季聚居
北	黑水靺鞨	坎地穴居	如丘冢	梁其上覆以土	負山水		冬居
	北室韋	土穴			山	極寒	冬居
	深末怛室韋	穴居					冬居
	女眞	坎地穴居		梁木其上覆以土	負山水	冬寒	冬處
漢北	蒙古	穴居	方圓互異	穴外葺蒿爲蓋		寒	
西域	鉢和	穴		穴地		寒	
	謝颶	穴處					
	高昌	穴		穿地			

前表中所舉東北各民族與華族之關係，自來論者不一其說。如三韓卽秦漢之朝鮮，其歷史據尙書大傳『武王勝殷，繼公子祿父，釋箕子之囚，箕子不忍周釋，走之朝鮮，武王聞之，因以朝鮮封之』，雖未見於史記殷本紀，然與漢書地理志『殷道衰，箕子去之朝鮮，教其民以禮義田蠶織作』一大體符合。故近人姜亮夫先生箸夏殷民族考，以東北民族，爲殷民族之支流。又以鬼

方卽九方，亦卽詩經之仇方，甲骨文之苦方，證漢書匈奴列傳『匈奴其先夏后氏之苗裔，曰淳維』一爲確當。其他西域諸國，自王靜安先生闡明烏孫塞種大夏大月氏皆自東遷西以來，姜亮夫先生亦論爲夏后氏之後。而徐中舒先生再論小屯與仰韶文中，斷大月氏大夏爲虞夏民族西遷後之名稱。凡此諸說，皆一反數千年尊華賤夷之積習，爲昔日士大夫所不敢道。然在整理國故與考古發掘未達最後論斷階級之今日，東北與匈奴西域諸民族，是否卽爲夏殷二代之支裔，恐尚待蒐求人種學上有力之證據，及各民族之相互關係與其遷徙之史證，始能決定。故上舉諸說，祗能暫認爲重要之假說而已。

雖然，各民族間文化之溝通，不因時代早晚與其程度之文野，阻其傳播灌輸之功効。例以安特生氏發掘遼寧沙鍋屯之史前遺蹟，與河南澠池縣仰韶村出土者同屬於仰韶期，則有史以前，我國本土與東北民族之間，無論人種是否異同，實具有普遍共同之文化，毫無疑義。今以穴居證之，其共同性尤爲明顯。蓋前表中所舉東北諸族之掘地坎地之穴，因氣候凛冽與文化演進之速度稍遲，比較上尚保留原始時代之情狀。據所云『穴上架木覆土，形如丘冢，以深爲貴』推之，似其土室係直立之穴；其平面殆亦爲圓形，故覆於穴四周堤上之頂，與丘冢形相類。然此圓形直立之穴，曾發現於仰韶期及殷墟初期，則新石器時代，我國本土之穴居，至史後猶爲大部分東北民族所使用。至於開口向上，以梯出入，尤類我國古籍所述之『中霤』，卽毛傳『直穴之中爲中霤」者極爲接近。可知四裔穴居，對於我國穴居之結構，不失爲有力之旁證，供其合理解決之助也。故欲闡明我國史前穴居之構造，除於我國本土作普遍之調査與發掘外，並宜旁搜側擊，兼及隣接民族之原始居住狀況，互爲印證，庶無遺憾。

四 近代黃河中游之穴居

余嘗考最近黃河中游之穴居，散見於河南山西陝西甘肅諸省，名「土窰」或「土洞」者，其室長方，其壁直立，其頂覆以拋物線形之栱，其制旁穿酷似隧道，以視仰韶期之袋穴，其底圜形，其壁微凹，其制正穿直下，有類窰狀者，迥然有別。此殆後世人文演進，圓穴不如長方形之適用，直下不及旁穿之工作簡便，露明之中霤不若旁立之戶牖足以蔽風雨；故穴之結構，亦隨建築技術之進步而改善。至於今日「土窰」之制，仿於何時，尙屬不明。以意度之，殷中葉以後，已有長方形之穴，其壁直立而非「盁」穴。周末亦有窟室，可藏甲士及作樂飮酒，如說文所訓之「寝」，而今之「土窰」，皆具戶牖，大者且有天井院落之設，其平面配置，顯然導源於四合式之住宅。則其產生時期，必在一般建築發達以後；即最早亦不能先於周代也。若乎「土窰」之稱，揆諸穴之形狀，實名實不符，而與前述仰韶期之『盌』轉相契合。豈數典而未忘古，猶存數千年前最初之稱謂歟？以下就現存土穴之平面配置分類如左：

（一）單方向者　穴數爲一圖版貳（甲）（乙）或二三不等。一穴者最普遍。遠觀之狀如『窨』圖版肆（甲）（乙），結構頗簡單淺狹。亦有數穴相連，僅外側之穴闢戶，餘以走道聯接圖版貳（乙）。穴外或具土台及土圍。

（二）二方向者　二穴以上至五六穴之大家庭，就崖腰側直壁，成ㄱ形鑿穴而居圖版貳（丙）（丁）。其構造有土穴土台土圍；亦有穴之表面與穴內之栱，以磚砌之；且兼有房屋者，頗具宅第之風。

（三）三方向者　就崖腰掘平面冂形之院，環其三方，鑿穴而居圖版伍（甲）。穴數自五六至十餘不等圖版叁（甲）。穴表面及穴內之栱，大多數以磚砌之圖版伍（乙）圖版陸（甲）。亦有穴面用磚，穴內用石栱者。又或於穴之上層爲樓屋闢牖圖版陸（乙），外繞圍牆及附屬建築物，具門禁庭院，宛如宅第，而危巖幽居，別有天地焉。

（四）四方向者　此類穴居俗稱『天井院』，非掘於山腰，而於高原曠野中鑿地深下，爲方形之院。周院掘穴，自六七穴至十餘穴不等。外有土圍堡壘碉樓之屬，以禦匪盜圖版柒（甲）。由階道而下，有門庭堂室及前後院之分圖版叁（乙）（丙），栽樹掘井，悉如普通住宅。

以上四類穴居僅就見聞所及，舉其大凡。然亦每因地勢高下，與家業貧富，人口多寡，異其方向，種類，結構，穴數，無一定不變之法則。大抵(三)(四)二種爲數較少，非官紳富農力不及此。第(二)種係大家庭聚居之所，數量稍多，近有利用爲營房學校旅舍商店公所及倉庫廚廐者。第(一)種爲數最衆，凡無告窮民，概營此種穴居。其生活簡陋，幾不知近世物質文明爲何物。意者「窮」「窶」「窨」諸字之締構，皆從穴，豈其命意與類乎此種原始生活之穴居有關乎？

穴內之尺寸，廣約二·三公尺至四公尺，修約五·四三公尺至十四公尺。其頂多爲拋物線形之栱，約高二公尺至三公尺(圖版柒(乙))。門寬約一·三八公尺至一·六公尺。

穴內之配置，戶以內爲前室，最深處爲後室。前室之左右壁，復有耳室，或連二三小室。前室爲工作場，廚房，食堂，客廳等用。廚之竈，常靠戶內左壁設置，亦有另穿一穴爲廚房者。工作場，食堂，客廳等，每於兩壁間挖入一二尺深，構栱形淺洞，或藏桌，或放物件，甚便利。穴之中段，富者或於其左右壁內穿寢室，密室，或碉樓，窮者無。又或於前室後半設矮隔牆置門，自此以內爲寢室，卽後室。或尙於後室內再穿一較前室稍窄之寢室。而簡單者，並無前後室之區別。此穴內規劃之大概情形也。

單士元

明代營造史料

營造中之班軍

何爲班軍？明史兵志言：班軍者衛所之軍，番上京師，總爲三大營者也，緣明代軍隊之組織，以衛爲單位，自京師以及於郡縣，設若干衛，永樂十三年，成祖詔中都，山東，河南，陜西等衛，抽簡部卒來北京，以俟臨閱。以其番上京師也，故稱之曰班軍。合在京各衛卒言之，故又稱京營，英宗土木之變後，景帝用尙書于謙議，改京營爲十團，遂又有團營之名，班軍來享之數，兵志所載，有十六萬人，來去在春秋。定例：畢農而來，先農遺歸。

班軍之番上京師，爲警蹕而來，訓練而來，明史，會典，等書，皆明言之，然則何關於營造？倘使吾人考及明代營造之工役，而不及於班軍，是爲絕大之罅漏。試舉明代某一營造之役，藉助於班

34697

軍之力者幾何？則其數目之多，實予吾人以注意。夫如是，則班軍烏可不講！本刊四卷一期，明代營造史料軍士助役一節已著言之。以前文有所未盡，故再引申之。

以班軍爲題而涉及營造之關係，乃狹義而非廣義。進言之，班軍助役，不過僅與在京諸役耳。而其他各省地方營造之事若城垣，若河道，若堡壘，莫不藉力於士卒，且有軍三民七之通例，（參攷後引閑述文。）然在外營造除必須奏明政府之役，在明史會典實錄諸書中尚可鈎稽，其餘則由地方疆吏任之，欲求其事蹟，非博採一代方志不可，茲事體大，一時難觀厥成，故今日先由狹處作起。又以明代遺留今日之營造偉大遺蹟，則以北京宮殿城池爲著，其成也又多類乎士卒，是考明代士卒供役營造事，應以班軍爲卷首。

明史兵志歷述班軍史頗詳，關係營造事，往往可見，例如：

1「成化間河南秋班軍二千餘不至，下御史趣之。海內燕安，衞卒在京祗供營繕諸役……」

2「嘉靖初，尙書李承勛言：永樂中調軍番上京師，後遂爲故事，衞伍半空，而在京者徒供營造，不若省行糧之費以募工作。御史鮑象賢請分班爲三，一赴營操，一以赴役。通政司陳經復謂半放之，收其糧募工。」

3「萬曆二年，科臣言班軍非爲工作設，下兵部，正議以小工不得概派而已。」

食貨志賦役中，亦有軍士供役之史料，如：

「……弘治時大學士劉吉言：近年工役，俱摘發京營軍士，內外軍家禁不得佔，佔用大小多寡，本用五千人，奏請至一萬，無所稽核。」

至於會典實錄中續獲史料猶多，如：

明會典

正德九年凡私役守衞軍，正德九年奏准，皇城內外守衞軍士，各該侯伯幷守衞內外等官，不許擅發做工，違者許科道官劾奏治罷，把總等官拿問，照私役官軍例降級。」

英宗實錄

正統五年三月戊申，建奉天華蓋謹身三殿乾清坤寧二宮……初太宗皇帝營建宮闕，尙多未備，三殿成而復災，以奉天爲正朝，至是修造之，發見役工匠操練官軍七萬人興工。

武宗實錄

弘治十八年十一月兵部復還軍科道官葛嵩等所言修武備事宜……一謂軍士疲憊，皆由工役浩繁，今團營官軍，已例不役矣，宜俟山陵訖工之後，一切工役，俱令工部以所收匠價支給，嚴守禁例，毋再役及營卒有私役及假人應用者，俱如例降調。

世宗實錄

嘉靖七年閏十月己巳朔，時議營建大行皇帝山陵，兵部以方冬寒沍，請先發三大營官軍五千人聽用，……上以陵工方急，令暫撥八千人給之。

嘉靖十九年六月丁卯，是時諸宮殿工作頻興，役外衛班軍四萬六千人不足，郭勛乃藉其不至者人輸銀一兩二錢，雇役名曰包工，秋班雇四千人，春班五千人，各三閱月，所雇視班軍食糧四斗，前此戶部尚書李廷相給兩月糧，而梁材繼至，堅執不與，勛遂劾材專擅，上命兵部會勛議奏，兵部言：材守職不得不慎，得旨：包工軍行糧，梁材凡已役過者，計日補給，以後禁勿包工，自今派撥官軍，動支錢糧，所司務遵故事行，勛又以兵部缺軍差撥，先是，籍逃亡旗軍布花折糧等銀，倩工應役，至是支給愈多，戶部尚書梁材謂外衛班，上并京營官軍，錦衣衛旗軍計可四萬餘人，已足分撥，奈何混支前銀，別爲雇募，詔從戶部議，兵部尚書張瓚即按籍遣之，勛又謂侵己權，奏材、瓚互相比周，變亂成法。

嘉靖二十二年六月戊子，遣兵科給事中楊上林、河南道御史沈越清查京衛、京營官軍力士匠役之冗濫者

嘉靖二十三年十月壬戌，虜報沓至，京師書兵部尚書毛伯溫議上八事，掣廟建赴工官軍備下營擺門之用……

嘉靖二十三年十月壬寅，兵部尚書戴金不妨事，提督部團營軍務，仍領軍閱視太廟工程。

嘉靖二十四年閏正月己丑，命成國公朱希忠掌撥團營赴工官軍，并閱視太廟工程。

嘉靖二十五年八月壬寅，六科都給事中季綸等，十三道御史谷嶠等，各以霪雨，應詔條上時弊十餘事，上令衙門從實看議，不許空言應文，于是……兵部覆其七事，一……至於各處班軍，本以赴操也，而爲將作所役，尺藉爲虛，自今非大興作，不得借撥。

嘉靖二十六年十二月戊申朔，工部給事中黃宗槩條陳財用六事，……一舊制凡有興作，工部辦物料，內監撥匠役，兵部撥軍夫，邇因大工並舉，暫行雇覓，遂襲以爲例，宜行監視科道官淸查各監食糧軍匠，凡多餘者，悉赴工所，如或不足，方准雇覓。

嘉靖二十七年十一月，戶部應詔陳言八事，……一減賞糧以省浮費，謂各省班軍旣有行月口糧，而于免操之後，赴役工所，仍加支賞糧四斗，嫌于太多，宜減其半，疏入，上採行之，仍以牧政賞糧冗食三事下兵部議，兵部議言……班軍赴工勞苦，甚于操練，不宜減賞……報可。

嘉靖三十二年十月丙申，命山東河南中都入衛班軍，仍遵舊制，春班以三月初至八月終還，秋班以九月初至來歲二月還，付戎政大臣督之，凡工作毋許擅役。

上列之數則，史料皆爲四卷一期所未見者，合所輯之史料觀之，可知明代營建中士卒供役雖不載諸成文法規，然實爲重要分子，因而吾人所欲研究之問題有二：(一)班軍在營建中人數與官匠之比例，(二)班軍供役上之能力，第一問題則有軍三民七通例，而在某一營建中，工部調用士卒幾何，明代各朝實錄中亦每書之，將來擬利用已獲之材料，將每一時期之興建所耗用之人力，作一統計表，如英宗修復三殿時，發現役工匠操練官軍七萬人興工，所謂現役工匠，乃包括輪班住坐二等。據明會典所載，輪班匠人數凡十二萬九千九百八十三名，此乃各色人匠之總數（輪班匠凡六十三色）分一年以至五年，輪班一次，其中木匠佔人數最多，有三萬三千九百二十八名，係五年一班，每年供役者約七千餘人，輪班匠定制：輪作三月，如期交代，是在同一年供從之班匠，又須區爲四班，則在每三月中之人數，僅及二千人耳，以此爲例，則在京同時供役之班匠，僅佔全數十之一，至于住坐匠，明會典載成化間額存六千名，英宗時雖不詳，但恐不能超過此數，合輪班住坐二等工匠，當日約二萬人，慣例：工繁可以募工，再益以一萬人，則亦不過三萬，是英宗修復三殿時，七萬人中，班軍竟佔大半，其數目實足驚人，此僅爲略估，當非精密統計，然徵諸所獲史料，以多量軍士供役，其事蹟殆常見者也。第二問題，則屬諸明代匠作人才，蓋吾人已知明代工部有營繕所正所副，爲政府羅致之技師，輪班匠住坐匠，則爲有爲有專門技術之工人，究竟班軍在營造中，所任之職務，是否與有專門技術之工匠同，此項問題，在所輯之史料中，惜無明顯之紀錄，然就其文字觀之，如「軍匠」之稱，又「匠不足取用取用京營」之語。（見四卷一期軍士服役史料）尤其關係河道溝渠之役，其主力則爲班軍，如正德中修九門城河，動用團軍六萬餘人，成化間修理京師城，用軍一萬三千五百人，可以假定明代軍士，具有土木匠才，上述二事，見閑述及明憲宗實錄，其原文如左：

國朝列卿記工部尚書趙璜傳引閑述（閑述爲趙璜撰）

正德中，承天門外金水橋內涸沙淤，草茂產焉，與欄杆齊，時朝參禮廢，無濬之者，嘉靖改元予以侍郎署部，一日早朝內閣楊石齋蔣敬所毛東萊與予議事及之，謂當濬也，予退而具題，上命少監崔文同予督工，皇城內大小河溝通行疏濬，數月工完，金水玉河，流通澄澈，寢復舊觀，具題，上命以都城九門城河亦於淤塞之處，命兵工二部會議疏濬，予即會兵部侍郎李昆議動團營官軍數萬疏濬題奏，欽依甫下，尙書彭澤到任，會團營內外提督太監張忠總兵郭勛議團營軍不該動，順天府行所屬州縣起民夫疏濬，予聞之一笑，彭曰：何笑乎？予曰公者舊重望，文武全才，郭張二公亦皆老成，何議事乃同兒戲耶？彭曰：各處修城軍三民七，係是大例，豈兒戲耶？予曰：公誤矣！偏州小縣，民多軍少，故有此例，今都城之大，百倍州縣，順天一府之民，除投充各項差役外，所餘無幾，若驅之以就水土之工，惟有逃移耳，根木重地，由此騷然，誰執其咎？營軍自景泰以來，休養七八十年，借用一兩個月無傷，城池軍馬二者相須，城非軍無以保，以軍濬池，不易之論，於是內外提督僉從予議，上允所議，命惠安伯張偉少監崔文侍郎童瑞督工，給事中儲昱御史胡汭監工。工興未幾，旗手衛一指揮，揚言河工官一日死者十餘人，軍不堪命，宜速停工，士大夫中亦有勸余止者，予曰：不然，六萬軍不做工，每日亦有死者，一日十人不多，如何停工。

憲宗實錄

成化十六年三月庚子修理京師城垣軍一萬三千五百人口，糧人得一斗，鹽一斤。

圖版壹

景山萬春亭實測圖

（甲）

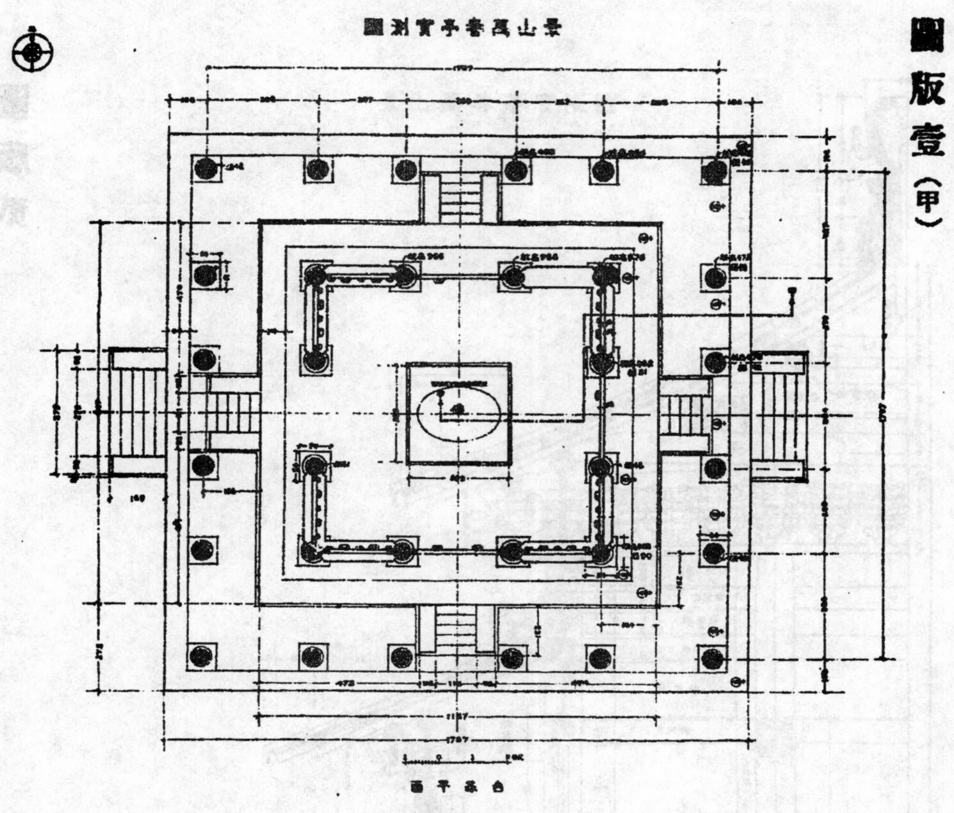

台基平面

（乙）

柱頂平面

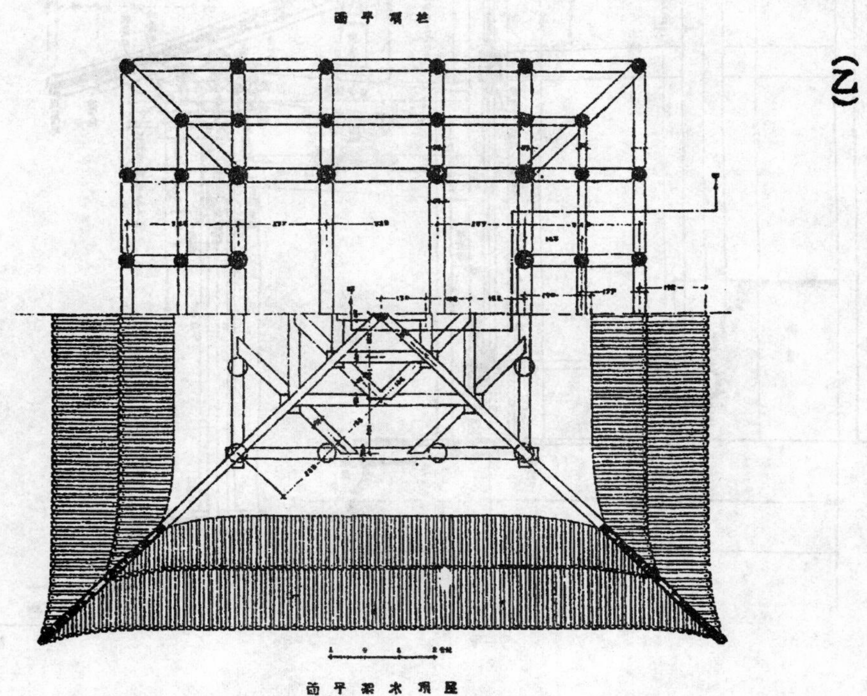

屋頂梁架平面

圖版貳

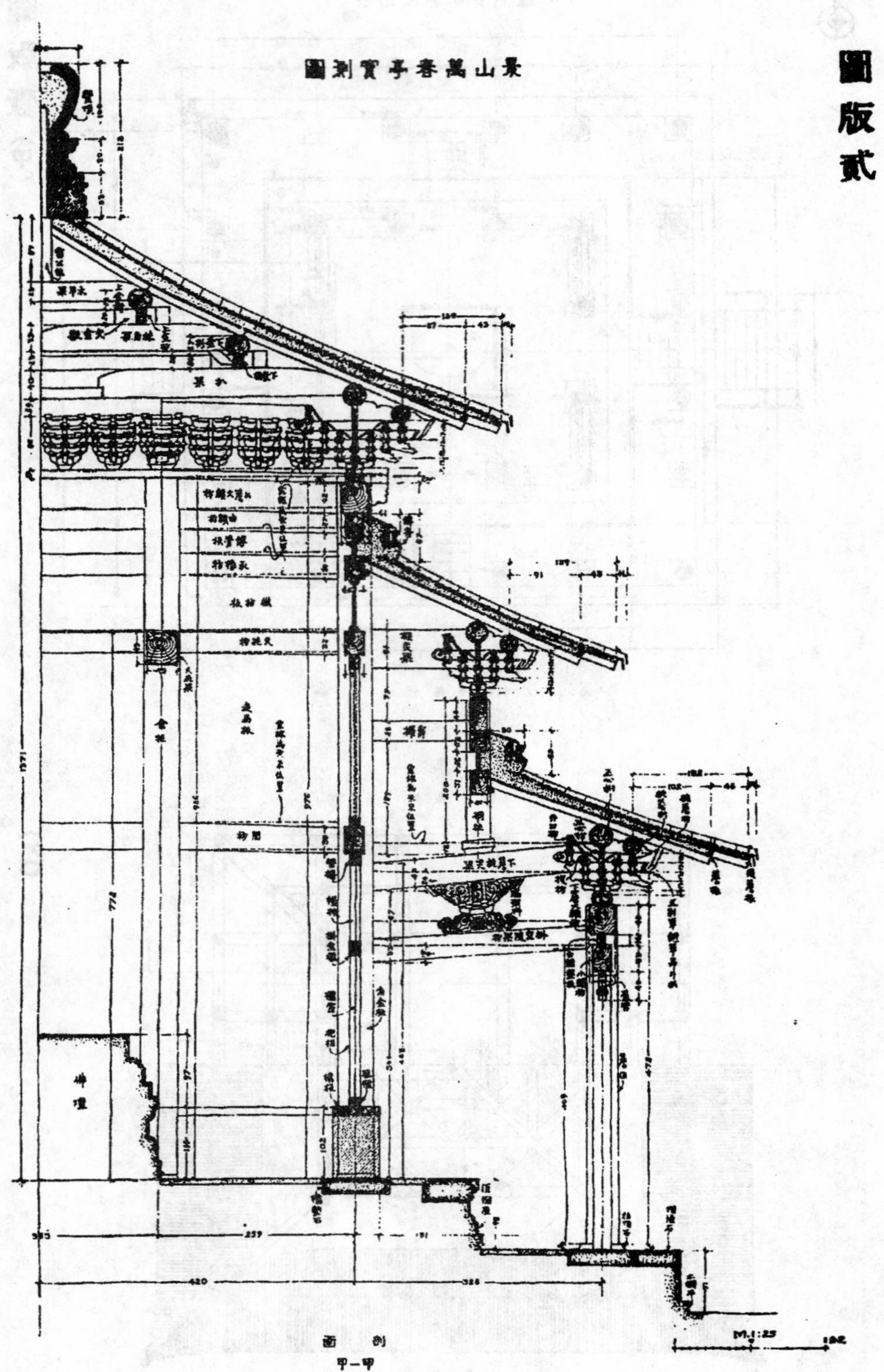

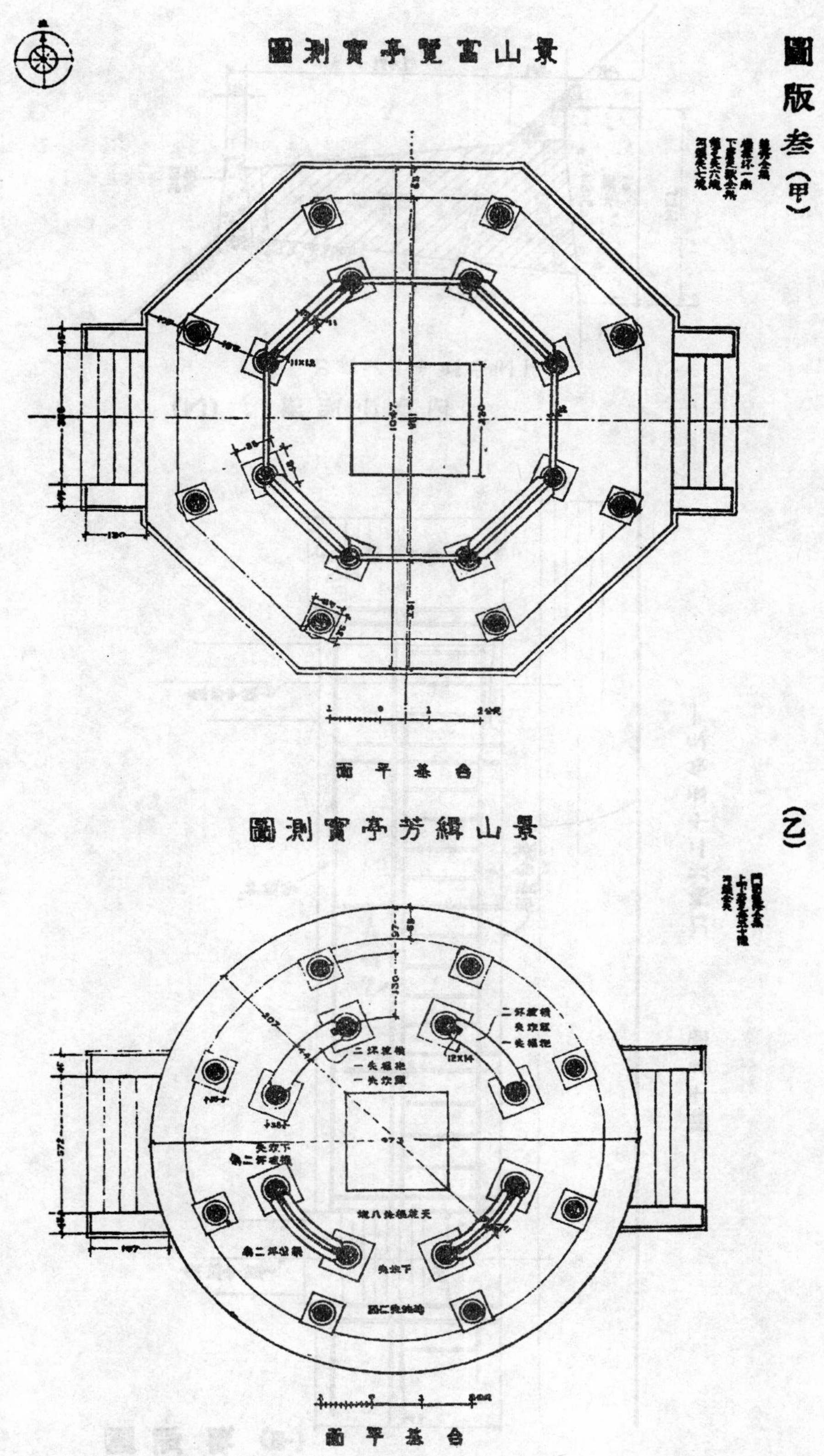

34707

圖版肆（甲）

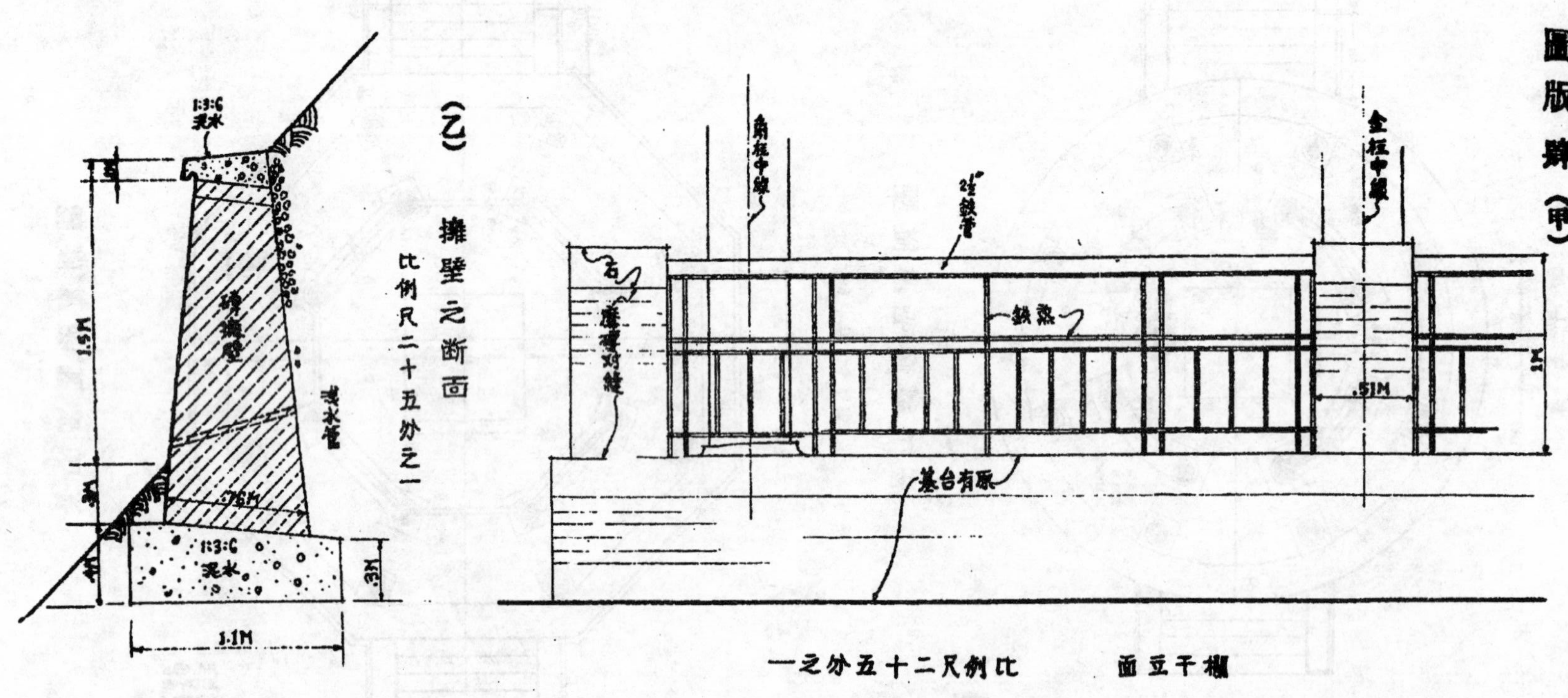

（乙）擁壁之斷面
比例尺二十五分之一

欄干立面　比例尺二十五分之一

34708

圖版伍

(甲)萬春亭東北角內部下簷

(乙)萬春亭東北角內部上簷

圖版陸

(甲)萬春亭上簷瓦面

(乙)萬春亭東北角上簷角科

修理故宮景山萬春亭計劃

梁思成
劉敦楨

景山在故宮神武門北，自明以來號爲大內鎭山。山係人工累積而成，東西五峯，銜接若一字形，各建亭其上。居中者曰萬春，方簷圖版壹三層，最稱雄壯。其東曰觀妙，西曰輯芳，皆六角圖版叁（甲）重簷，視萬春稍小。再東爲周賞，再西爲富覽，均圓亭圖版叁（乙）八柱重簷，較觀妙輯芳又略小。據春明夢餘錄，明時有毓秀、壽春、長春、集芳、會景五亭，而地點位置略而未載，僅知毓秀一亭位於山上。今之五亭，建於乾隆十六年，見清宮史及嘉慶重修大清一統志，惟是否因明諸亭之故址重建，俱無可考。去冬故宮博物院以諸亭年久失修，囑本社代擬修理計畫，由箸者及邵力工、麥儼曾二君調查結果，知觀妙、輯芳、周賞、富覽四亭，梁架完整，無傾頹現像。僅少數簷柱下部黴朽，與坎窗槅扇、天花、雀替等殘缺不全，及亭頂琉璃瓦件略有損毀。俱經逐一調查，另表附後。此外山巔萬春亭除雀替、天花、門窗、琉璃諸項，與前述四亭同一情狀外，又因東北角之角金柱，下部腐朽，與臺基下沉之故，致動牽附近梁架及上下三層之簷，向下垂曲，勢極可危。設非及早修治，數載之後，勢必波及其餘各部。茲據邵麥二君實測尺寸，繕繪圖樣，並擬就修理計畫如次：

（甲）基礎　萬春亭建於景山中峯上，其原有基礎深度無由查考。依現狀觀之，山之坡度甚陡，復無草木蔭蔽其上，歷年來行人上下攀躋，與雨雪冲刷之結果，致山面之土日益減削。現存台基一部之下沉，未始不基於此。補救之策，宜以不驚動現有基礎為原則，另於亭之南北二面，相度地勢，築擁壁（Retoining wall）數層，防山土之再崩潰。此項擁壁如圖版肆（甲）所示，每層露出一公尺半，入地七十公分。其基礎以一·三·六水泥構造。壁體上厚三十八公分，下厚七十六公分，以上等機器製青磚，及一：三洋灰膠泥（1:3 Cement matar）砌之。壁背與山土之間，宜用石灰碎磚（Lime concrete）填築結實。壁面每長一公尺半，預留小穴一處，裝直徑十三公分之鉛管，備洩水之用。頂部再加十五公分厚之一·三·六水泥蓋板（coping）保護之。

（乙）柱　亭之簷柱，除少數下部糟朽與鐵箍脫落，應逐件修補外，其須掉換新柱者，僅東北角簷柱與角金柱二處。此二柱皆係包鑲，其角金柱因年久下部腐壞，及台基之走動，致柱身下沉，故附近梁枋交榫於此柱者，亦隨之傾側，勢極可危（圖版貳）。從前於柱側，添方小柱，托載梁端，非根本補救之法。爲一勞永逸計，應以抽換新柱爲佳。惟施工之先，須照揷圖所示尺寸，預製新柱。次將東北角三層亭頂之瓦脊（即各層面積四分之一之瓦），掃數卸下。再次以木柱支撐各部梁柱，俾不因抽換二柱之故發生震動危險。最後將東北角椽望，斗栱，梁枋等依次拆下，掉易新柱。其時間以愈短爲愈佳。柱用花旗松整材斵製，不宜拼接包鑲。台基與柱頂石俱可照舊不動，惟柱之底面與柱頂石接觸處，須塗防腐劑。

(丙)梁枋　東北角上簷平板枋與額枋之一部，業已腐朽，應照原有尺寸，換用花旗松之枋。內部之梁，交榫於角金柱者其揷入柱內部分，宜於拆卸時細加檢驗。如發現腐敗彎裂諸弊，均宜掉換新梁。其餘各部梁枋裂縫過巨者，加鐵箍保護。

(丁)斗栱　舊有斗栱，大部完整可用。如拆卸時發見少數腐朽，可以柏木補換，不用花旗松。

(戊)檁椽望板　東北角飛簷椽，瓦口，連簷等，腐壞最多，可與望板及檁於拆卸後，儘量掉換，尺寸仍舊。

(己)老角梁子角梁　亭四角之各層老角梁與子角梁，伸出柱外，受風雨摧殘，最易糟朽。爲永久計，以換用鋼骨水泥製者爲最妥。但其內端與舊有梁架之接合，宜求其特別穩固，庶不易發生危險。否則爲施工便利計，暫用花旗松，亦無不可。子角梁之套獸榫，與前述瓦口，連簷，望版等俱塗防腐劑。

（庚）屋面瓦脊 屋面除東北角三層之簷於拆卸後照舊式重盖外，其餘各部，因年久失修，間有屋面凸凹不平，及脊獸瓦件歪斜破裂，或殘缺不全者，宜搜配舊瓦，或向趙氏琉璃窰配製，恢復舊狀。 又寶頂遺失盖板，恐日久雨水滲入，致雷公柱腐朽，應補裝水泥盖板。

（辛）裝修 亭之坎窗槅扇，須全部添補。 但若用舊式菱花格扇，恐材料人工所費過鉅。 此外鋼窗雖爲價廉耐久，然與亭之外觀未易調和，非修理古建築物最善之策。 似宜仍用木窗，而改用比較簡單之中國式花紋，庶外觀經濟雙方均無抵觸。

各處脫落之雀替天花版背光等，俱照原式添補，尺寸詳附表內。

（壬）綵畫 修理古物之原則，在美術上以保存原有外觀爲第一要義。 故未修理各部之綵畫均宜仍舊，不事更新。 其新補梁柱椽檩雀替門窗天花版等所繪綵畫花紋色彩，俱應仿古，使其與舊有者一致。

（癸）欄干 爲游客安全計，擬於亭四周簷柱外添置鐵欄干，以防危險。 其式樣宜簡單而合實用，圖版肆（乙）所示，卽爲一例。

附錄景山五亭應補修名件表

一　萬春亭

名件	原有尺寸 寬	原有尺寸 厚	原有尺寸 長	原有尺寸 徑	所缺數目	附註
柱子鐵箍	•〇八	•〇〇五		•四三	•二八	簷柱
柱子鐵箍						老簷柱
雀替	•三九	•二	•七六		•二	全部
天花	•七二	•〇三五	•七九		•二七	
隔扇	•五九	•一〇	二•九三		•一六	
杴窗	•四四	•〇九	二•		•三〇	
横披板	•三八	•〇四	•七二		•〇九五	
中杴	•一八	•一三	二•三九		•〇二	
上杴	•一三	•一二	二•三九		•〇二	
下杴	•一三	•二六	二•三九		•〇一	
棋枋板	二•三一	•〇三	二•七八		•一〇五	
金檁枋子	•二〇	•一三	二•六		•〇三	

名件	原有尺寸 寬	原有尺寸 厚	原有尺寸 長	原有尺寸 徑	所缺數目	附註
佛座屏						半壞
蓮花座						半壞
連楹	•二	•〇七	二•三		•一五	
風杴	•二	•一三	二•三		•〇二	
連二楹	•一三	•一六	•三〇		•〇七	
破簷柱					•〇四	
寶瓶				•一八	•〇一	
横披板框	•四二	•〇七	•八四		•二六	
棋枋板上杴	•二	•一八	二•三		•〇四	
棋枋板下杴	•一〇	•一四	二•三		•〇四	
棋枋板抱柱	•一〇	•一四	二•七八		•三〇	
天花支條	•〇九	•〇八	•八四			

名件	原有尺寸 寬	原有尺寸 厚	原有尺寸 長	原有尺寸 徑	所缺數目	附註
勾頭	●一五				●六〇	三層全部
筒瓦	●一五		●三〇		●七〇	
滴水	●二五				●七〇	
板瓦	●二四	●〇三	●三〇		●五〇	
套獸					●〇一	下簷東北角
走獸					●六	
合角劍靶					●三	
垂獸					●〇二	
寶頂盖				●三四	●〇一	
仙人					●三	
仔角梁					●〇一	東北角
垂脊					●一〇	上頂東北角上部
台基墁地磚					一〇●	

二 觀妙亭

名件	原有尺寸 寬	原有尺寸 厚	原有尺寸 長	原有尺寸 徑	所缺數目	附註
栱窗	●七〇		三●二		●〇八	
隔扇	●七〇		三●四		●〇八	
横披板	●二五		一●〇七		●〇一	
拴斗	●一〇	●〇七	●一四		●〇一	
筒瓦					●八〇	
勾頭					●五〇	
板瓦					●五〇	
滴水					●五〇	

三　輯芳亭

名件	原有尺寸 寬	厚	長	徑	所缺數目	附註
天花板	•五〇		•五一		•二	
横披板	•三八		一•三三		•〇二	
横披楞花	•三八		一•三三		•三	
柎窗	•六八		二•二		•〇八	
隔扇	•六八		三•一五		•〇八	
連二楹						
拴斗	•二	•〇六	•一九		•三	
風柎	•二	•一四	一•六一		•〇二	
柎窗抱框	•一四	•一七	三•二		•〇三	
下柎			一•六四		•〇四	
隔扇抱框			三•三三		•〇八	
台基墁地磚					三•〇〇	
走獸						
勾頭					•九〇	
滴水					•八〇	
筒瓦					一•三〇	

四　周賞亭

名件	原有尺寸 寬	厚	長	徑	所缺數目	附註
破簷柱					•〇三	
簷柱鐵箍					•〇四	
雀替	•一〇	•四七	•八四		•〇九	
柎窗	•四六		二•一四		•一六	
風柎	•三	•一四	二•一〇		•〇三	
柎窗抱框	•三	•一四	二•一四		•一六	
隔扇	•四六		三•三		•〇六	
下柎	•三	•二五	二•一〇		•〇四	
隔扇抱框	•三八	•一二	三•三七		•〇七	
横披菱花	•三八		一•二二		•一五	

名件	原有尺寸				所缺數目	附註
	寬	厚	長	徑		
横披板	•六二		一•三二		•〇二	
棋枋板	•五二		•五三		三分之一間	
天花板	•一〇	•一〇	•五二		•一五	
天花支條	•二	•〇八	•六一		•〇八	
連楹	•二	•〇八	二•一〇		•〇四	
連二楹	•一三	•〇九	•二五		•一三	
拴斗	•〇七	•〇五	•一三			
台基墁地磚					一〇•〇〇	
筒瓦					三•〇〇	
勾頭					一•〇〇	
板瓦					•八〇	
滴水					一•二〇	
走獸					•四四	

五 富覽亭

名件	原有尺寸				所缺數目	附註
	寬	厚	長	徑		
天花板					•〇六	
横披板					•〇二	
横披楞花					•〇五	
枕衛	•四三		二•三		•一六	
隔扇	•四三		三•一六		•一六	
連二楹	•一〇	•〇八	•二四		•〇七	
拴斗	•〇七	•〇七			•一五	
台基墁地磚					二•〇〇	
走獸					•四〇	
勾頭					•一〇	
滴水					•一〇	
筒瓦					•一〇	

撫郡文昌橋志之介紹

劉敦楨

曩者，愚爲萬年橋志述要一文，介謝氏甘棠所撰萬年橋志於世，嗣讀楊名颺灞橋圖說，知西安石軸柱橋之結構，復爲文載之本刊，益憬然悟國內橋志之衆，與其在橋梁史中之重要性，而於謝氏奉爲粉本之文昌橋志，尤嚮然神往，以未獲一覩爲憾。近南豐趙敦甫先生出所藏文昌萬年二橋志及其平日錄集之橋梁文獻數種，貽贈社中。爰撮大要，以論讀者。

文昌橋在江西臨川縣城舊撫州府治東，跨汝水上。汝水源出廣昌縣，會新城金谿諸水，匯爲巨流，至撫城蓋三百餘里。南宋以前，僅有舟渡，至孝宗乾道初，知州陳森始作浮橋。寧宗嘉泰中，王識易爲石梁，屋其上，旋燬於火。理宗寶慶元年，郡守薛師旦甃石敷土，覆橋屋，而禁列肆，名文昌橋。其後屢毀屢修，至明嘉靖三十八年，乃卷石爲洞，以易架木。明清間，迭經修治，至乾隆五十五年，橋爲水圮，復改浮橋。嘉慶八年，郡守邱先德，臨川令來珩，倡議重修。爲石橋，長七十三丈，寬二丈，列甕十有二，高三丈八尺二寸，上爲橋屋九十二間，兩側闢商廛，中爲通道，又建亭及觀晉閣，靈濟塔等。其工程經始於嘉慶八年七月，至十八年冬十一月落成，凡歷時十有一載，費銀十八萬餘兩，卽文昌橋志所由作也。

是橋之基礎，僅西岸三甕建於河床石面上。東岸諸甕，因水深沙厚，祗就沙上打樁安板疊砌墩脚。道光十年，上游排木斷纜，橫塞甕口，於是洪流下注，沙盡樁欹，第四尖墩崩圯。修復後，越八載，第五尖墩又圯。由何元熙董工修治，並將第四六七八諸尖墩，概易以石，惟正墩下僅以鵝卵石塡塞樁縫，有續修文昌橋志略一册紀其事。

咸豐六年長髮軍據撫城，清軍圍攻急，乃撤毁橋東第五甕爲守。事平後，經楊杏春募欵修復，有三修文昌橋志略一册。惟瘡痍之後，工事草率，修後䄅襠口卽已開縫，以欵絀竟未興築。同治九年春，西岸第四第五兩甕崩陷，牽及橋屋。是年秋，由楊杏春陳步瀛督工修葺，改第四甕之觀音堂於第五甕，至十一年冬完工，費銀一萬兩。時橋西第五甕與橋東第七甕新舊毗連處，未能脗合。光緒二年夏，東岸第七甕沉陷尺餘，第五第六兩尖墩亦相繼倒塌。遂於五年冬鳩工，自河床起累石二十八層至梁眼，再累石九十七層成圈。靠西之墩亦視舊墩加闊，尖墩加高。七年冬，三甕俱成，有重建文昌橋志一册紀之。

橋自嘉慶中葉重建後，至光緒初六十餘年間，因一部分基礎未達河床，致橋墩屢遭崩陷。撫人慨工事之難，欲以垂示後人，乃網羅嘉慶以來橋記四種，重刊於光緒八年，統稱爲撫郡文昌橋志。其概略如後；

文昌橋志

書凡八卷分姓氏，建置，星象附圖，水道附圖，規條，工程附圖，藝文，公牘八類，類各一卷，分裝二冊。另附樂輸，公費二項，亦二冊。卷首有嘉慶十九年贛撫先福，撫州知府伊明阿二序，及臨川縣令秦沆所撰文昌橋銘，而全書無纂修姓氏。據卷一所列總局士紳自李傳杰以下共二十二人，殆因橋工前後歷時十有一載，隨時撰述，非出一人之手，故闕而不書也。

卷六工程一章，爲全書最重要部分。內述造橋原則，及施工方法，共十四條。力闢前人水中打樁疊墩之謬。主張築堰裝櫃，用乾修之法，累砌墩脚，不可不謂爲橋工之進步。其餘爬沙築堰，清底脚，砌墩，駢甕等項，均同萬年橋志。一創一因，其跡至爲顯著。附圖二十五幅。末幅爲經始落成圖，載墩甕尺寸，與匠工姓名，及修造年代甚詳。除此幅外，全部經謝書採用。

次爲卷五規條一章，包括辦公細則，捐欵手續，及收支，採料，考工等項，共三十條，頗稱詳盡。又附廠規十四條，規定石作工銀與工作細目，皆爲謝書之祖。

橋工組織無專章敍述，僅依卷一姓氏門，知分總局董事，及經管銀錢，採料，監工，司書，勸捐六門。經費來源，據附錄所載，有樂輸，店租，釐金三種。橋之歷史，則見卷二建置章。

34721

續修文昌橋志畧

書凡四卷首姓氏次規條次工程次公牘。另附樂輸，公費，遷移木排紀略，及遷移咨文四項。卷端有道光二十四年何元熙序似書卽元熙所輯。卷二載辦事細則八項。卷三工程章述發現河床俱係石質及所砌各尖墩均自河床疊石而上未打樁。此外又創偸修之法；於正墩四圍，掘去淤沙，用三五尺長麻石自河床起疊砌於各樁間，至溜沙板止，然後循環抽拔舊樁，若西法之Underpinning。惟正墩下樁密者，僅揷石於樁縫內，未全數拔去云。

三修文昌橋志畧

書二卷，失目錄。卷首有序，未署名姓，不諳誰氏手筆。卷一姓氏，公牘。卷二樂輸，公費。除姓名一項外，餘誤題續文昌橋志略，幾與前書淆混。然以所述內容核之，俱隸於同治九年一役，殆手民誤植所致也。

續修文昌橋志

卷一分官師，工程，公牘三項，言裝櫃駢甃利弊頗詳，足補前數書之缺漏。惟公牘項，題續修文昌橋志略，而所叙皆光緒五年至七年工程，當與前例同出手民之誤。卷二僅載樂輸，無公費，似非全璧。第原書無目無由核校，存疑而已。另有光緒八年所撰橋記二通，一述修理工事經過，一言重修慕江楓樹二橋，皆誤攙文昌橋志內，前後翻閱極感不便。殆因四書刋於同時，而書名髣髴類似，小不經意，便至排字裝訂，舛誤百出歟。

34723

存素堂入藏圖書河渠之部目錄

緣起

考工之學，所涵至廣。啟鈐昔以營造名吾社，意以宮室之構築為主；旁及范金合土之藝事，觸類引申，本隱之顯者，已不勝其繁複。而攷工記中匠人一職，所謂溝防之工者，猶未遑及焉。

我國文化自神禹始奠其基。六府孔修，庶土交正，而一切政令制度乃有所附麗。水政之在吾國，精微浩博，其際未易窺矣。雖後世政失其紀，學亡其師，而藎臣魁儒，彊力閎達，顯精之士，或爬梳穿穴於芒昧棼賾之中，或搘拄困衡於洶譎震撼之境，以成其絕業，以施及來葉者，猶復森然無窮。欲嚌其一臠，且未易言也。

啟鈐嘗於梓人之書，窮搜幽秘，然多旁見側出，鱗爪不完；惟治水專書，於名物制作，工料計算，言之最核。由此以推及其他工事，常可互相濬發，且歷代守修之方，軍工民工以及徵材力役，靡不賅備。凡國家之大工大役，釐然成統系之紀載者，莫此若也。近代都水失官，漸致散佚，爰蓄志從此蒐羅，使之部居不紊。

啟鈐留意於此，雖積歲年，向若之歎，久而彌篤。嘗以為欲明其源流，稽其得失，而察其盈虛倚伏之所致，則必自博考圖籍始。

四庫著錄河渠之屬所收甚隘，自餘更無措意於此者。乾嘉以來，河漕爲經國大猷，工官之掌錄，幕客之秘笈，方州文獻，臣僚奏議，故家架藏往往而出，間坊冷肆，經眼漸多。允宜別成一錄，以集考工之大成。

今之所藏，亦未有殊珍鴻寶，足侈觀聽；然亦欲最舉其目，以諗同好，庶幾聞見相通而漸廣，大抵爲類者五：

一曰 水道之屬

二曰 水政之屬 工程附

三曰 漕運之屬

四曰 治水名人傳記之屬

五曰 治水工程期刊之屬

都約若干種。凡已入藏及雖未入藏而嘗經眼者，更擬爲提要一書，俟陸續別行。海內方聞君子，有以藏或所聞相埤益者，擁篲清塵，跂予望之矣！民國二十三年三月，朱啟鈐識于北平。

書目第一集

禹貢山川地理圖說 宋程大昌撰 通志堂本 一冊

禹貢集解二卷 宋傅 寅撰 金華文萃本 二冊

禹貢說斷四卷 宋傅 寅撰 活字本 四冊

禹貢要注 明鄭 曉注 清光緒十年古廣朱氏刊本 一冊

禹貢要注便蒙 明鄭 曉注 清光緒十五年刻本 一冊

禹貢圖注 明艾南英撰 學海本

禹貢備遺二卷附增注或問一卷 明胡 瓚撰 曾孫宗緒增注 萬卷樓本 一冊

禹貢錐指二十卷圖一卷 清胡 渭撰 清康熙漱六軒刊本 十二冊

禹貢注節讀 禹貢圖說 清馬俊良撰 端溪書院刊本 二冊

禹貢會箋十二卷卷首冠圖一卷 清徐文靖箋 清志寧堂刊本 四冊

禹貢譜二卷 清王 澍撰 原刻本 二冊

禹貢揭要不分卷 清姜 信撰 清嘉慶十八年知止山房刊本 一冊

禹貢正字 清王 筠撰 清道光二十五年刊本 一冊

禹貢示掌 清尤逢辰輯 清道光十四年刊本 一冊

禹貢說二卷 清魏 源撰 清同治六年碧瓓瓏館刻本 一冊

禹貢水道便覽不分卷　清張先振輯　清同治元年張氏家刻本　一册

禹貢集釋三卷　清丁　晏釋　清刊本　一册

禹貢班義三卷　清成蓉鏡撰　清光緒十四年廣雅書局本　一册

禹貢山川圖考二卷　清李榮陛撰　萬載李氏遺書本

禹貢易知編十二卷　清李愼儒撰　清光緒二十五年丹徒李氏刻本　四册

禹貢本義　清楊守敬撰　清光緒三十二年刻本　一册

禹貢三江考　清程瑤田撰　通藝錄本

禹貢三江考　清桀錫勳撰　清刊本　一册

禹貢今注　近人注　排印本

水經注四十卷卷首一卷　漢桑　欽撰　後魏酈道元注　上海涵芬樓景印武英殿聚珍本　十二册

水經注圖說殘稿四卷　清董祐誠撰　董方立遺書本

水經注疏要删四十卷　清楊守敬撰　清光緒三十一年觀海堂刊本　四册

水經注圖二卷　清汪士鐸編製　清咸豐十一年刊本　一册

水經注圖四十卷補卷　清楊守敬撰　清光緒三十二年觀海堂刊本（套印）　八册

水經注西南諸水考三卷　清陳　澧撰　清道光二十七年廣雅書局刊本　一册

漢書地理志水道圖說七卷附考正德清胡氏禹貢圖 清陳 澧撰 清道光二十八年陳氏家刋本 一冊

水道提綱二十八卷 清齊召南撰 清乾隆二十六年傳經書屋刋本 十二冊

介石堂水鑑六卷 清郭起元撰 清蔡寅斗評 清乾隆寫刋本 二冊

皇朝輿地水道源流五卷 清胡宣慶纂輯 清光緒十七年長沙胡氏重刋本 二冊

水地記一卷 清戴 震撰 問影樓叢書本 一冊

江浙閩沿海圖說附海島表 清朱正元撰 清光緒元年上海聚珍版印本 三冊

江源考證一卷 清李榮陛撰 萬載李氏遺書本

長江圖說十二卷卷首一卷 清馬徵麟編製 清同治十年湖北崇文書局刋本 五冊

九河故道考 清張亨嘉撰 見學强恕齋筆算

河源記一卷 元潘昂霄撰 學海本

黃河源流考 清周 馥纂 周慤愼公全集本

黃運河口古今圖說 清麟 慶撰 清道光十二年刋本 一冊

咸豐以後銅瓦廂改道之黃河圖 清光緒二十年繪本 絹地 一長捲

中國黃河經緯度里圖 見學强恕齋筆算

黃河全圖 比例三萬六千分之一 清易順鼎 劉 鶚等仝纂輯 顧 潮等測製 清光緒十六年上海鴻文書局石印本 五冊

歷代黄河變遷圖考四卷　清劉　鶚撰　清光緒二十九年袖海山房石印本　四册

畿輔六大河圖　每方四十里　刻本　一幅

河北采風錄四卷　清王鳳生撰　清道光六年刋本　四册

直隸五大河源流考　佚名　油印本　一册

水道參考三卷卷首一卷　清胡祖翮撰　清刋本　二册

樊江圖說　清范鳴龢撰　清光緒刋本　一册

滇南山水綱目二卷　清趙元祚撰　清刋本　一册

峽江灘險圖志　近人劉聲元　史錫永纂輯　彭旅坤測製　民國九年印本　一册

直省五河圖說　近人黄國俊撰　民國四年直隸河道測勘處排印本　一册

直隸河道圖　直省河道測勘處製　民國四年印本　一幅

鳳臺祗謁筆記　清董　恂撰　清同治九年刋本　二册

關中水道記四卷　清孫　彤撰　問影樓叢書本　一册

西徼水道　清黄　材撰　清光緒十二年夢花軒重刋　得一齋本

渭水源流圖　近人畫本　一幅

西域水道記五卷　清徐　松撰　徐星伯三種本

黑水考證四卷　清李榮陛撰　萬載李氏遺書本

阿母河記　近人張鵬一撰　排印本　一册

以上水道之屬

河防記一卷　元歐陽玄撰　學海本

歐陽玄，元延祐間進士，官至翰林學士，奉詔撰河平碑，復從賈魯訪問方略，詢過客，質吏牘，而作是編。蓋記賈魯當時治河之功績也。

黃河圖說石刻　明劉天和製　明嘉靖十四年刻石　洛陽出土本　一幅

問水集四卷附呂梁洪志一卷　明劉天和撰　一二兩卷景寫金聲玉振集本三至六卷補鈔明刊本　四册

劉天和，明嘉靖間任總河。

河防一覽十四卷　明潘季馴撰　清乾隆五年河東總河白鍾山補刊本　十二册

河防一覽榷十卷　明潘季馴撰　季馴子大復榷　明潘氏家刻本　六册

潘季馴，明嘉靖萬曆間屢任總河。

歸德河工書　明呂　坤撰　呂書十種本　一册

靳文襄公治河方略八卷河防述言一卷河防摘要一卷　清靳　輔原稿　清崔應階重補編　清乾隆三十二年刊本　八册

河防述言爲文襄幕僚省齋陳氏潢平日治河之議論與規劃，留暨張氏靄生所錄重編。

又一部　清嘉慶四年孫文鈞重刋本　八册

靳文襄公奏疏八卷　清靳　輔原稿　子治豫輯　清刻本　八册

靳輔，清康熙間任總河。崔應階清乾隆間任山東巡撫。

河防志十二卷　清張鵬翮纂　清張希良編　清雍正三年刋本　十二册

張公奏議六卷　清張鵬翮原稿　清嘉慶五年江南河道庫刻本　六册

張鵬翮，清康熙間任總河。

行水金鑑一百七十五卷卷首冠圖一卷　清傅澤洪撰　清雍正三年淮陽官舍刻本　三十六册

傅澤洪，清雍正間任江南淮運道。

續行水金鑑一百五十六卷卷首冠圖一卷　清潘錫恩續纂　清道光十一年刋本　八十册

潘錫恩清道光間陞任總河，是編爲其任江南副總河時所纂。

河防纂要五卷　清陳于豫輯　清康熙三十九年刋本　五册

陳于豫，清康熙間知山東兗州府事，以兗屬解充流犯逾限革職，己卯帝南巡于豫具疏言狀，蒙特恩賜復原官，並發河工用。

治河要略殘存三卷　清劉士林撰輯　舊鈔本　存三册

劉士林據其自署山陰人，字子志，事跡未詳。

河工見聞錄　清邱遠平輯　清刻本　二冊

裘文達公奏議不分卷　清裘日修撰　清嘉慶刊本　一冊

裘日修清乾隆間工部尚書，乾隆二十二年至二十七年間屢奉旨查勘江南河南直隸水利。

餘生紀略　清谷廷珍撰　清刊本　一冊

河防紀略四卷　清孫鼎臣撰　清咸豐年刻本　四冊

孫鼎臣，爲清道光間翰林院侍讀。全書所記，始於清初迄於咸豐，凡二百年間。

南河成案續編一百零六卷　清道光間官書　清刊本　六十四冊（缺正編五十四卷起自雍正四年，迄於乾隆五十六年待訪。）

是編起至清乾隆五十七年，迄於嘉慶二十四年。

河工摘要八卷　清河幕黃之紀輯　清鈔本　六十四冊

黎襄勤公奏疏六卷　清黎世序原稿　子學淳編　清嘉慶十六年刊本　五冊

黎世序，清嘉道間任江南總河。

黃河初學須知　清人編　清鈔本

是書所記黃河源委，仍爲東流入於江南。而所錄上諭公牘，則迄於清嘉慶間。又自序『言此編所論專指河幕而言』，當爲清嘉道間河幕作品。

34732

中衢一勺三卷附錄四卷　清包世臣撰　安吳四種本

包世臣，清嘉慶舉人，是編所收皆清嘉道間論河工事。

迴瀾紀要二卷　安瀾紀要二卷　清徐端撰　清道光二十二年刊本　二冊

徐端，清嘉慶間任江南總河。

許仙屏督河奏疏十卷　清許振禕撰　清光緒元年刊本　四冊

許振禕，清光緒十六年任河東總河，二十二年調廣東巡撫。

潘彬卿方伯遺稿六卷　清潘駿文撰　子學祖　延祖編訂　清光緒二十二刊本　六冊

潘駿文，錫恩子，幼從父南河任所，繼自京曹出官山東兗沂曹濟諸道，值黃河改道，山東每歲有衝決之患，駿蓋無役不從。

治水述要十卷　清周馥撰　民國十一年秋浦周氏印本　十冊

周馥嘗任山東巡撫，從李鴻章治河，周歷永定黃運諸工。

河防要覽四卷　清硯北主人編　清光緒十四年刊本　四冊

硯北主人爲何許人待考。是編所收爲河防通考，河防一覽，北河紀，治河方略等書，就其簡明而切當者輯爲是書。

治河管見不分卷　清光緒董毓琦撰　清刻本　一冊

河防芻議　清劉成忠撰　清同治十三年刊本　一冊

河工簡要四卷　清邱步洲輯　清光緒十三年刊本　四冊

河工策 美敎士李維白撰 排印本 一冊

山東中游黃河南北岸大隄民埝全圖 清繪本 每方四里 一幅

水利圖志黃河篇 佚名 鈔本 一冊

治理黃河之討論 近人沈 怡撰 排印本 一冊

中國治水芻議 瑞士測量工程師基雅慕撰 李藩昌譯 民國七年印本 一冊

治河芻議 王炳燇撰 民國十一年印本 一冊

王炳燇民國十一年任山東上游河務分局長。

居濟一得四卷 清張伯行撰 清刋本 十二冊

張伯行，清康熙間任山東濟寧道。

敬止集四卷 明萬歷間陳應芳撰 景寫四庫本 二冊

陳應芳，泰州人，淮南夙稱澤國，應芳家於泰州，以是地之人言是地之水利，當較詳實。

祥符漫水經由豫皖各州縣入淮達洪澤湖情形圖 清繪本 一幅

淮系年表附全淮水道編 近人武同舉編 排印本 四冊

一壆水利稿摘存 近人武同舉撰 印本 一冊

江淮水利施工計劃 近人張 謇撰 排印本 一冊

美國費禮門工程師治河計劃書　近人余明德　齊　羣編譯　安徽水利局印本　一冊

導淮圖案報告　建設委員會編印　民國十八年印本　一冊

導淮工程計劃　導淮委員會編訂　二十年印本　二冊

入海水道計劃　導淮委員會編印　導淮工程計劃分編之四　民國二十二年印本　一冊

請復淮水故道圖說　清丁　顯撰　清同治八年集韻書屋刋本　一冊

太湖備考十六卷卷首一卷附湖程紀略　清金友理撰　清乾隆十五年刋本　八冊

溝洫水利輯說八卷　清陳仲良輯　清咸豐元年刋本　八冊

吳江水考增輯五卷附篇二卷　明沈　啓撰　清黃象曦增輯　清光緒刋本　十冊

明江南治水記一卷　清陳士鑛編　學海本

東南水利略六卷　清淩介禧撰　清道光十三年蕊珠仙館刻本　六冊

三江水利記略四卷　清莊有恭纂　清刻本　四冊

江南水利全書　清道光間陶　澍　林則徐纂　清道光刻本　存七冊（存重濬孟瀆三河五卷徒陽運河三卷江寧城河蘇州城河一卷缺重濬吳淞江全案五卷劉河三卷白茆河三卷七浦河一卷餘缺待考）

續纂江蘇水利全案四十卷附篇十二卷　清李慶雲纂　清光緒十五年江蘇水利工程局刋本　二十冊

江蘇水利圖說　清李慶雲撰　清宣統二年江蘇局本　二冊

李慶雲清光緒間任江蘇水利局督辦官。

揚州水道記四卷　清劉文淇撰　淮南書局補刊道光二十五年刊本　四冊

淮揚水利圖說　清馮道立撰　清光緒二十六年刊本　一冊

寧郡城河丈尺圖誌二卷　清光緒三十一年江蘇河工局刻本　一冊

常熟水論一卷　明薛尚質撰　學海本

王家營隄工隨筆二卷　近人陳鴻謨撰　排印本　二冊

開濬鎮洋幹支各河圖說　清吳鏡沆輯　石印本　一冊

吳鏡沆清光緒間任鎮洋知縣

淮陰縣水利報告書　近人趙邦彥纂　民國六年排印本　一冊

浙西水利備考　清王鳳生撰　清光緒四年重刊本　四冊

湘湖水利志三卷　清毛奇齡撰　西河合集本　二冊

經野規略三卷附劉公政略　明劉光復撰　清嘉慶諸暨縣知縣劉鑾坤重刊本　五冊

劉光復，明萬曆間任諸暨縣知縣。

南湖圖考　明陳幼學撰　清光緒五年浙江書局本　一冊

續濬南湖圖志　清光緒間官書　浙江書局刻本　一冊

浙西橫橋堰水利記　清徐用福輯　清光緒二十四年刻本　二冊

峽江救生船志二卷圖一卷附行川必要一卷　清賀縉紳撰　清光緒三年宜昌鎮總兵水師新副中營刊本　四冊

木蘭陂集十卷續刻木蘭陂志二卷重修木蘭陂集一卷　明李　熊纂　清李嗣岱　姚又崇重續纂　清乾隆間刻本　四冊

雲南鶴陽新河紀略　清朱洪章撰　清光緒十八年刊本　一冊

雲南省城六河圖說　清黃士傑撰　清劉人選校（道光水利同知）清光緒六年雲南糧儲水利道刊本　一冊

兩湖水利條陳　近人李光棟撰　民國四年排印本　一冊　（缺兩湖水道圖待藏）

荊楚修疏指要五卷卷首二卷　清胡祖翮撰　清同治十一年湖北崇文書局本　二冊

楚北水利隄防紀要二卷附刋湖北水利篇　清俞昌烈撰　水利篇　湖廣總督汪去尹撰　清同治四年湖北藩署刻本　四冊

荊州萬城隄志十卷卷首一卷卷末一卷　清倪文蔚纂　清光緒二年刻本　六冊

倪文蔚，清同治間任荊州知府。

荊州萬城隄續志十卷卷首一卷卷末一卷　清舒　惠纂　清光緒二十年刊本　四冊

舒惠，清光緒間任荊州知府。

湖北隄防紀要二卷　民國十四年湖北水利局編印本　二冊

直隸五道成規五卷　清乾隆間官書　四冊

畿輔河道水利叢書　清吳邦慶撰　清道光四年刊本　十冊

（一）直隸河渠志　（二）陳學士文鈔　（三）潞水客談　（四）怡親王疏鈔　（五）水利營田

圖說　(六)直隸水利輯覽　(七)澤農要錄　(八)直隸水道管見　(九)直隸水利議

吳邦慶，清道光間任河東總河。

五省溝洫圖說　清沈夢蘭撰　清光緒六年浙江書局刻本　二冊

畿輔水利四案補　清人編　鈔本　六冊

畿輔水利議　清林則徐撰　清光緒二年林氏家刻本　一冊

畿輔振溺全圖　清光緒十六年善局編印本　二冊

直隸天河兩屬水災圖　蘇州桃花塢代辦直賑公寓刊本　一冊

直隸河道改善建議案　近人熊希齡撰　石印本　一冊

京畿善後河工紀實二十二卷　近人熊希齡輯　排印本　八冊

又一部　九冊

河工討論會議事錄　臨時河工討論會排印本　一冊

水災善後問題附北京自來水計劃永定河壩工圖說　一冊　法人普意雅述　排印本　一冊

永定河志三十二卷　清李逢亨纂　清嘉慶刊本　十六冊

李逢亨，清嘉慶間任永定河道。

永定河續志十六卷　清朱其詔續纂　清光緒間刊本　十六冊

34738

朱其詔，清光緒間任永定河道。

永定河上游興辦水利案四卷　清光緒間官書　清刊本　四册

是編爲清光緒七八年，左宗棠帶王德榜一軍興辦永定河上游築壩分渠等工，旨派恭醇二王總司其事，全編皆當時來往咨稟各件。

永定河三大工形勢攝影　民國七八年間京兆尹孟憲彝輯　照片　二册

永定河治理工程計劃書　永定河河務局編印本　民國十八年刊行　一册

濮陽河上記四篇　近人徐世光撰　排印本　二册

豫省河工擬定成規二卷續增一卷　清官書　三册

豫南水利卮言　清徐壽茲撰　清光緒二十七年刊本　一册

固始水利紀實十一編　近人桂林撰　民國七年印本　四册

雍正河東河工物料價值　清官書　清刊本　一册

欽定河工則例章程　清工部奉勅訂　清嘉慶江南河道庫刊本　六册

治水工程節要　近人李澍儒撰　排印本　一册

豫河志二十八卷　吳篔孫纂　民國十二年河南河務局排印本　八册

吳篔孫，民國八年間任河南河務局長。

豫河續志二十卷卷首冠圖一卷卷末附外編一卷　陳善同　王榮搢等合纂　民國十五年河南河務局排印本　十四册

陳善同，民國十四年間任河南河務局長。

整理山東小清河工程計劃大綱　小清河臨時工程委員會編印　民國二十年印本　一册

寧夏河渠圖　清乾隆間繪本　一册

新疆水利報告書　劉文龍輯　民國六年新疆水利會排印本　六册

捍海塘志　清錢泰階輯　清嘉慶二年刻本　二册

海塘新志六卷續志四卷　清琅　玕纂　清道光間刊本　八册

又一部

琅玕，清道光間任浙江巡撫。

浙江水利局辦理十九二十兩年海塘險工之經過附整理海塘工程計劃　民國二十一年浙江水利局編印本　一册

海塘輯要十卷附釋一卷　英國韋更斯撰　清趙元益譯　清刊本　二册

海寧石塘圖說　清袁寬生繪　清光緒七年刊本　一册

木龍書一卷成規一卷題詠一卷　清李　昞撰　清乾隆十六年刊本　一册

李昞，清乾隆間任揚州府泰州同知。

河工器具圖說不分卷　清郭成功輯　抄本　一册

河工器具圖說四卷　清麟　慶輯　清道光十六年雲蔭堂刊本　二冊

又一部　南河節署刊本　四冊

麟慶，清道光間任江南總河。

河工合龍做法圖式　清人輯　繪本　一冊

栗恭勤公磚壩成案　清栗毓美撰　見學强恕齋筆算本

栗毓美，清道光間任河東總河。

河上語　清蔣　楷輯　清刊本　一冊

螺機車圖　清蘇鳳文撰　清刊本　一冊

築圩圖說　清孫　峻撰　清刊本　一冊

量沙紀略　近人張鴻竹編　排印本　一冊

水利摘要補註　清羅仲玉注　清道光敬恕堂刊本　二冊

以上水政之屬　工程附

山東運河備覽十二卷卷首冠圖一卷　清陸　燿纂　清乾隆四十一年刊本　六冊

陸燿，乾隆間任山東通省運司兵備道。

江北運程四十卷卷首冠圖一卷　清董　恂撰　趙希和校　清咸豐十年刊本　四十一冊

楚漕江程十六卷卷首冠圖一卷　清董　恂撰　清咸豐四年刋本　十二冊

欽定戶部漕運全書九十二卷　清道光間奉勅修　清道光二十四年刋本　四十六冊

元海運志　元尼　素撰　學海本

海運詩編附海運圖　清道光間江蘇巡撫陶澍進呈本　二冊

江西輓運圖　清初繪本（自九江至京城西圓明園）　一冊

浙江海運漕糧全案初編　清王凱泰纂　清道光間刋本　六冊

王凱泰，清同治間任浙江巡撫。

以上漕運之屬

南工祠廟祀典三卷　清李奉翰編　清乾隆四十四年刋本　五冊

李奉翰，乾隆間任江南總河。

水府諸神祀典　清周　馥撰　周慤慎公全集本

國朝河臣記附黃河工段文武兵夫記略　清周　馥撰　周慤慎公全集本

潘公季馴傳略　佚名撰　清王蘭生手鈔本　一冊

河神事蹟四種　（一）勅封大王將軍紀略　（二）河神事蹟紀略　（三）勅封靈祐襄濟河神黃大王事略　（四）勅封大王將軍傳　清刻本　四冊

江南河道總督麟慶見亭氏行述　清刊本　一册

都江堰工小傳　清王人文撰　清宣統三年刊本　一册

還我讀書室老人年譜　清董　恂撰　清宣統三年刊本　一册

以上治河名人傳記之屬

黄河防汎會議暨黄河水利委員會第一次會議彙編　民國二十三年黄河水利委員會編印本　一册

河務季報　民國八年創刊　内政部全國河務研究會編印本　存二、四、兩期

揚子江水道季刊　揚子江水道整理委員會編印　存二十年全卷二十二年一、二、兩期

華北水利月刊　華北水利委員會編印　存七卷三至八期　二册

陜西水利月刊　陜西水利局編印　存二卷一期　一册

山東建設月刊　第二届水利委員會議專號　山東省建設廳編印　一册

督辦江蘇運河工程局季刊　民國九年創刊　督辦江蘇運河工程局編印本　存一、七、九、十六、十七、期　五册

江蘇水利協會雜誌　民國五年創刊　江蘇水利局編印本　存一至十一期　十一册

督辦廣東治河事宜報告書　民國四年督辦廣東治河事宜處編印本　一册

水利月刊　中國水利工程學會編輯　存七卷二、四期　二册

以上治水工程期刊之屬

本刊啟事

我國營造術語，因時因地，各異其稱，學者每苦繁駁難辨。年來辱承　閱者垂問質疑，不絕於途，且有旁及史事考據及圖書介紹，本社同人每就可能範圍，竭誠奉答。茲擬擴大通訊一門，與訂閱諸君共同商榷討論，圖斯學之進展，如蒙　賜教，無任感禱。

34744

茲將本社自本年一月一日起至三月底止受贈各界書籍臚列於左敬表謝悃

國立清華大學	清華學報一冊
中法大學	中法大學月刊二冊
震旦大學理工學院	理工雜誌一冊
安徽省立圖書館	學風三冊
廣東國民大學圖書館	圖書館館刊一冊
	民大校刊四冊
	民大學報一冊
	民大高中學生二冊
	大會特刊一冊
中國工程學會	工程一冊
上海市建築協會	建築月刊三冊
河北省工程師學會	河北工程師學會月刊一冊
中國牛頓社	工業二冊
人文編輯所	人文月刊二冊
道路月刊社	道路月刊三冊
中華科學社	科學二冊
國立中央研究院歷史語言研究所	集刊一冊
社會調查所	社會科學雜誌一冊
河北第一博物院	河北第一博物院畫報十二份
中山文化教育館	時事類編三冊
教育部高等教育司	全國高等教育統計一冊
青島市教育局	青島教育一冊
北平市社會局教育科	時代教育一冊
建設委員會	建設一冊
	整理導淮圖案報告一冊
導淮委員會	入海水道計劃一冊
	導淮工程計劃一冊附編一冊

贈送者	書目
中國華洋義賑會	民國廿一年度賑務報告書一冊
樂嘉藻先生	中國建築史一部
鄭師許先生	古金彝器之辨僞方法一冊
朱桂辛先生	中央研究院內閣大庫書檔舊目一冊
	北平研究院概況一冊
	桂遊半月記一冊
	西子湖一冊
	高昌一冊
	光宣小記一冊
	蒙德卡羅一冊
	東北叢刊二十冊
	北戴河海濱公報四冊
國際建築協會	國際建築三冊
日本建築士會	日本建築士三冊
建築學會	建築雜誌三冊
滿洲建築協會	滿洲建築協會雜誌三冊
滿洲技術協會	滿洲技術協會會誌三冊
	會誌主要紀事分類目次一冊
美術研究所	美術研究三冊
東方文化學院京都研究所	東方學報一冊
	唐中期淨土敎一冊
日本奈良東大寺寺務所	東大寺南大門史及昭和修理要錄一冊
	東大寺及大佛殿史一冊
關野貞博士	日本保存建築紀錄八冊附圖一張
田邊泰敎授	支那佛塔建築之式樣及其變遷考一冊
	雲崗龍門天龍山石窟塔婆考一冊

中華郵政特准掛號認為新聞紙類

中國營造學社彙刊

第五卷 第二期

婉漪圖

投稿簡章

（一）凡討論我國營造學之著作，除譯稿外，均表歡迎。文體不拘白話或文言。

（二）稿件能否登出，概不退還，但附寄郵費聲明退還者，不在此例。

（三）稿件如經採用，每千字酬貲五元以上。插圖像片係投稿人自製而非轉載他人者，每幅另奉酬貲，數目臨時酌定。

（四）却酬稿件，文責自負。受酬者，本社有酌量修改之權。

（五）社員論文及報告，文責由作者自負，受酬與否，希預事聲明。

（六）受酬稿件自揭載後，其著作權即完全歸本社所有，不得再於他處發表。

（七）稿件須用墨筆繕寫清楚，加標點符號，如能依本刊行款（每面十五行每行三十八字）繕鈔尤佳。

（八）插圖須用墨線，俾易製版。像片宜清晰且帶磁面。

（九）投稿人須開列詳細住址，並簽字蓋章。

（十）稿件登出後，本社按照投稿人住址，奉寄稿費。如登出一月後尚未收到者，祈賜緘查詢。但以登出後六個月為限，逾期本社不負責任。

（十一）凡通信討論某事項，經本社認為有發表價值者，仍照投稿例酌奉稿費。

本社出版書籍

（一）彙刊第一卷至第三卷	（絕版）	
彙刊第四卷一二三四期		每期八角
彙刊第五卷一期		每期八角
（二）工段營造錄	李斗著	四角
（三）一家言居室器玩部	李笠翁著	三角
（四）元大都宮苑圖考	（絕版）	
（五）營造算例	梁思成編訂	一元
（六）梓人遺制	（絕版）	
（七）牌樓算例	劉敦楨編訂	五角
（八）園冶	明計成著	甲種一元八角 乙種一元
（九）正定古建築調查紀略	梁思成著	五角
（十）清式營造則例	梁思成著	甲種八元五角 乙種五元五角
（十一）岐陽世家文物圖像冊		甲種五元 乙種四元
（十二）岐陽世家文物考述		八角
（十三）三几圖（蝶几燕几匡几）		一元八角
（十四）大同古建築調查報告	梁思成 劉敦楨著	甲種一元六角 乙種一元
（十五）同治重修圓明園史料	劉敦楨著	六角
（十六）雲岡石窟中所表現的北魏建築	梁思成 林徽音 劉敦楨著	四角

中國營造學社彙刊第五卷第二期目錄

漢代的建築式樣與裝飾目錄

圖版壹

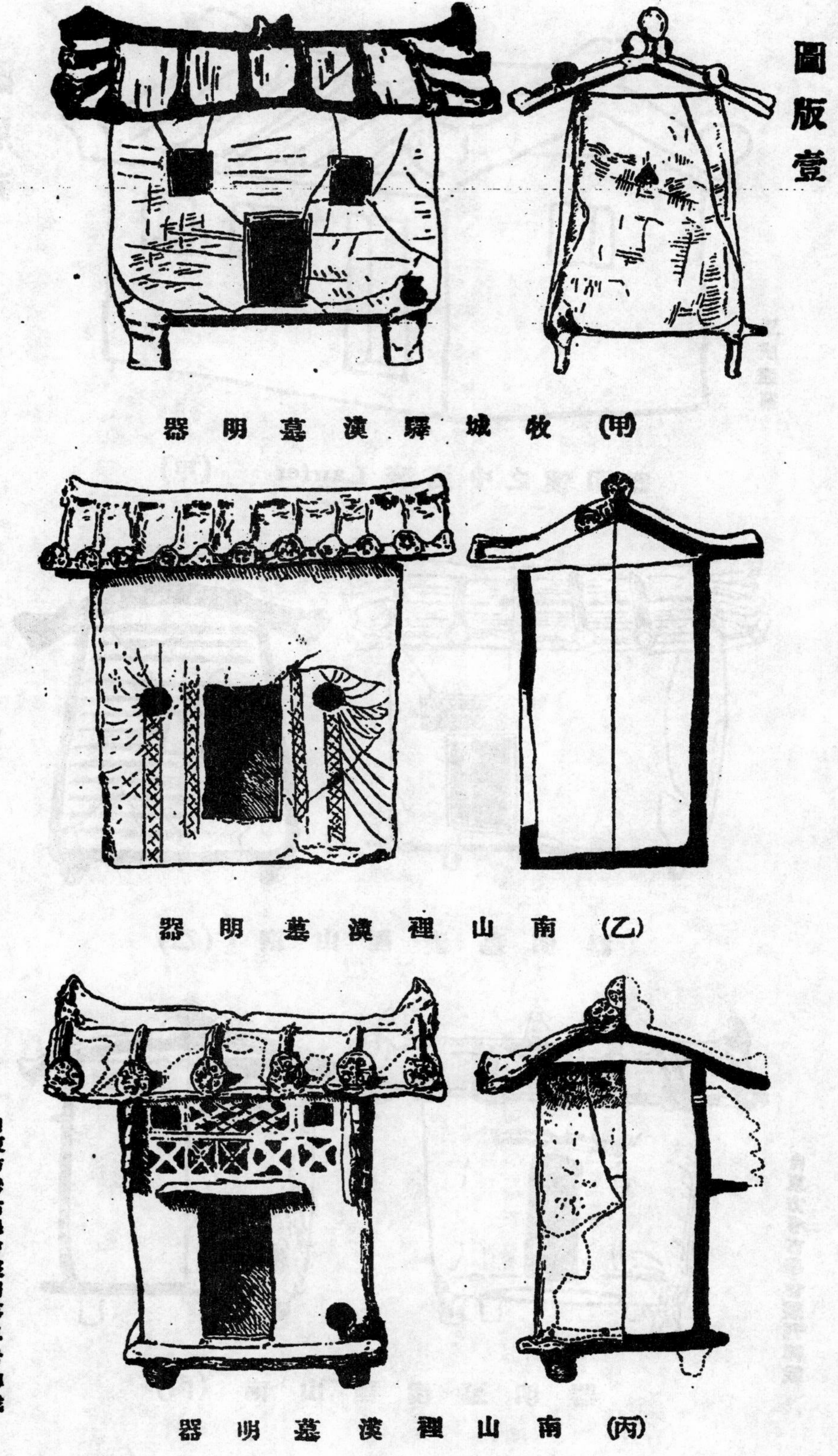

(甲)牧城驛漢墓明器

(乙)南山裡漢墓明器

(丙)南山裡漢墓明器

自東方考古學會叢刊第三冊轉載

34751

圖版貳

思成速寫

(甲) Laufer 著選中之漢明器

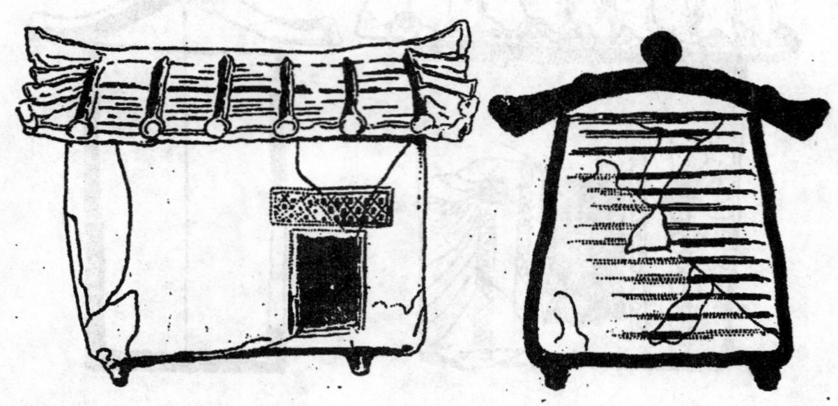

(乙) 南山裡漢墓明器

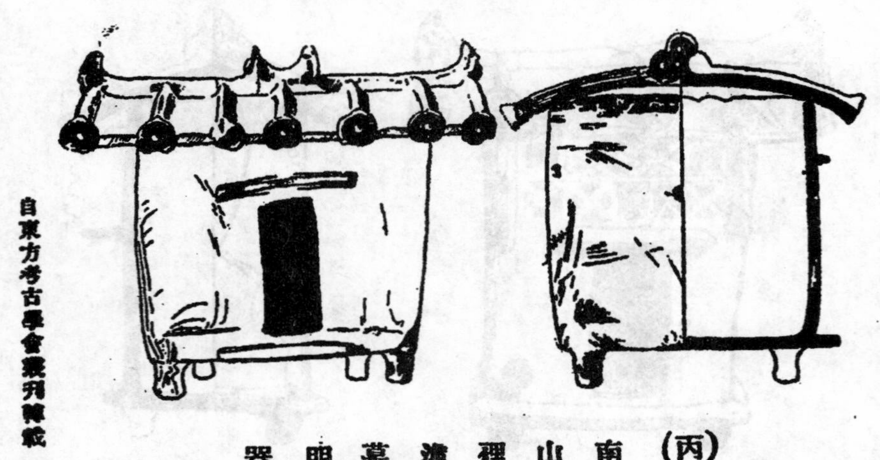

(丙) 南山裡漢墓明器

自東方考古學會叢刊轉載

圖版叁

自東方考古學會叢刊轉載

（甲）營城子漢墓明器

自東方雜誌轉載

（乙）王玉父藏漢明器

自關野貞氏支那山東省墳墓表飾轉載

（丙）兩城山畫像石

圖版肆

漢書金日磾傳日磾
故人休屠王子
沒入官武帝奇
其狀拜侍中賜
姓金氏後為車
騎將軍又曰
金日磾母教誨
兩子甚有法度
上聞而嘉之母
死詔圖畫其像
于甘泉宮署曰
休屠王閼氏日
磾每見畫常
拜之涕泣乃去此
圖但稱休屠而
不言王閼氏或
隸續有文耳

武梁祠畫像石（乙）

武梁祠畫像石（甲）

自金石索轉載

圖版伍

兩城山畫像石

(乙)

(甲)

(丁)

(丙)

自支那山東省墳墓表飾轉載

34755

圖版陸

思成蒐集品

哈佛大學美術館藏漢明器（甲）

思成蒐集品

彭雪文尼亞大學博物館藏漢明器（乙）

葉先生贈刊

葉遐庵先生藏漢明器（丙）

34756

圖版柒

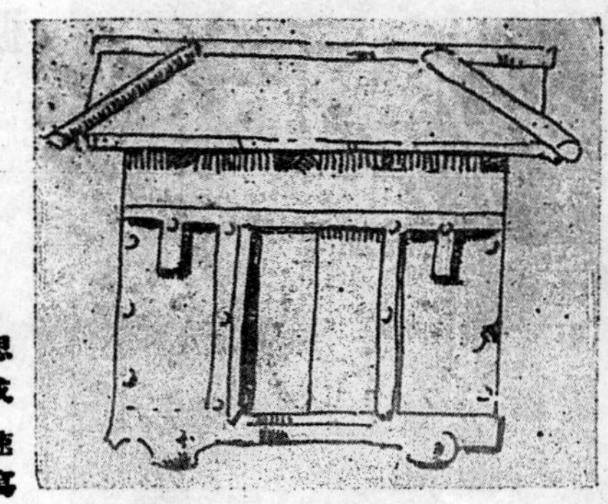

思成速寫

(甲) 勞福著述中之漢明器

(乙) 不列顛博物館藏漢明器

思成蒐集品

(丙) 波士頓美術館藏畫像石

圖版捌

思成蒐集品

(甲) 紐約Metropolitan博物館藏畫像石

(丙) 霍浦生箸述中之漢明器

自支那建築轉載

(乙) 日本東京帝國大學藏漢墓磚

圖版玖

思成速寫

(甲) 漢明器三層樓閣

(乙)優摩忽拔拉斯藏陶錄漢明器

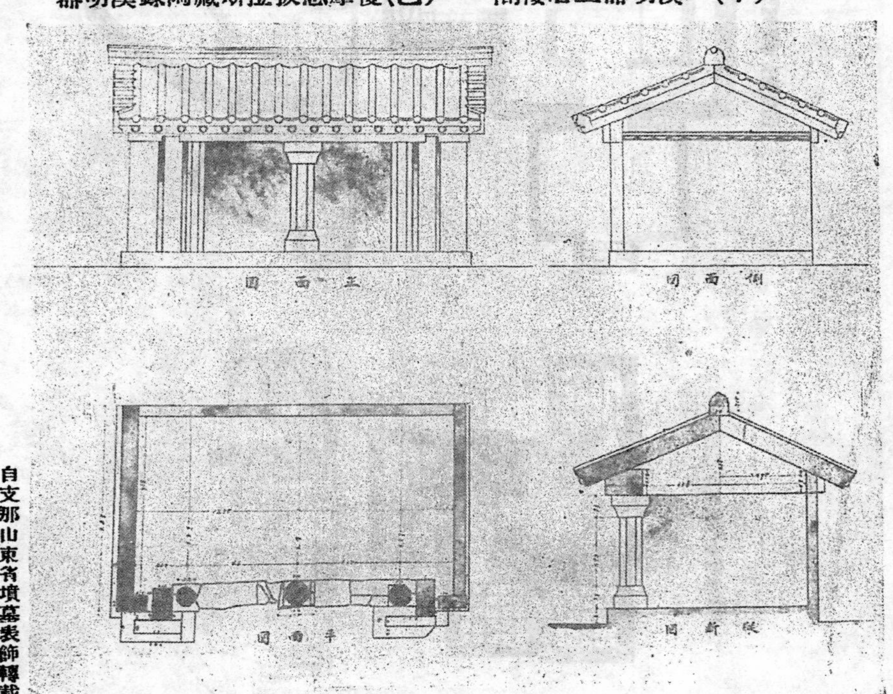

自支那山東省墳墓裝飾轉載

(丙) 孝堂山郭巨祠實測圖

圖版拾

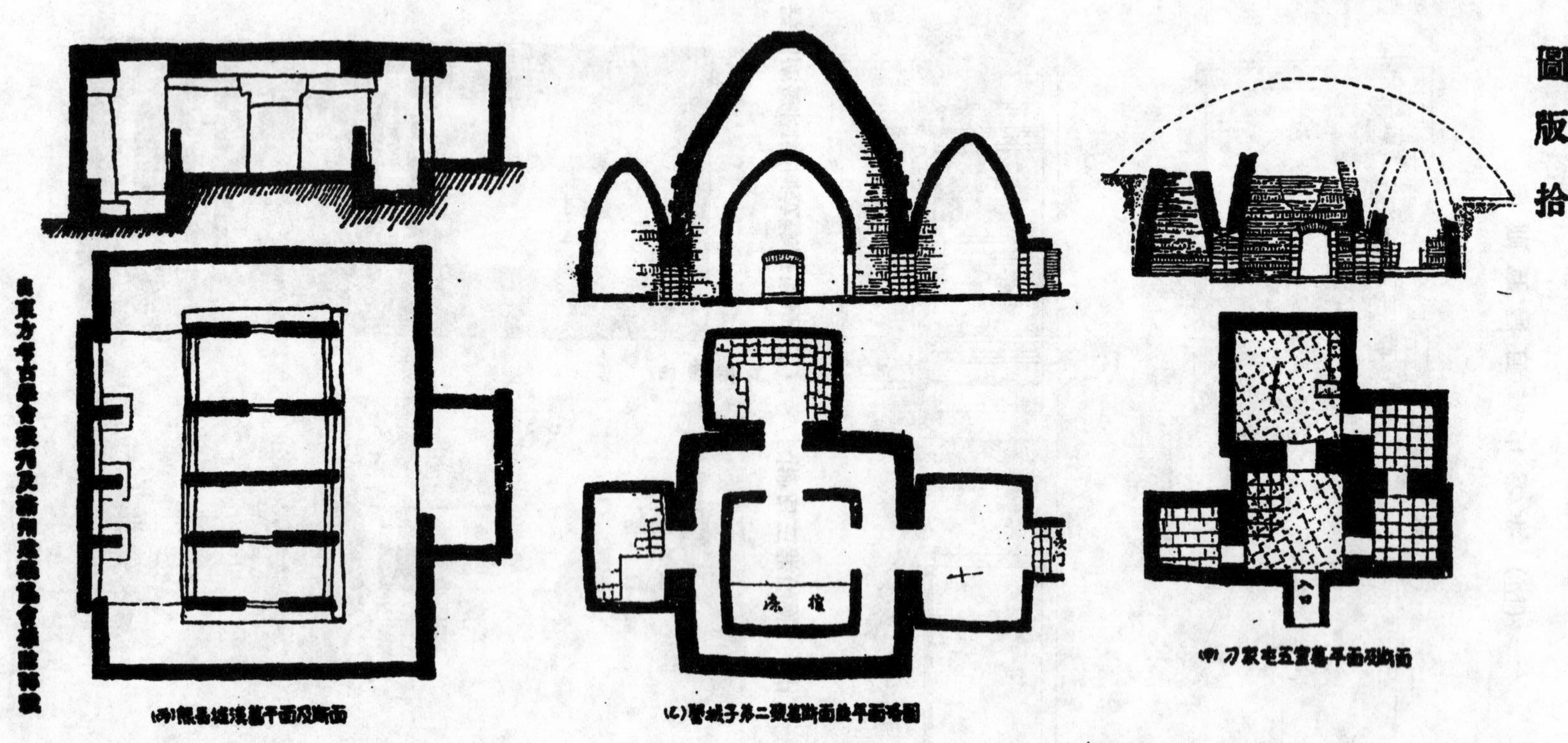

(甲)刁家屯五室墓平面及斷面

(乙)營城子第二號墓斷面並平面略圖

(丙)熊岳城漢墓平面及斷面

據東方考古學會發刊及滿洲美術協會本誌轉載

34760

圖版拾壹

自濱田耕作氏支那古明器泥象圖說轉載

(甲) 日本京都帝國大學藏漢明器

自東方考古學會叢刊轉載

(丙) 日本京都帝國大學藏漢明器

本社撮影

(乙) 山東省立圖書館藏壽州出土漢明器

圖版拾貳

思成速寫

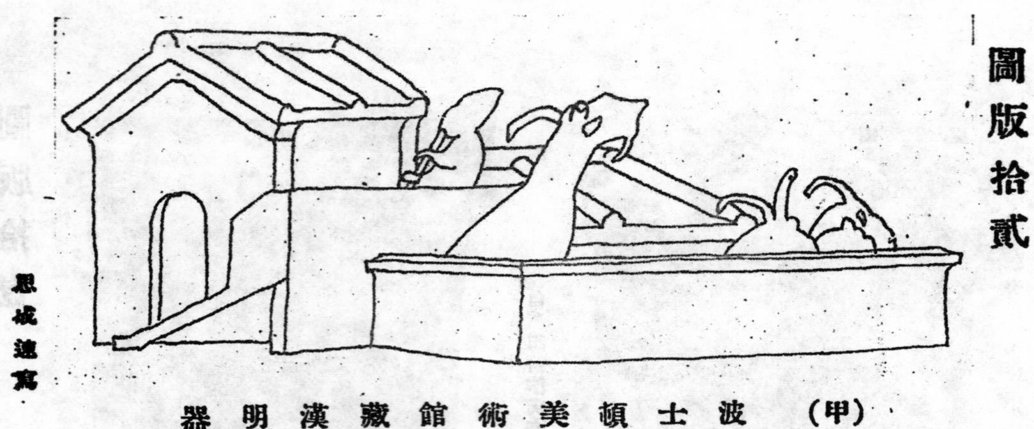

（甲）波士頓美術館藏漢明器

自支那古明器泥象圖說轉載

（乙）日本京都帝國大學藏漢明器

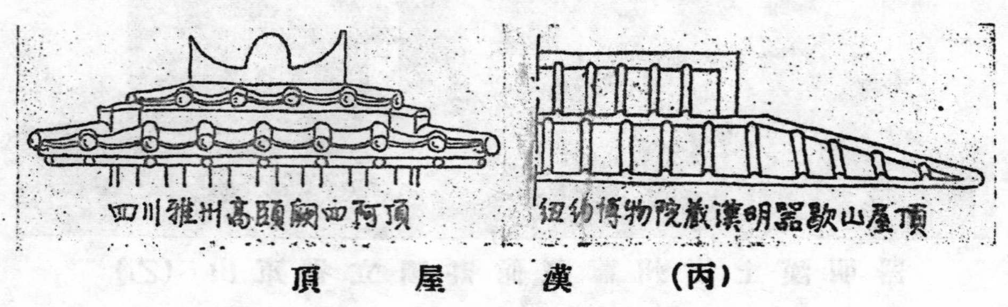

（丙）漢屋頂

圖版拾叁

本社攝影

(甲) 山西霍縣東福昌寺大殿

(乙) 嵩山太室石闕頂(正面)

自支那建築轉載

(丙) 嵩山太室石闕頂(側面)

圖版拾肆

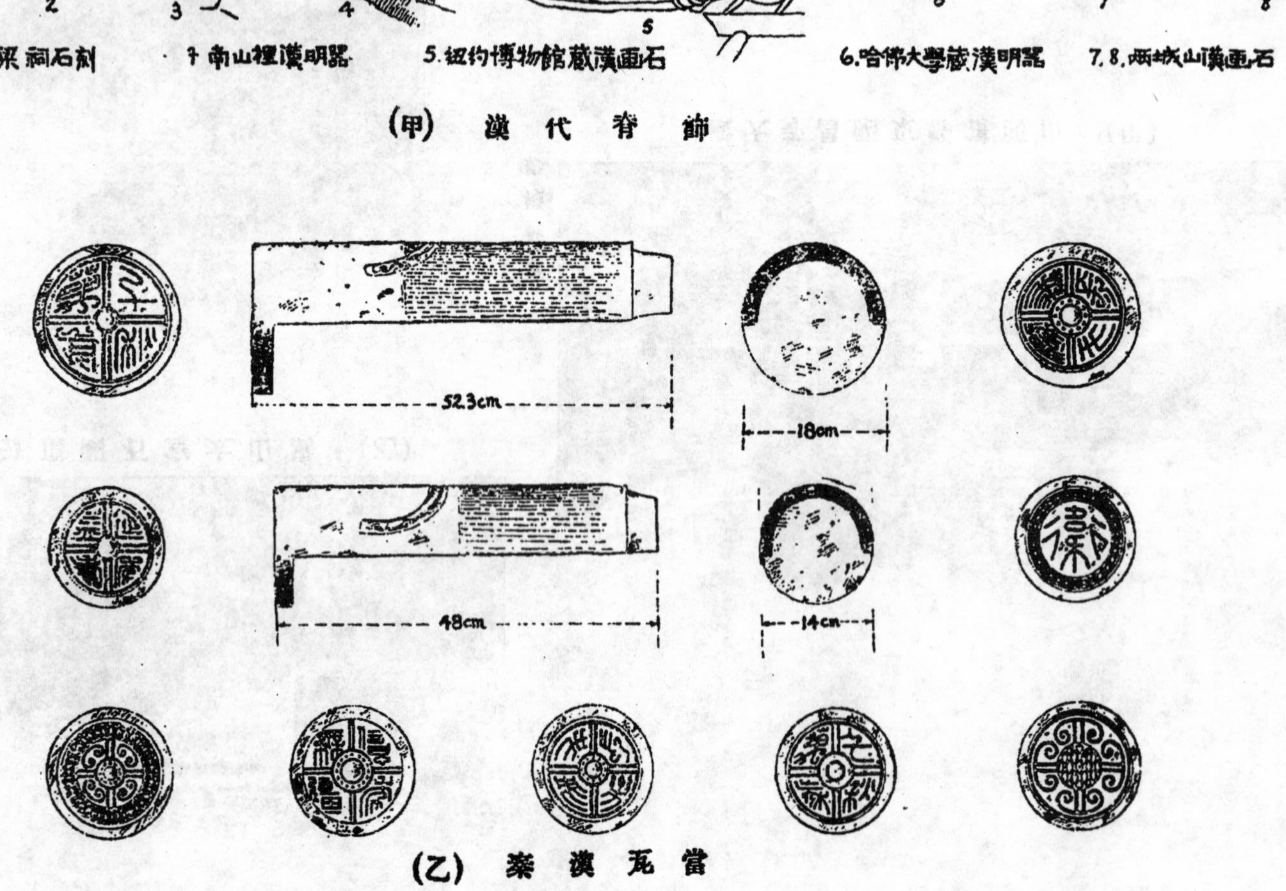

1, 2, 3, 武梁祠石刻　4.南山裡漢明器　5.紐約博物館藏漢畫石　6.哈佛大學藏漢明器　7, 8.兩城山漢畫石

(甲)　漢代脊飾

(乙)　秦漢瓦當

轉錄Boerschmann氏原圖

圖版拾伍

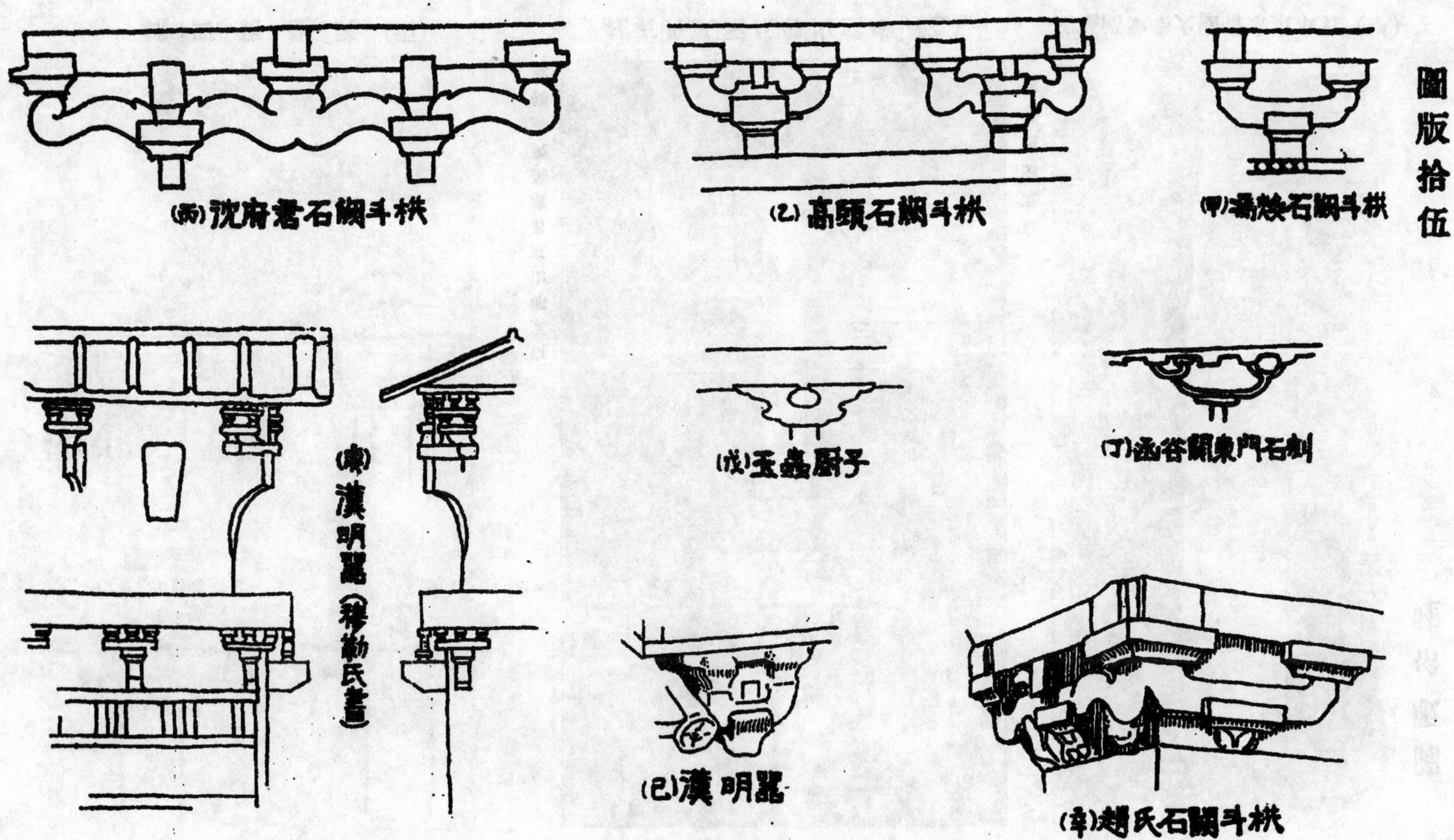

(甲)馮煥石闕斗栱

(乙)高頤石闕斗栱

(丙)沈府君石闕斗栱

(丁)函谷關東門石刻

(戊)玉蟲廚子

(己)漢明器

(庚)漢明器(穆勒氏藏)

(辛)趙氏石闕斗栱

圖版拾陸

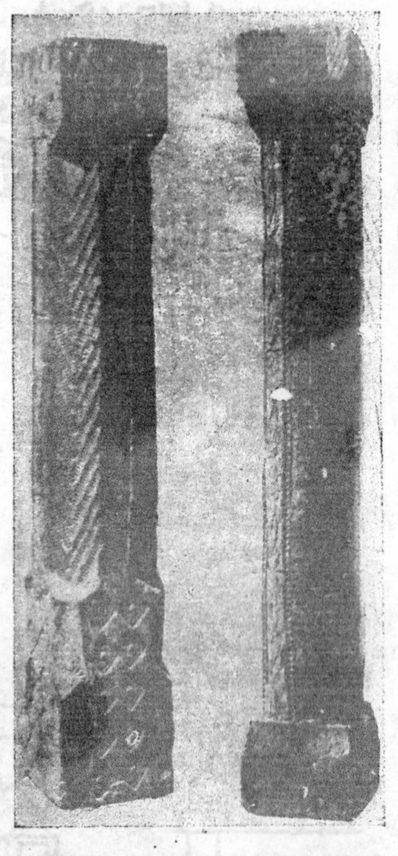

（甲）日本東京帝國大學藏漢墓磚

自支那建築轉載

（乙）孝堂山郭巨祠八角石柱

自支那山東省漢墓表飾轉載

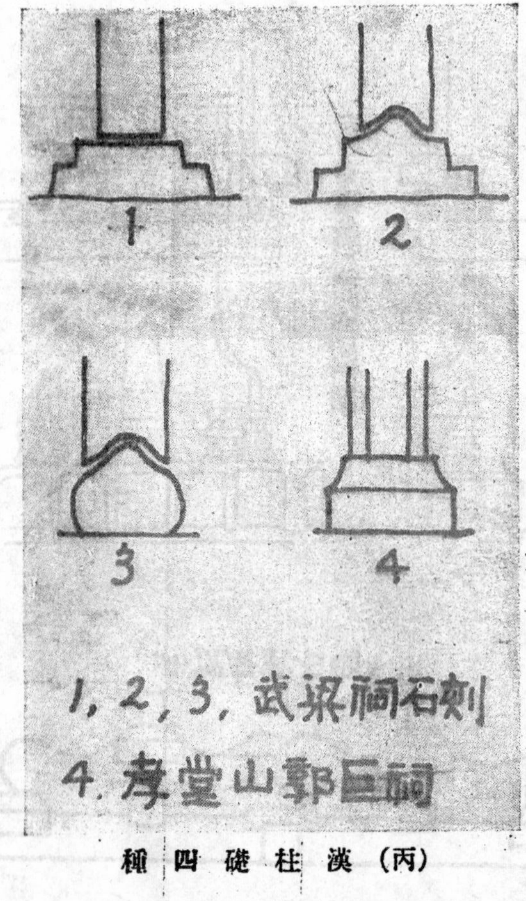

（丙）漢柱礎四種

圖版拾柒

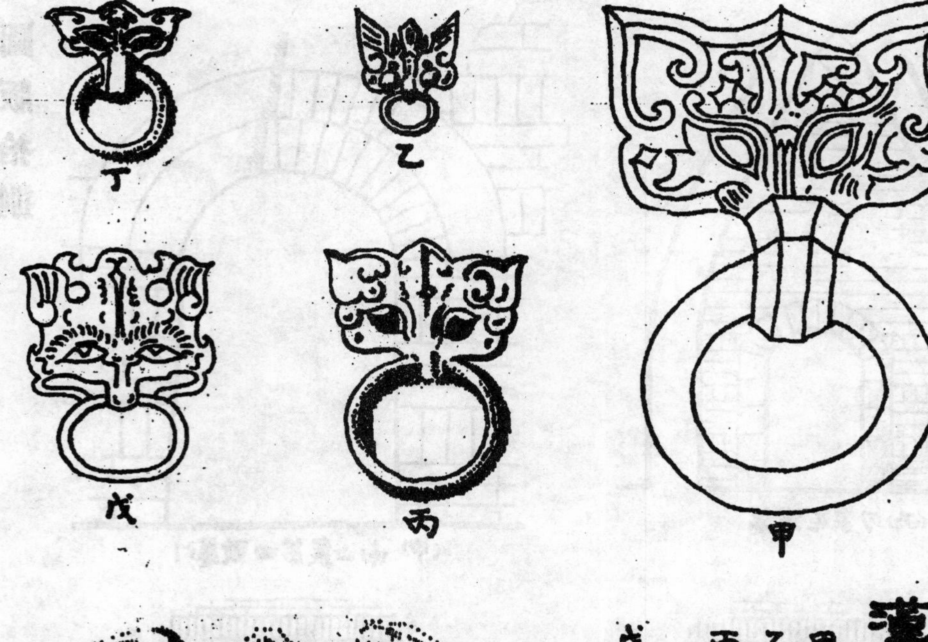

己

漢鋪首式樣

甲、丁、己、樂浪出土漢銅器

乙、倫敦博物院藏漢明器

丙、柏林 Staatliche 博物院藏漢明器

戊、樂浪出土漢漆器

圖版拾捌

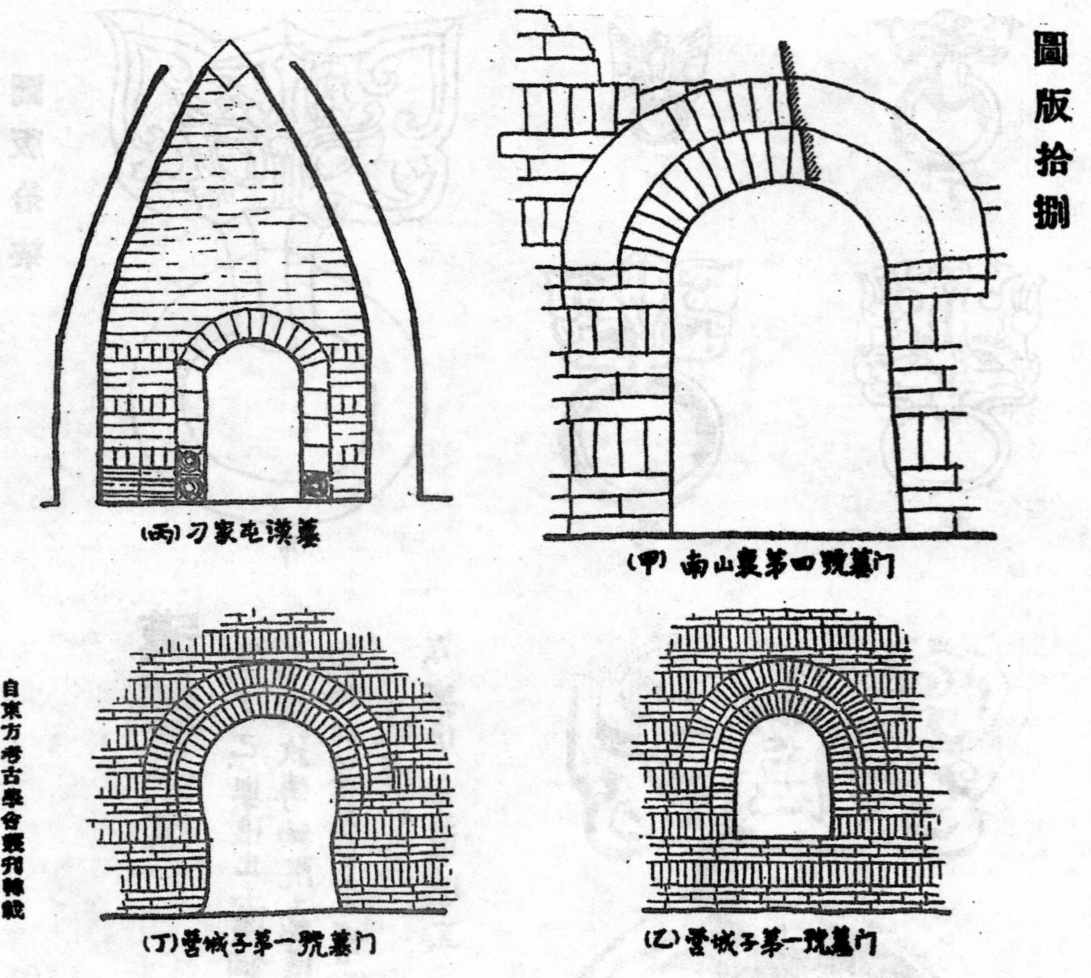

(丙)刁家屯漢墓

(甲)南山裏第四號墓门

(丁)營城子第一號墓门

(乙)營城子第一號墓门

自東方考古學會叢刊轉載

圖版拾玖

(甲) 未央宮前殿遺址

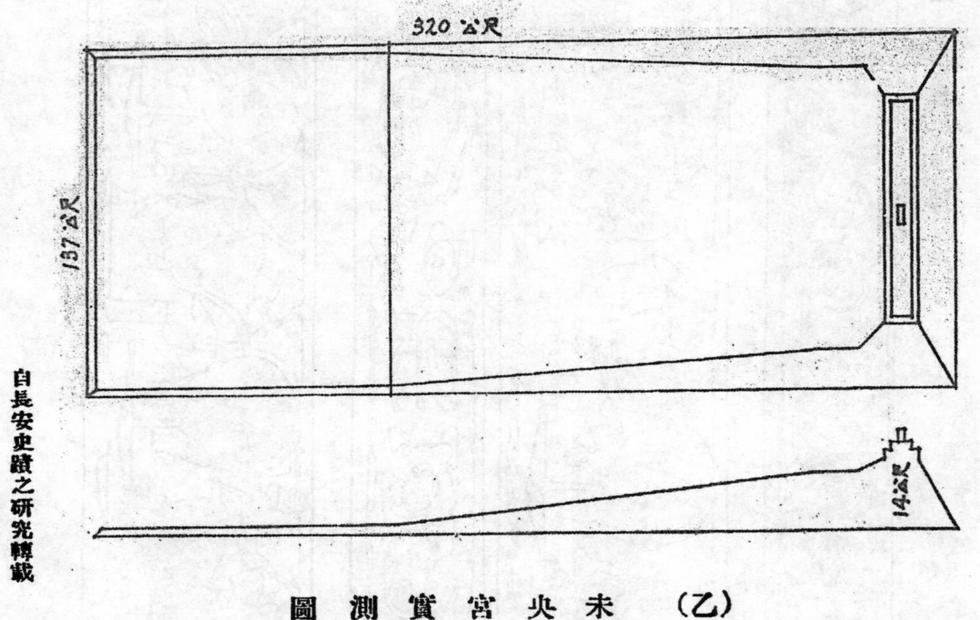

(乙) 未央宮實測圖

自長安史蹟之研究轉載

圖版貳拾

武梁祠畫像石

圖版貳拾壹

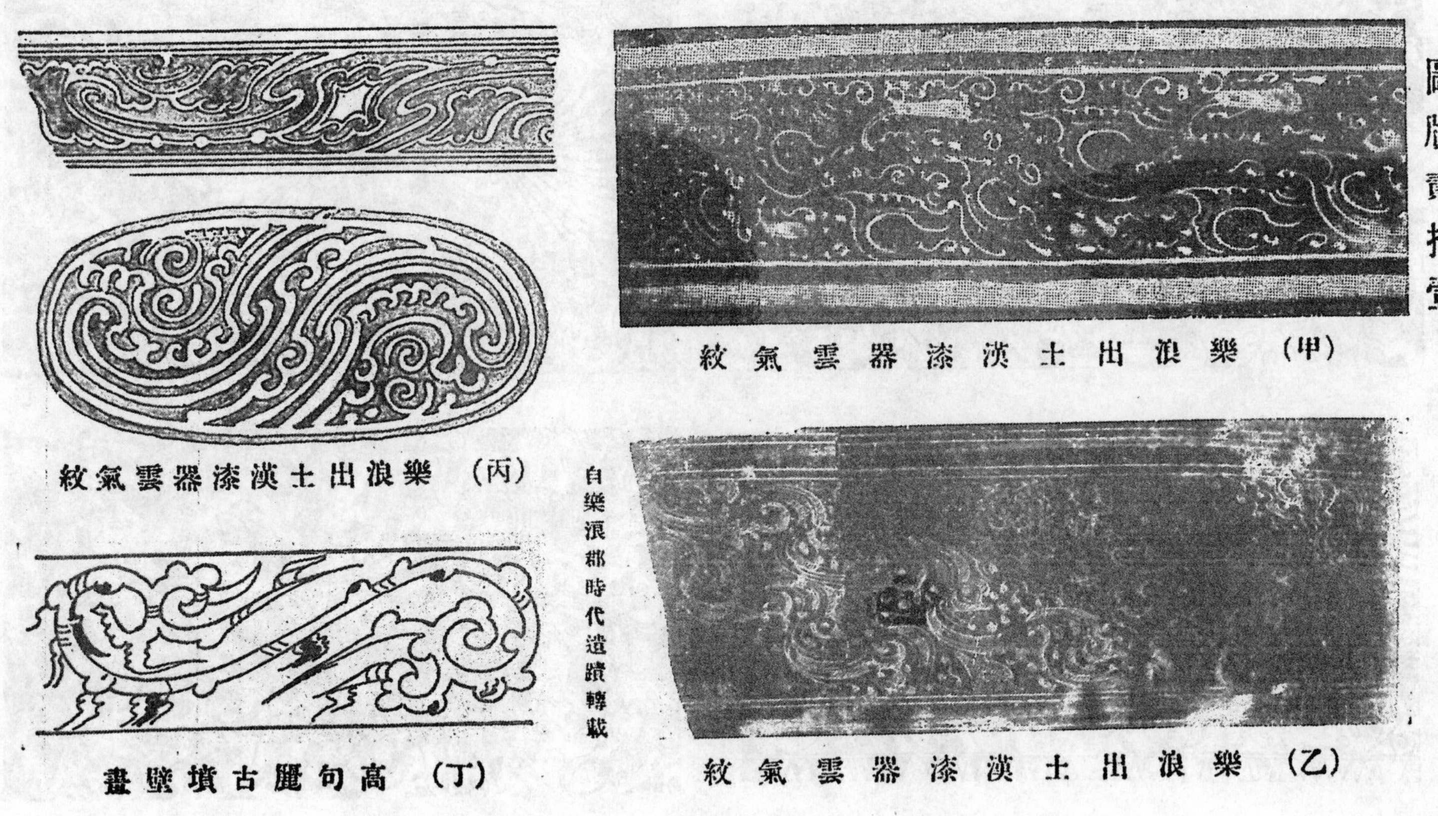

（甲）樂浪出土漢漆器雲氣紋

（乙）樂浪出土漢漆器雲氣紋

（丙）樂浪出土漢漆器雲氣紋

（丁）高句麗古墳壁畫

自樂浪郡時代遺蹟轉載

圖版貳拾貳

朝鮮大同江出土金錯筒

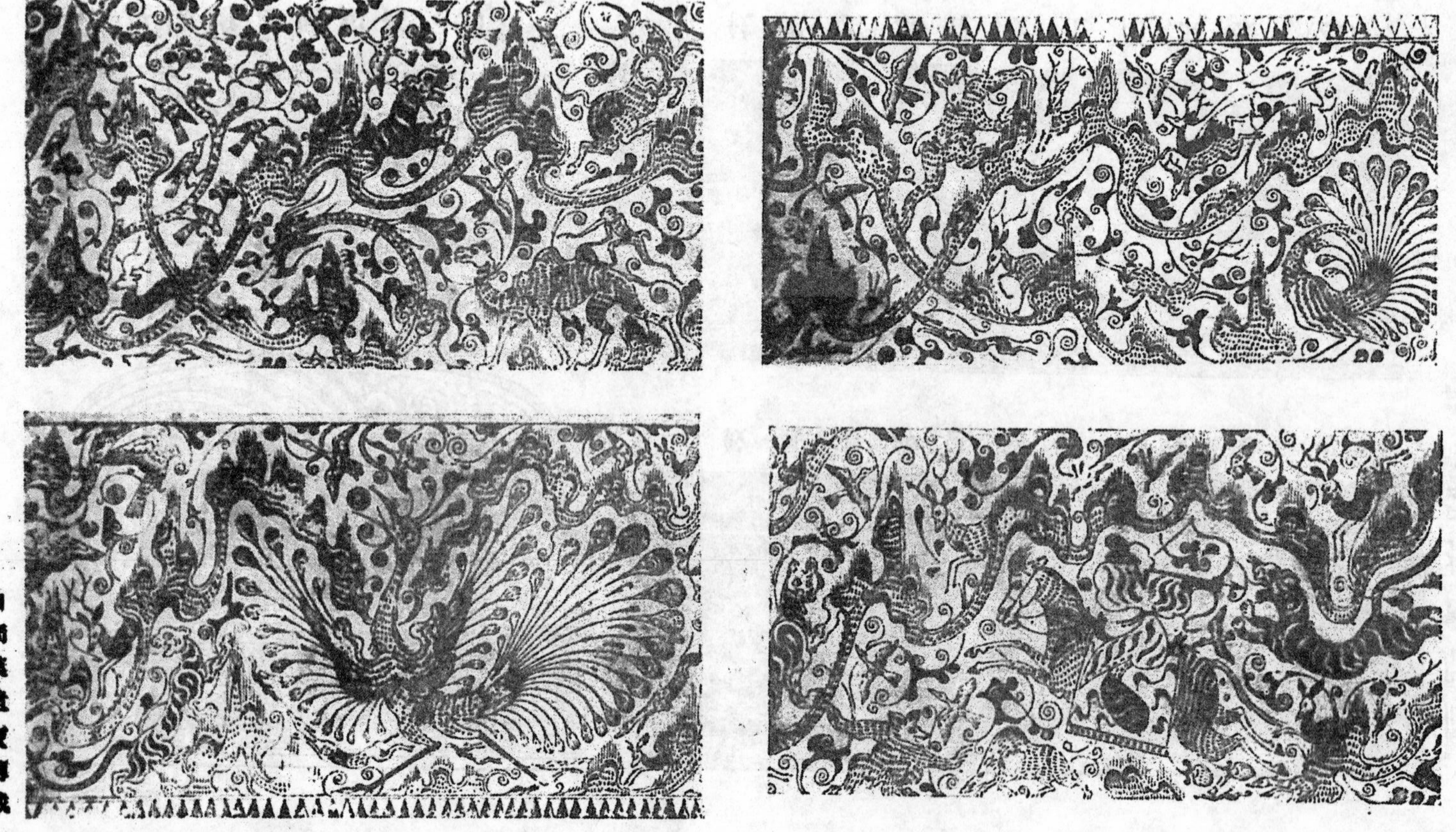

自周漢遺寶轉載

圖版貳拾叁

瓦當

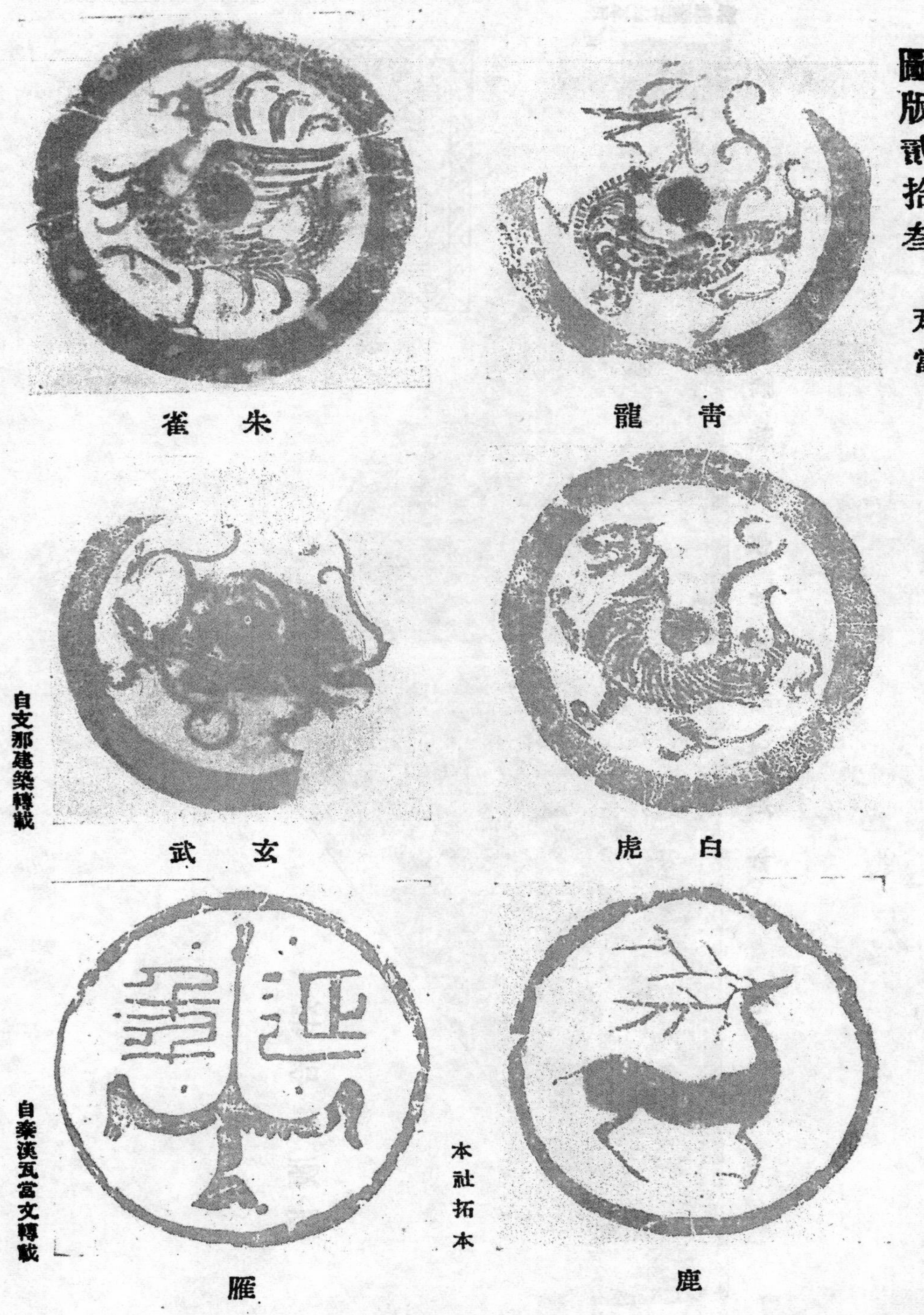

朱雀　青龍

玄武　白虎

自支那建築轉載

雁　鹿

自秦漢瓦當文轉載

本社拓本

圖版貳拾肆

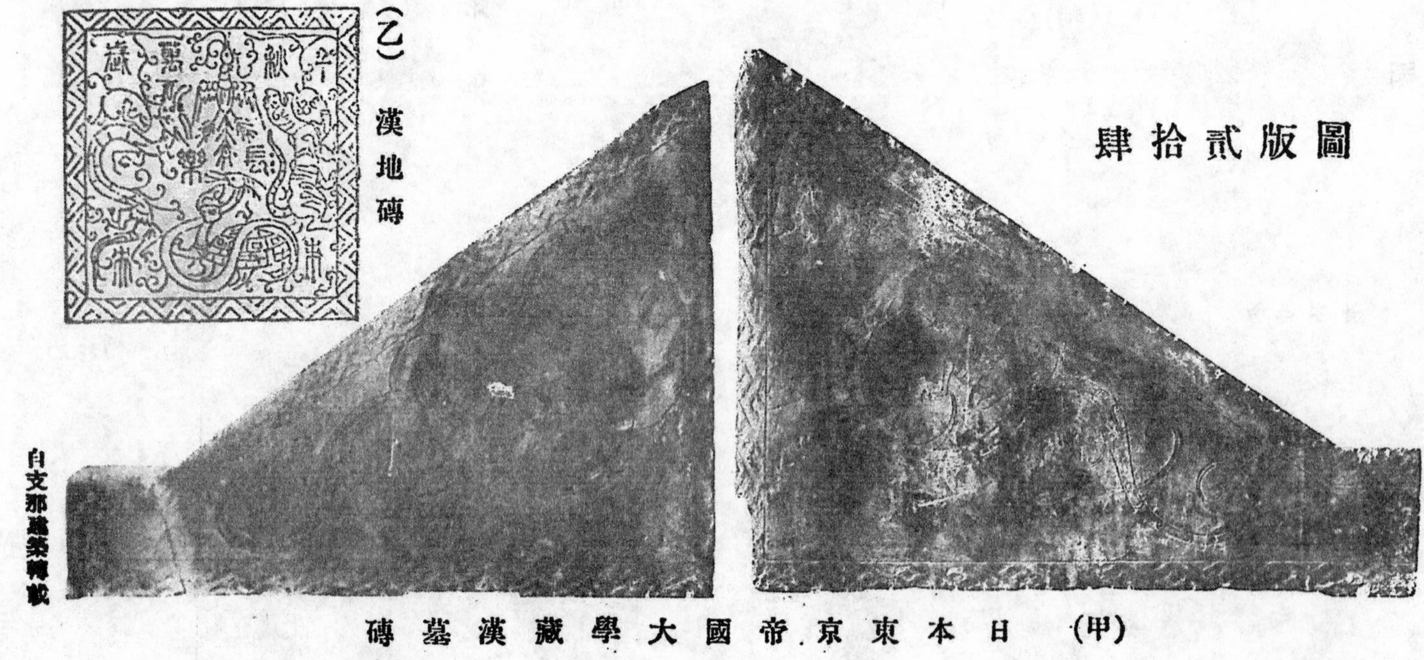

(乙)漢地磚

自支那建築轉載

(甲)日本東京帝國大學藏漢墓磚

34774

圖版貳拾伍

(甲) 樂浪出土漢漆器雲龍

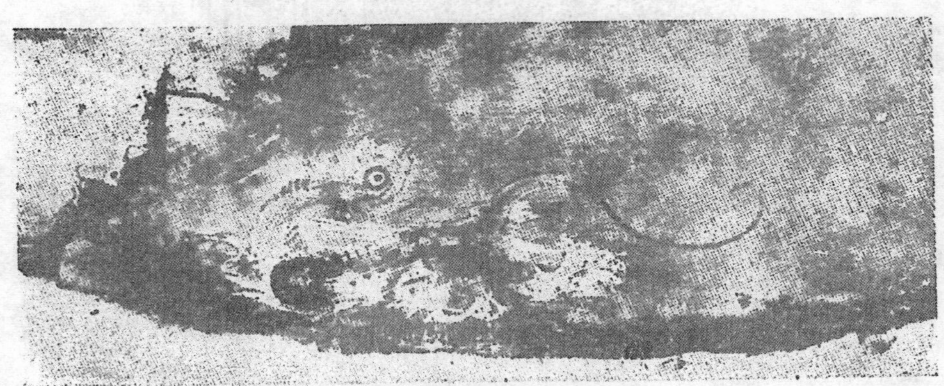

(乙) 樂浪出土漢漆器雲龍

(丙) 武梁祠植物文樣

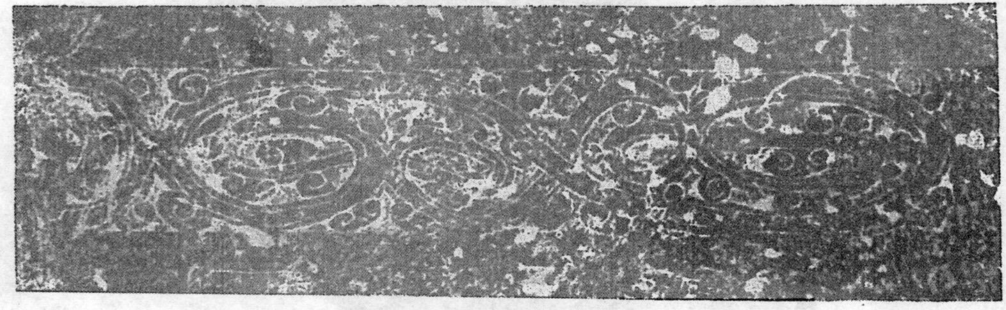

(丁) 孝堂山植物文樣

圖版貳拾陸

自支那山東省墳墓表飾轉載

(甲) 漢桓帝永興元年孔廟置守廟石卒史碑花紋

自樂浪郡時代遺蹟轉載

(乙) 樂浪出土漆器卷草紋

自樂浪郡時代遺蹟轉載

(丙) 樂浪出土蕨紋瓦當

34776

圖版貳拾柒

1. 山紋　2. 鋸齒紋　3,4,5. 武梁祠菱紋　6. 武氏祠波紋　7. 漢墓磚列錢紋
8. 銅箭紋　9. 漢鏡直線紋　10. 武氏祠繩紋　11. 馮煥闕連珠紋　12,13. 太室闕及漢墓垂幛紋
14,15. 漢墓磚及銅器雷紋　16. 漢墓磚S紋　17. 漢明器番環紋　18. 漢墓磚折帶紋

圖版貳拾捌

（甲）嵩山太室廟前石人

（乙）四川雅州高頤墓石獅

漢代的建築式樣與裝飾

鮑鼎
劉敦楨
梁思成

在文化史上前後兩漢，是上承殷周以來的傳統文化，孳育發達到中葉以後，始漸漸接受西域和印度等異國趣味的渲染，下啟六朝佛教昌盛的先聲，這可說是我國固有文化第一次開始轉變的一個重要時期。牠的建築和裝飾雕刻，恐怕多少也受同樣影響。不免接觸許多外來的新資料，新題材，和新的表現方法。那末兩漢建築的眞面目，在我們想像中究係一種甚麼形像？其所受外來影響究至若何程度？尤其是我國建築的結構原則和結構所產生的外觀是否發生變化？都是値得我們研究的。

欲答解前項問題，第一須明瞭周秦以來至前漢初期我國固有建築的式樣，再與漢中葉以後建築比較研究，然後始有解決希望。不過我國建築以木植爲主要構材，自漢以來經二千餘年氣候摧殘和歷史上連續不斷的人力破壞，不但漢代木建築渺不可得，就是六朝隋唐的木造物，至今亦未發見。故今日欲澈底解決此問題，在事實上恐怕絕不可能。但退一步言，我們不問外來影響至何程度，姑先蒐集與建築有關係的直接間接遺物，對漢代建築式樣和牠的裝飾，作初步分析，爲將來研究的準備，也許是研究過程中不可缺的一種工作。

所謂直接遺物，就是山東河南遼甯四川諸省的漢墓，墓祠，墓闕，和山東方面幾種漢墓畫像石；及散存各處的漢甎，瓦，石人，石獸，和墓內殘存壁畫等。間接遺物則有銅器，玉器，漆器，與陶製的明器多種。以上各項證物中所表示的建築與裝飾，因適合其本身製作目的，和所用材料性質，致所描繪或鐫刻的式樣，不盡相同。如陶製明器，爲防止製作時彎曲破裂起見，四周多用牆壁包圍起來，很少有獨立凌空的圓柱或八角柱。但在浮雕歷史故事爲目的的畫像石，便於點綴人物計，不論建築物的面闊大小，只有左右兩端二柱，其間很少有柱，和牆壁，槅扇的存在。雖其表現法各有所偏，但我們由此可推測漢代版築，磚砌，及純粹木造建築物的大概情形。所以表現方法愈多，我們取材範圍也就更爲廣汎。

漢代建築式樣，見於畫像石，明器，墓磚，和其他遺物中的，有住宅，廳堂，亭，樓閣，門樓，闕，望樓，捕鳥塔，及墓祠，壙墓，倉，囷，羊舍，猪圈等等。以上各類建築，依其本身性質和需要條件，形成各種不同的外觀；爲叙述便利計，先作總括的介紹，然後再討論各部分特徵。其餘漢人詞賦中所述的宮苑陵寢，因證物缺乏，只能留作將來討論資料，本文恕不涉及。

住宅 住宅式樣唯一的證據，就是漢墓中發現的明器。大多數係單層建築，採用極簡單長方形平面配置圖版壹貳。正面闢門。門的位置或在正中，或偏於左右。門側開方窗與圓洞，或在門上設橫窗一列，飾以菱形窗櫺。左右山牆上設方窗、圓洞和三角形或桃形的窗。屋頂多用懸山式。

此外比較複雜的住宅，有用曲尺形平面者，係連接二棟長方形的建築於一處，其餘二面繞以圍牆，全體平面略成方形。圖版叁(乙)所示屋正面的門窗上部有橫線二道，似表示闌額的地位。其下有類似實拍栱之物，置於牆角與窗門的中間，致窗與門皆成凸字形。屋後諸窗，離地面稍低，排列狹而長的窗洞；每三四洞上下各有橫線一道，聯爲一組，也許是表示直櫺窗的形狀，但不能斷定。

廳堂 日本關野貞支那山東省漢代墳墓表飾內所載兩城山畫像石，有廳堂一座圖版叁(丙)，單簷四阿，柱上載有斗栱，和武梁祠石刻的手法大體相同。牠的平面，據屋頂形狀推測之，似亦係長方形。兩側復有對稱式重簷建築各一座，面闊和高度都比中央廳堂低小，似表示其爲附屬或陪襯的建築。

亭 武梁祠石刻中，有僅容一二人類似亭的單層建築圖版肆(乙)。此外兩城山石刻中，亦有亭下部旁廡用斗栱承托圖版伍(甲)(乙)(丙)，其旁又有欄干和梯，顯然非建於平地上。另有一例，則於亭下用三跳普通栱和碩大無朋的曲栱一層支持亭與梯的重量，曲栱前部挿柱一枚；柱側有人乘舟圖版伍(丁)；殆係表示水側亭榭一類的建築。

樓閣：武梁祠和孝堂山畫像石內，有不少二層建築。圖版肆(甲)所示者，下層用普通木柱斗栱，上層用欄干，人形柱和四阿式屋頂。兩側亦有對稱式重層建築，但上下皆僅一柱，是否即爲閣道，不得而知。其下層之柱比樓柱稍高，在腰簷上設斜梯，與樓上層聯絡，比顏氏樂圃畫像石所刻的水平形梯，結構稍爲簡單。

此外明器中不乏多層樓閣的例圖版陸。各層面闊和高度不一定，較下部縮進或減低，且有上層壁體用斗栱支出，比下層更大的。各層大多數都有平坐，平坐下面或尚有腰簷，用斗栱自下支持，與後代建築的原則無別。其餘斗栱，欄楯，窗，門，瓦飾等，另於下文詳部結構內論之。

門樓：勞福(Laufer)箸述中所引的漢明器圖版柒(甲)係單層門屋，中央設雙合門，兩側立頰的上面，架闌額一層，屋頂則爲懸山式，全體外觀與普通住宅無異。重層的門樓，有倫敦不列顛博物館所藏漢明器殘品圖版柒(乙)，下層中央闢門，門側二柱及門上橫梁，鏤刻極簡單的卷草花紋；其上又有挑梁二處，承載腰簷；惟上層中部殘缺，只有兩側二方窗和一部分屋頂，不能窺其全豹。再次則爲畫像石中所刻的漢函谷關東門圖版柒(丙)，並列兩座式樣相同的木造四層建築於一處。這石在中國繪畫史中，是我們所知道最古的一幅透視畫；在中國建築史中，是我們所知道最忠實最準確的一幅漢代建築圖，實在是最可貴重的史料。樓的下層，中央設雙合門，上施斗栱及簷。二三兩層都是長方形平面，於牆上開方窗，四周有走廊，欄干，和二斗式的斗栱。第四層無廊，祇於牆壁上開窗，上覆四阿式屋頂，和屋脊上漢人慣用的鳳凰。就全體比例言，上層高度和面闊，都比下層低小，足證後代造塔的法則，漢代已經有了。

闕。圖版捌（甲）所示的建築，在左右兩側者，式樣結構和現存山東四川二省的漢墓闕，及嵩山啟母廟闕，大體一致。惟在闕後面中央鐫刻二層建築，點綴人物，不知是墓祠，抑係寺廟，無由決定。此外漢代墓磚上的浮雕，也有具雙觀重樓，類似木構的闕。其一，左右雙觀係單層；中央主要建築，則於門及腰簷上，用懸山和四阿式屋頂各一層（圖版捌（乙））。另一例，雙觀用重層，中央門上，有類似欄楯一類的東西，其上重疊屋簷三層，體制較崇（圖版捌（乙））。我們由此簡單浮雕，可推想漢宮殿陵寢和丞相府所用的闕，在原則上，與明清二代午門，並無極大的差別。

望樓。英國優摩忽披拉斯（G. Eumorphopoulus）藏陶錄內所收的漢明器望樓，係上下三層（圖版玖（乙））下層與中層之間，有斗栱平坐。中層壁體，比下層特別縮進。至上層，又用斗栱挑出，覆以四阿式屋頂。其全體比例和外觀，與前述樓閣式建築稍異；英國霍浦生（R. L. Hobson）名為望樓，似尚無不妥。

捕鳥塔：霍浦生支那陶磁器第一册內所收的捕鳥塔圖版捌(丙)，下部結構很像木構的架子，其上二層皆方形平面，各有平坐。各層平坐與壁體屋簷等，都是上層比下層縮進少許；其上用四角攢尖的屋頂，和類似刹柱形的裝飾。圖版玖(甲)所示，也是類似的樓閣，而各層構架和門窗的木料，尤其表現得清晰。上兩層檐下的角梁(？)式斗栱，與圖版陸(乙)兩山所出的螭首，顯然是同一母題而異其用途的。晉魏以後木塔，如雲岡石刻及日本飛鳥時代遺物所見，無疑地是這種多層建築物的變身，所異者祇在塔刹的象徵而已。

墓祠：文獻上許多漢代墓祠石室，現在只有山東肥城縣孝堂山郭巨墓祠一處，巍然存在，為現在我們所知道的漢代實際建築唯一的例圖版玖(丙)。據日本關野貞調查，祠僅一間，平面約為五與三的比例。正面中央有八角形石柱，分正面入口為二，乃後來不易多覯的結構法。除此以外，漢墓磚上浮刻的闕，二三兩層中央有柱圖版捌(乙)；明器中也有正面中央施斗栱，和此性質相同的例圖版陸(丙)；可知當時建築比較自由，不像後世用三間五間……一定不變的法則。此柱兩側，復各有八角柱一，惟無櫨斗和礎石。屋頂係懸山式，正脊向上微微反曲，脊的兩端比排山外皮挑出少許，各置瓦當一枚，除線條外並無別種裝飾。其餘排山瓦飾簷椽連簷等另詳下文。

墳墓：兩漢帝后陵墓，現在未經科學的發掘，眞狀莫明。其餘各處發見的小墓，為數雖多，但以全國言，仍係一鱗半爪，決非今日所能妄加論斷。現在知道的簡單壙墓，僅用木槨或累砌天然鵝卵石爲外牆。再次則有規模稍大用磚石構成的羨道和墓室。羨道大都南向。壙室的配列方法極不規則；其數目亦多寡不一。室的平面或爲長方形，或近於方形，或外側再加套室一層若走廊形狀。室的上部普通用磚砌成拋物線形的穹窿，也有偶然覆以水平形石板。現在略舉數例，以窺大凡（圖版拾），詳細的陳述則非本文所能容納。

倉• 日本濱田耕作所箸支那古明器泥象圖說內，有漢明器倉屋（圖版拾壹（甲））分上下二層。下層設方窗，外側有梯直達上層。上層有通氣孔一處，窗二處。其上爲懸山式屋頂。除此以外，最可寶重的要算山東省立圖書館所藏壽州出土漢明器，平面分爲五間，每間有門，門外上下有通長的連楹，兩側又有類似宋式伏兎的東西，開小洞，備裝門栓之用。其上爲四阿式屋頂，和類似老虎窗(dormer window)的氣樓二處，足窺當時倉屋建築的大概情形（圖版拾壹（乙））。

囷• 明器內圓囷的例，大都外觀相同，惟屋頂瓦隴的分布有二種。（甲）濱田氏前書所載的放射式瓦隴，爲數最多。（乙）南山裡明器用十字交叉的脊，劃屋頂爲四等分，每等分用筒瓦三隴，略成平行狀態，與脊相交（圖版拾壹（丙））。

羊舍• 波士頓美術館所藏漢明器羊舍（圖版拾貳（甲）），係聯接二座高低不同的硬山建築爲一列，有梯自側面繞至較高建築的上部，其餘三面繚以矮牆，畜羊於內。又濱田氏書中，有略近圓形的羊舍結構比較簡單。

猪圈　猪圈有方圓二種，俱見濱田氏前書內。方形者四面具圍牆，規模比較宏大圖版拾貳(乙)。其一隅設斜坡便昇降。自坡左右分趨各有厠所設於兩隅，其下爲飼猪場。此法在北方尙可隨處發見。

以上就國內外已知證物，依其性質作極簡單的分類介紹。再次，分析漢代建築的細部結構，討論其特徵如左。

屋頂

屋頂式樣有四阿，懸山，硬山，歇山和四角攢尖五種。除歇山外幾乎現在我們所用的幾種普通屋頂，漢代都已經有了。五種中間在漢代各種畫像石石闕及明器中所看到的大部分屬於四阿和懸山兩種；僅明器中有四角攢尖項圖版捌(丙)及波士頓美術館所藏漢明器爲硬山項圖版拾貳(甲)。此外最特別的就是歇山項的結構係於四阿式的上面再加懸山項一個。二者之間成梯級形狀，致懸山項的滴水直接落於四阿項的前後簷圖版拾貳(丙)。此種式樣，到後來仍然存在，如日本法隆寺玉虫厨子，和山西霍縣東福昌寺的大殿圖版拾叁(甲)都是如此。後者似係元代遺物，雖時期較晚，但在平面上上部懸山頂屬於大殿本身，下部一面坡頂則屬於殿周圍的走廊，可爲歇山式屋頂由於懸山與四阿屋頂拙合而成的絕好證物。又漢代屋頂成梯級形的並不限於歇山，就是四阿式中也偶然發見圖版拾貳(丙)，可算是一件很奇異的現象。

多層建築在前述樓閣門闕中已經有過兩層至四層的例。各層屋頂或全用懸山，或全用四阿，也有併用兩種於一處的圖版捌(乙)。我們由此可想像漢宮中各種殿臺樓閣中，必有不少複雜而富於變化的重簷建築物。

在畫像石和明器中看到的屋頂雖然大多數都是簷端正面成一直線，但其中亦不乏屋角反翹的表示。葉遐庵先生所藏漢明器樓閣，其上層屋簷有極顯著的裹角法圖版陸(丙)。其斗栱形狀和其他漢代遺物大體一致；並且壁面上所繪飛仙人物一部份與武梁祠畫像石類似，恐怕是漢末的作品。此外明器多層樓閣中有兩個例，圖版捌(丙)圖版玖(甲)都是屋檐向四角上有極顯著的生起。又少數石闕屋頂，亦具有極輕微的彎曲度；如嵩山太室石闕的連簷下皮雖仍是水平直線，但瓦當和滴水在最末一隴微微提起，致瓦隴上皮的外輪線稍呈反翹狀態圖版拾叁(乙)。此種表現法，就是最近發現的定興縣北齊石柱亦復如此，也許是模倣木造建築的裹角，而因材料製作不便成此形狀。我們根據以上諸例，雖不能馬上斷定裹角法已普及於兩漢版圖之內，但很懷疑此種結構或者和下述富於地方色彩的蜀柱一樣，在當時係某一區域的特有式樣，然後慢慢波及全國，所以在同一時期內的遺物，不是每件都能一致。至於裹角法的策源地，現在尙屬不明。據德國柏爾士滿（E. Boerschmann）教授的主張，此法傳播經過，係自南而北，我們雖承認牠極有傾聽理由，但事實上的證明，恐怕現在爲期尙早。

屋頂的切斷面，都有很深的出簷。其坡度，據石闕與明器所示的，都很平坦，似乎比考工記「瓦屋三分」的坡度更小。畫像石所刻的屋頂高低，雖不一律，然除少數例外（圖版捌（甲））亦以比較平坦者居多。

至於屋頂的反宇結構，始於何時，和牠的發展經過，現在尙屬不明，不過據最近旅順南山裡漢墓內發現的明器多種（圖版壹（乙）（丙））已經證明漢班固西都賦中描寫的「上反宇以蓋載，激日景而納光」，完全屬於事實。

近歲遼寧省發掘的漢墓內，有不少明器，具有略似捲棚式的屋頂，和現在北方農村建築物中，屋背略拱，上抹蔴刀灰的，大概相同，也是値得注意的。這類農舍式明器，規模都很狹小，恐怕是當時最簡單建築的縮影。其中大多數都於圓形屋背上面再加正脊一條（圖版壹（丙）貳（乙）（丙））；但也有坡度較低，完全沒有正脊的例（圖版叁（甲））。此種屋頂的發生時期，最晚亦在漢代，由此得以證實。

文獻上所載宮殿前部天子臨軒的「軒」，實際上作何形狀，現在全屬不明。惟兩城山畫像石中有於簷下再施短簷一層，如雨搭形狀圖版伍(丙)是否卽爲簡單化的『軒』無法斷定。

簷端結構據實例所示只有圓形椽子一層並無後代所謂飛簷椽。不過說文有『桷，方椽也』的紀載似當時圓椽以外必尙有一種方形椽子。椽的排列亦有二種；(甲)最普通的與上部瓦隴方向平行；(乙)雅州高頤闕的椽子至翼角成斜列狀。椽的空當在石闕頂上看到的，都很疎朗至少在椽徑兩倍以上。最奇怪的椽的前端，在孝堂山石室好像已有卷殺的表示圖版玖(丙)。

牠的裝飾，在文獻上本有『璧璫』和『龍首銜鈴』一類的紀載；據關野貞與村田治郞二人著述朝鮮樂浪時代，有瓦製椽頭裝飾數種或者璧璫一類的東西，在漢代實有其事，並非絕不可能。此外孝堂山石室承受簷椽的小連簷兩端琢有曲線圖版玖(丙)很像宋式三瓣頭的前身也是一樁可注意的事。

正脊形狀，要算水平直線的居大多數。向上反曲的只有孝堂山石室，嵩山太室石闕，和南山裡發掘的漢明器數種圖版壹(乙)，玖(丙)，拾叁(乙)。脊的表面，飾以線條和花紋圖版叁(丙)肆(甲)，玖(丙)。脊上則用鳳凰和猿人圖版拾肆(甲)；與山字形博山爐及其他裝飾圖版陸(乙)拾貳(丙)。

正脊兩端形狀，見於畫像石和石闕中者圖版拾肆(乙)種類頗多，但無六朝以後的鴟尾，唯明器中有髣髴相像的例；如南山裡明器中脊的兩端，在側面累疊瓦當三枚，成品字形，致其正面向上彎曲，和北魏雲岡石窟的鴟尾，頗相類似圖版壹(甲)(丙)貳(丙)。此種重疊瓦當的辦法，又見於嵩山太室石闕圖版拾叄(丙)，顯然是當時通行結構法的一種。不過鴟尾是否創於漢代，歷來贊否不一，其說現在我們根據南山裡諸例，對於反對說中最有力的北史宇文愷傳『自晉以前，未有鴟尾』，雖尚未獲得完全否認牠的確證，但最少限度，我們可以說漢代已經有北魏和唐代鴟尾的雛形了。

四阿式屋頂的垂脊式樣，在山東兩城山畫像石中，其前端作尖形，伸出屋簷外甚長圖版伍。明器中則多用筒瓦；以其前端的瓦當向上微仰，成二疊或三疊形狀圖版陸(甲)(乙)。如果後者所示與實狀符合，足證後世垂脊和戧脊的結構原則，早已發生於漢代。高頤石闕的垂脊，一部分也是用筒瓦，一部則爲矩形切斷面，其上覆以薄板；又於垂脊前部，用類似鴟尾的裝飾（圖版拾貳丙）；都是討論漢代脊飾絕好的證據。

漢代遺物中，有不少懸山頂的兩端，具排山結構，也是討論漢代建築最有興趣的問題。排山勾滴的配列法，據現在知道的有二種。（甲）一部分明器和孝堂山石室，都和山面成九十度正角，惟最下一隴列角勾頭，成四十五度圖版陸(乙)玖(丙)，和清式山牆上的墀頭結構，幾乎一致。（乙）南山裡明器的排山勾滴，成斜列狀圖版壹(甲)貳(乙)。

在多層建築中，各層屋頂都有博脊和合角吻圖版肆(甲)，柒(丙)，當然是隨事實要求而產生的結構法。如果考工記『殷人重屋』的紀載不謬，牠的發生時期，或者尚在漢代以前？

漢代的瓦，有筒瓦和版瓦兩種。石闕所示，都是二者併用，和後代方法相同。但武梁祠畫像石中，在各行版瓦的中間，刻直線三條，圖版肆(甲)很像現在北方通行的『仰瓦灰梗』用版瓦仰置，中間抹灰一條。瓦當形狀，有圓形和半圓形的區別。後者數量較少，疑係周代舊法，到秦漢以後慢慢歸於淘汰。當時瓦上無釉，據何叙甫先生所藏漢瓦當，牠的着色方法，下面塗石灰一層爲地，其上再塗朱，和近歲發掘燕故都的瓦當一致，可知仍是周代遺法。瓦當上花紋，不外文字，和動物植物三種。圖版肆(乙)貳拾叁，當於裝飾一項內再加討論。勾滴形狀，見於石闕等處的圖版拾叁(乙)拾陸(乙)，只將版瓦微微伸出連簷外面，並非下緣突出，所以漢代是否有後世同樣的勾滴，尚屬疑問。

料栱

秦以前是否已有料栱，因實物缺乏，無法證明。及至漢代，文獻和實例，都能證實木造建築已確有此種結構法。不過畫像石所刻的形體，過於簡單，據爲推測資料，尚嫌不够，幸尚有少數石闕和明器上的料栱，可以互相比較研究，也許由此略能知道漢代料栱結構的一點梗概。

漢代各種遺物中所表示的料栱式樣，大別之可分爲二類。一類同我們後來看到的普通栱同型。一類栱形彎曲，也可以稱作「曲栱」。後者內除山東兩城山石刻圖版伍(丙)(丁)，略能暗示古代利用天然彎曲木材來做曲栱外，其餘四川諸闕所刻的複雜形體，都是一種裝飾作用，在木建築的結構上，絕無實現的可能性，故以下只討論第一類栱的結構。

漢代普通型斗栱和建築物其他部分的聯絡關係，在陶製明器中每自牆壁出華栱或斜撐，或挑梁，承托櫨斗，其上施栱，受平坐和屋簷圖版陸(甲)(乙)捌(丙)玖(乙)拾伍。在畫像石所示的木造建築，則櫨斗直接置於柱圖版柒(丙)捌(甲)，或闌額圖版伍上面，與後世無別。此外四川石闕上所刻的斗栱，在櫨斗下面另用短柱一枚，支於枋上圖版拾伍。除高頤馮煥沈府君諸闕外，漢代別種遺物中現在尙未看見同樣的例，似乎此法帶有地方色彩，當時尙未十分普及。後世斗栱下面用蜀柱的制度，顧名思義，蜀是四川的別稱，也許就是受前述短柱的影響，殊未可知。

櫨斗的比例，如果畫像石和孝堂山石室所表現的有相當權衡圖版玖(丙)拾陸(乙)，斗的長度不用說，就是斗底也大於柱徑；當時斗栱的雄大，不難想像。櫨斗的欹很高，牠的曲線凹入甚深，可是我們現在所知道的證物中，尙未發現皿板。

櫨斗上的栱有三種。最普通的，栱上只有兩個散斗，不但馮煥闕如是圖版拾伍，就是畫像石和明器中都有不少的例圖版伍(甲)，柒(丙)，捌(丙)。也有重複的結構，於二散斗的上面，再各加一栱，栱上仍只用散斗兩個圖版柒(丙)。此種二斗式的栱數量較多，好像是當時最通行的方法。雖說到後來歸於淘汰，但日本法隆寺玉虫廚子的雲形栱也是二斗式圖版拾伍，或者六朝時朝鮮日本尚保留一部分漢代遺法。其次則如高頤石闕和一部分明器的斗栱，在二散斗中間加一小長方塊，很像自內部挑出來的螞蚱頭圖版陸(甲)(乙)拾伍。我們若將高頤和沈府君二闕的斗栱比較研究圖版拾伍，也許這長方塊就是一斗三升的濫觴。再次則爲一斗三升斗栱圖版捌(甲)，牠的發生時期恐怕要比前二種稍晚一點。

漢代栱的形狀，有栱身很高，下緣線和上緣線都用很強靱彎曲的平行線，表示其爲原始型利用天然曲木的形狀圖版陸(乙)拾伍。有的用近於四十五度的直線斜殺(bevel)似乎就是後世三瓣至五瓣卷殺的前身圖版拾伍。有的用海棠曲線，好像兩個 ovolo 連接一處圖版拾伍。也有栱的上緣比下緣短圖版陸(甲)，致栱兩端的下部向外臌出，略如日本法隆寺金堂斗栱。足窺當時栱的式樣十分自由，尚無後世比較劃一的現象。

在各種明器中，可以看出斗栱上面用替木的方法，也是一樁很有趣的事圖版陸(甲)(乙)。替木的位置和後世一樣，施於散斗之上，和平坐屋簷之下，純係一種聯絡構材。牠的長度當然比栱身稍長。兩端的卷殺，有斜殺和近乎圓形兩種。

兩城山畫像石所示木造建築的斗栱配列，除柱頭鋪作外，又有補間鋪作一朵或兩朵圖版伍(乙)。如果牠所刻的和事實一致，則漢代斗栱不僅只有柱頭鋪作一種，不能不算爲斗栱發達史中一件重要證物。但此例以外，尙未發見同樣證據，我們雖不說『孤證不足信』，但不能不保留最後的判斷，靜待旁證出現。

以上係就普通型斗栱的正面而言，至於側面的結構，明器和石闕所示的都只一跳，唯兩城山畫像石中有四跳斗栱圖版伍(丁)。除下層曲栱外，上面三層都和唐宋以來正規華栱一樣，併且華栱還是偸心造，眞是極可寶貴的證據。從前我們想像文獻中所載漢代許多偉大建築物，如果沒有三跳以上的華栱，恐怕不容易支持出簷重量，現在依前述的兩城山石刻，可以證明此種幻想和事實不致相差太遠。

轉角鋪作的結構，據穆勒(H. Moeller)所繪漢明器望樓圖版拾伍，和優摩忽拔拉斯藏陶錄的望樓圖版玖(乙)都於平坐下正側二面近轉角處各出挑梁，上施一斗三升斗栱，並無角栱，也許就是沒有轉角鋪作以前的結構法。其次圖版陸(丙)和穆勒氏書中的望樓上層圖版拾伍，在牆角處挑出一部分壁體，其上置橫板，與正側二面牆身都成四十五度角。板的兩端各施栱二層，承受上層壁體或屋頂下的橫枋。比此更簡單的，則有霍浦生所述捕鳥塔圖版捌(丙)也自牆角出四十五度的栱，承托平坐。以上三例的結構法，都是大同小異，或者此種辦法就是漢代轉角鋪作的一種，亦未可知。此外趙氏石闕所示的 圖版拾伍，雖非眞實建築物但已暗示角斗下面用正側二栱承托的方法，足供參考。

柱及礎石

在畫像石中看到的柱，很難判斷牠的斷面是圓形或方形，惟漢代墓磚中有圓形和八角柱二種，表面都鏤刻人物和其他花紋 圖版拾陸(甲)。實際建築物的柱則有孝堂山郭巨祠的八角石柱圖版拾陸(乙) 牠的比例十分粗巨；據關野貞著述，柱的高度只有二尺八寸餘，直徑倒有九寸；柱徑和高約爲一與三·一四的比例。柱身上下直徑大體相同，並無收分和卷殺。柱的東面，尙殘留一部分浮雕，足證三輔黃圖『雕楹』之說，不是虛妄。此外武梁祠畫像石所刻的各種不同姿勢的人形柱圖版肆(甲)，有些過於滑稽怪異，當時恐怕未必實有其例，就是後代石刻上也難找到同樣的證物。

柱礎形狀，武梁祠畫像石內有三種 圖版拾陸(丙)。其中二種礎石向上凸起，挿入柱的下部，雖說略能聯絡柱與礎石，然實在得不償失。因柱上重量如果超過柱斷面所能擔任的範圍，或上面重量是偏心加重，則柱下部一定破裂發生危險，所以此式到後來漸漸歸於淘汰。除此以外，孝堂山和漢墓磚的柱礎圖版拾陸（甲）（乙）完全是一個倒置的櫨斗，置於柱下，髣髴與明清二代的柱頂石相類，不過牠的欹很高，不像鼓鏡，並且欹以下還有一部分方座露出地面上。

門窗與發券

漢代的門，要算圖版陸（丙）所示的函谷關東門一圖最爲重要。門的位置，在四層建築的下層中央，具有左右二扉。扉各有鋪首和門環，但無門釘。門的兩側，又有腰枋一層和餘塞板，足徵明清宮殿壇廟的門制，大體已成立於漢代。鋪首式樣，在英倫博物館所藏漢明器中亦有同樣的刻畫圖版拾柒，其他漢銅器漆器中，實例更多。如果我們將秦以前的饕餮紋，和以上諸例，比例研究，則漢代鋪首，仍未脫饕餮紋的窠臼，很爲明顯。

建築物外部的門，據明器所示，門上有極簡單的雨搭圖版壹（丙）貳（丙）；或於門楣上面，再出挑梁，承托短簷結構比較複雜一點圖版柒(乙)。 門的形狀，普通都是上下同一寬度，不過漢墓中有略似馬蹄鐵形狀圖版拾捌(丁)和上狹下闊，如希臘 Erechtheion 的門很為奇怪圖版拾捌(丙)。門上的結構，雖說橫梁式 (lintel system) 占大多數但其時已有發羨方法；如樂浪南山裡諸漢墓的羨門 圖版拾捌(甲)，及波士頓美術館所藏漢明器羊舍 圖版拾貳(甲)都用半圓形發券。 牠的結構法有單券雙券和兩券一伏 圖版拾捌(甲)(乙) 數種，足證清代慣用的券伏重疊方法早已見於漢代。 並且南山裡羨門上所用的磚係上大下小，專為發券而製造的楔形磚，令人驚異當時技術的進步。 除此以外，營城子漢墓和刁家屯五室墓內，又有弧狀發券 (segmental arch) 圖版拾(乙)，拾捌(丙)， 尤以前者形狀近乎平券 (flat arch)，足證其時發券種類之多。

窗的形狀，以長方形為最多；也有方形，三角形和圓形，桃形的小窗。 窗櫺種類，最普通的要算斜方格；次為十字交义形 圖版壹(丙)。 類似直櫺窗的雖有一例，但不能斷定 圖版叁(乙)。 窗櫺的裝置，明器中有些裝在牆壁外側 圖版陸(甲)(乙)，是否和實際情形符合，現在無法證明。

平坐及欄干

畫像石和明器中的樓閣，差不多各層都有欄干。其中半數，欄干設於平坐的上面圖版陸柒，（丙），捌（丙）玖（乙）惟平坐下，或直接與腰簷銜接，或另用斗栱承托，極不一律。在大體上後世平坐結構的原則，漢代已經有了。

欄干式樣，最普通的尋杖下面，在各蜀柱中間，再施橫木一條或二條圖版陸（甲），捌（甲）（丙），玖（乙）。其交接點往往加以圓形裝飾，類似巨釘。兩城山畫像石所示的圖版伍（丁），橫線數目過多，恐怕是板的表示。此外也有用套環形圖版陸（乙）和鳥類圖版陸（丙）及其他裝飾花紋圖版肆（甲）。其中和北魏以來的勾欄比較接近的，當推畫像石內的函谷關東門與兩城山石刻二例圖版伍（甲）柒（丙），都在尋杖下用短柱，其下盆脣和地栿的中間，復用蜀柱和橫木，甚類雲岡石窟中的科子蜀柱勾欄。所不同的，只是上下二層柱的位置，未能一致。也許後世的勾欄，就是由牠改進而成。

臺基

中國建築因屋頂過大，全靠下部的臺基來作襯托，故臺基功用，和屋頂一樣重要。古籍上所載堯堂高三尺，周天子之堂高九尺，雖不可考，然周末燕故都的臺基，現在尚留存多處，偉大非凡，足證周末以降，築臺的風氣盛極一時。漢未央宮前殿臺基（圖版拾玖），據說是截切龍首山而成，現存殘址最高處約高十四公尺，證以張衡西京賦『重軒三階』，此崇峻的臺基當時或分上中下三層，也是事所應有。牠的面闊約百公尺，進深約十公尺，雖比紀載上東西五十丈（約合一百一十五公尺）南北十五丈（約合三十三公尺半）略小；但千餘年風雨剝蝕，和人力破壞的結果，尚能保留上述尺寸，則其最初規模，異常宏大，可以想見。

小規模建築的階基，當以兩城山畫像石（圖版叁（丙））所刻的最爲明瞭。其結構先於地面上，立間柱。柱與柱之間，有水平橫線數條，也許是表示磚縫的意義。其上加階條石，表面上刻有花紋。此種辦法，與日本法隆寺諸建築對照，在原則上可云完全一致。所差的，祇間柱下面無地栿，和柱與柱之間，用石板二事而已。此外孝堂山石室也有簡單階基，具見前圖，不再及。

牆壁穹窿

漢代牆壁結構，現在可據爲參考的只有樂浪和南山裡等處漢墓中的磚牆。 普通砌法，用一層 stretching course 的橫磚，和一層直磚交互疊砌。 也有用二層或三層橫磚，與一層直磚合砌，橫磚中最少必有一層用 heading course 比前法稍爲複雜圖版拾捌。 墓室上的圓頂切斷面近於抛物線形；或僅用橫磚，或用橫磚和直磚合砌，都是內側稍高逐漸向內挑出，其性質介乎 cobelling 和發券二者之間圖版拾捌。 至頂覆以水平層之磚，或以方磚斜嵌於頂穴內。

漢代的磚，有普通磚，發券磚，地磚，和墳墓內的空心磚數種。 發券磚見前。 普通磚修砌牆壁時，用石灰與否，殊不一律；除此以外，亦可以之鋪地。 專門用於鋪地的磚，大抵都是方形。 空心磚，也有製爲柱梁各種形狀，大概爲防止墓內潮濕和燒造時火力易於熟透的緣故而特製的，故取空心的方法。

文獻上所載牆面上的壁帶列錢等現在尙屬不明。 不過前述各種磚的表面，有不少的例，都浮刻人物，禽獸，建築物，及文字銘刻，和各種幾何形花紋，可見漢代的磚，不僅是一種主要結構材料，並且還具有裝飾的使命。 牆上壁畫，如刁家屯和牧城驛諸漢墓，不問其爲普通磚或浮雕磚，都先塗石灰一層，其上再施彩畫。

裝飾雕刻

漢石闕和畫像石內所表現的建築裝飾實在有限但裝飾題材，見於其他美術工藝品者甚爲廣汎，苟能綜合研究，亦能略窺漢代建築裝飾的一般。

最近二十年來日人在朝鮮發掘漢樂浪郡的遺蹟和遼寧省南山裡營城子牧城驛熊岳城等處的漢墓，對於漢代建築裝飾獲得不少證據。就中樂浪郡爲前漢武帝時平定朝鮮後所置四郡之一，其郡治遺址在今平壤大同江左岸，附近有不少漢墓。據發掘出土的古物年代銘記，包括前漢昭帝始元二年（公元前八五年），至後漢明帝永平十二年（公元六九年），不獨可供建築裝飾的參考，並可窺漢中葉文化的大概情形。遺物中最可寶貴的當推漆器上描繪的花紋，很細密纖麗，並且生動流暢，足證當時繪畫技術的精進。花紋中有不少雲氣紋，藻紋和龍鳳，人物等；據西京雜記載董賢宅『柱壁皆畫雲氣花卉』及昭陽殿『椽桷皆刻作龍蛇縈繞其間』則當時建築物柱壁椽桷上所施的彩畫和雕刻，與漆器上描繪的花紋，實具有密切關係。又前舉各種鋪首，版拾柒在石刻與明器上見到的，完全和銅器上的鋪首一致。我們由此知道漢代美術工藝品所表現的文樣，縱非全部，必有一部分與當時建築裝飾相同。以下就現在知道的材料，分為自然物文樣和人事文樣二類。

（甲）自然物文樣　漢代自然物文樣中有雲氣紋，雲龍紋，藻紋，和動物文樣中的龍，鳳，虎，朱雀，玄武等。雲龍文樣，如武梁祠畫像石所刻的圖版貳拾，氣魄雄偉，強勁有力，為漢代藝術中極可珍貴的作品。樂浪出土漢漆器的雲氣紋和藻紋，則以畫法纖麗與線條活躍見勝圖版貳拾壹（甲）（乙）但也有構圖描線近乎圖案化的，圖版貳拾壹（丙）（丁）。又大同江出土的金錯筒圖版貳拾貳，表面滿刻人物禽獸和龍鳳之屬，奔馳飛躍，都很自然，其間更點綴山岳雲氣，互相綜錯，成一幅很繁密的神秘畫圖。

漢代自然物文樣中屬於動物一類的，以四神和龍鳳最為普通。除見於石刻圖版拾叁（丙），明器圖版陸（乙）瓦當圖版貳拾叁，地磚，墓磚圖版貳拾肆，和漆器等外圖版貳拾伍（甲）（乙），樂浪古墓的玄宮內亦有四神壁畫，都是描線生動，如西京雜記所云「鱗甲分明，見者莫不兢慄。」此外畫像石和瓦當上的各種動物，種類甚多，大都構圖比較簡單而生動的特徵，仍然如一。

漢代自然物文樣中，尚有一特點，就是植物類文樣已逐漸發達，除前述藻紋外，尚有蓮華，葡萄，卷草，蕨紋，和樹木等等。蓮華用於藻井，即王延壽魯靈光殿賦所稱的「圓淵方井，倒植蓮蕖」

現在雖無實例證明，但可以南北朝石窟內的藻井雕刻推之，相去當不很遠。葡萄紋多見於銅鏡。卷草紋完全和希臘 acanthus scroll 相同的，尚未發現，尤以石刻中所示者，不能算爲卷草圖版貳拾陸(甲)，但白懷德 (W.C. white) 在洛陽發掘的周末韓君墓其中已有類似卷草的紋樣；樂浪出土漆器中則更有比較接近的例圖版貳拾陸(甲)。此二種花紋，在漢以前都未發見過，其中葡萄一項，自西域輸入見諸紀載，可說完全受西方的影響。蕨紋亦見於韓君墓出土的銅器，在漢代則多用於瓦當圖版貳拾陸(丙)到後來變體甚多，幾乎成爲一種圖案式的花紋圖版拾肆。至於瓦當和石刻中所表現的少數樹木構圖都很古拙，不能與生動活潑的人物比較，可見當時運用此類題材，尚未達到圓熟的程度。

(乙)人事文樣　漢代人事文樣中，屬於文字一類的，大多數用於磚瓦銘刻圖版拾肆。在周代遺物中，很少看見此種辦法，似係踏襲秦代遺習。關於歷史傳說風習一類的雕刻，在當時可稱盛極一時；現在留存的武梁祠孝堂山兩城山畫像石，無不屬於此類。就中以武梁祠所刻最爲豐富精美，首屈一指。其題材內容自歷史事蹟，下至神仙列女孝子刺客戰爭燕飲舞樂庖廚狩獵農耕等，應有盡有，而人物描刻能以簡勁生動，飽滿見長，處處表出活躍情狀，不愧爲漢代藝術的代表作品圖版貳拾。

人事文樣內尤足注意者，就是秦以前盛行的雷文，到漢代漸漸歸於淘汰，而代以各種簡單綫條所組織的幾何花紋圖版貳拾柒。此項花紋種類甚多且互相參合變化愈演愈繁不能一一列舉。現在姑就原則上分爲鋸齒紋波紋菱紋……等十餘種。山紋多見於銅器其用於建築方面的往往不加琢飾成一種簡單鋸齒紋。波紋見於武梁祠石刻但因材料製作不便遠不及漆器上所繪的流暢美麗。菱紋折帶紋箭狀紋連錢紋S紋等多用於墓磚亦偶見於石闕其中S紋已見於周末韓君墓。繩紋見於武氏闕。連珠紋見於馮煥闕。套環紋見於明器。垂幛紋見於嵩山太室闕。雷紋偶用於墓磚但其施於銅器上者頗富變化且有類似雲文形狀的。

漢代裝飾中除前述二類文樣外尚留存少數立體雕刻如霍去病石馬和南陽宗資墓的天祿辟邪石獸嵩山太室及曲阜魯王墓的石人四川高頤墓和山東武梁祠的石獅等製作都很古樸圖版貳拾捌。最好的例無如高頤墓石獅昂首挺胸後部微微聳起完全是一種力的表示。現存南京附近六朝諸墓的石獸均係由此所蛻化。

綜合以上各點我們對於漢代建築的眞面目雖不能作澈底的認識但多少也可得到一種約略的印象在此種印象中去尋求漢代建築所受外來的影響當然不能作具體的結論但也可以提出數種論點供大家研究。

（一）漢代遺物所示的屋頂，瓦飾，斗栱，柱，梁，門窗，發券，欄干，臺階，磚牆，和高層建築的比例，在原則上一部分與唐宋以來至明清的建築倂無極大的差別；並且一部分顯然表示其爲後代建築由此改進的祖先。 故自漢至清，在結構和外觀上似乎一貫相承，倂未因外來影響發生很大的變化。

（二）在裝飾文樣方面，漢以前慣用的雷紋已漸歸於淘汰，而代以各種簡單線條組成的幾何形文樣，但尋不出甚深的外來色彩。 植物文樣漢時似已萌芽，是否完全受外來影響，未敢斷言，但葡萄紋無疑的非我國裝飾上所固有。

（三）發券和穹窿二種結構，是否受西方影響，現在尙屬不明。

（四）在後世中國建築中佔有極重要位置的佛塔，尤其是晉魏南北朝的四角木塔，其肇源於漢代「捕鳥塔」一類的多層建築，是無可疑的。

以上僅就筆者所知有限的資料作初步嘗試的推測，挂一漏萬，自知難免，甚望讀者賜予指正，俾獲得補充和修改的機會。

定興縣北齊石柱目錄

一　地點

二　略史

石柱之起原及建立經過　建立年代　柱上銘刻　建立後史料

三　石柱式樣之檢討

四　詳部結構

蓮座　柱及盖版　石屋

五　柱之保存意見

附錄

標異鄉義慈惠石柱頌　石柱功德題名　石屋晷筆功德題名　沙丘寺碑

定興縣志金石志　沈曾植跋

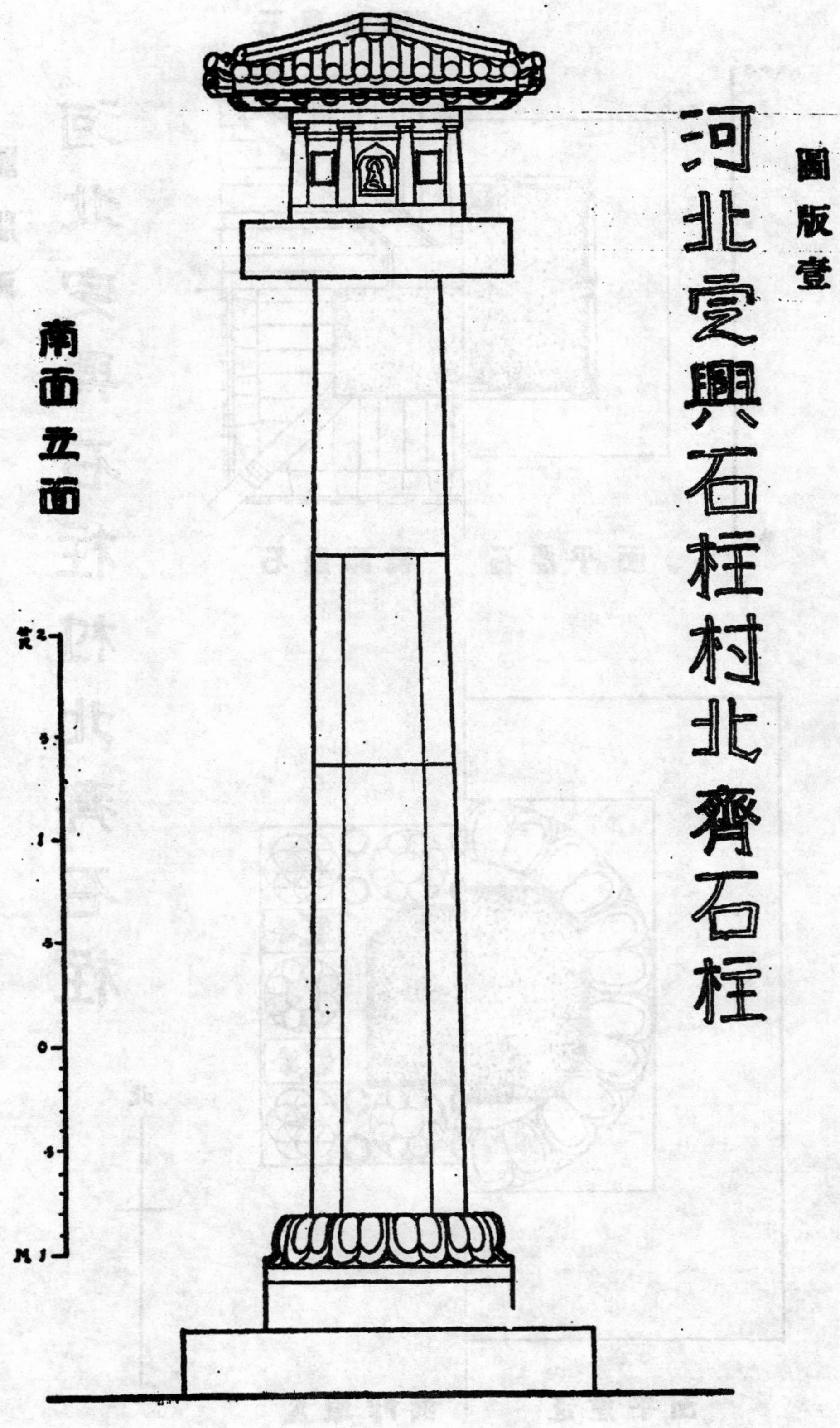

圖版壹

河北定興石柱村北齊石柱

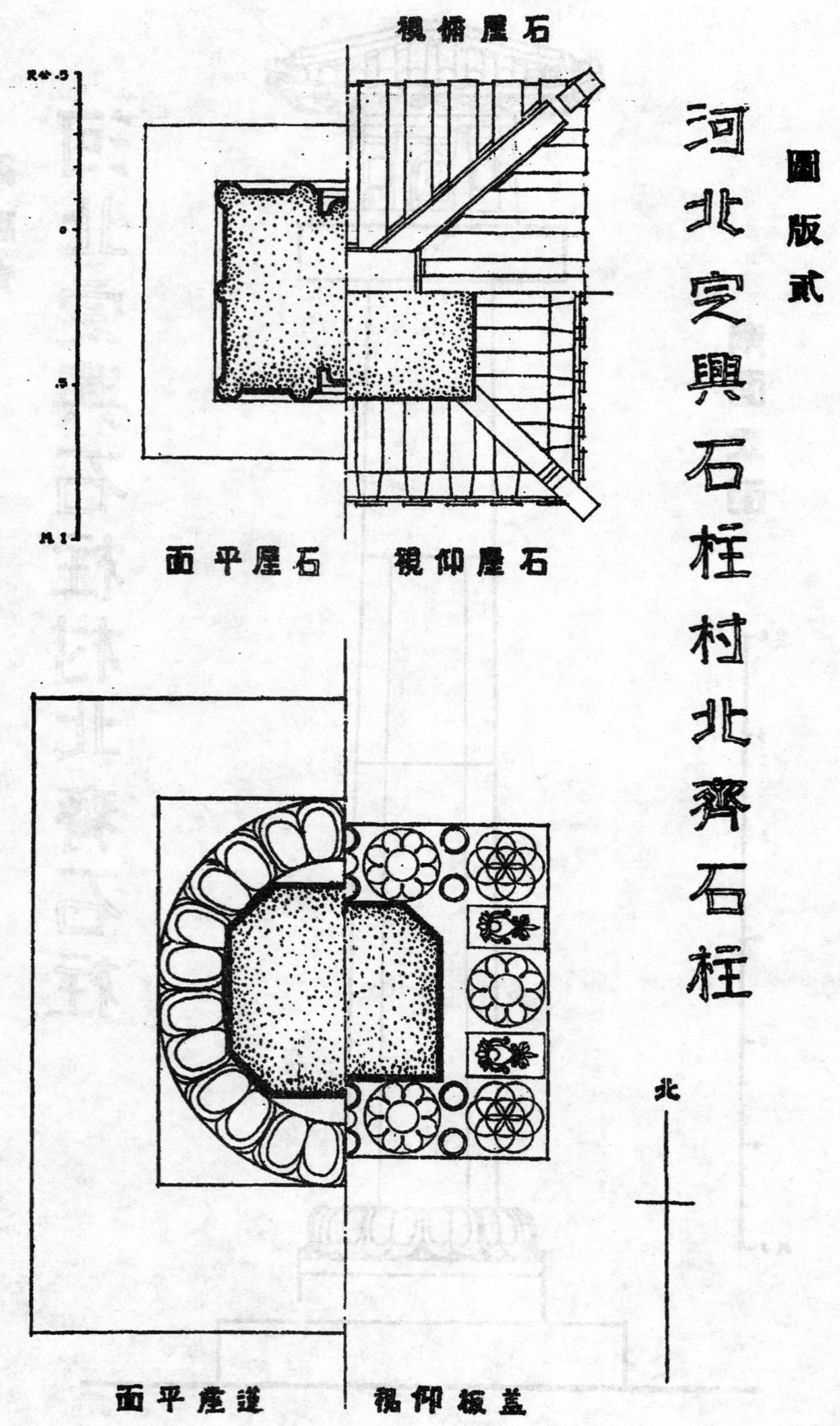

34808

圖版叁

河北定興石柱村北齊石柱

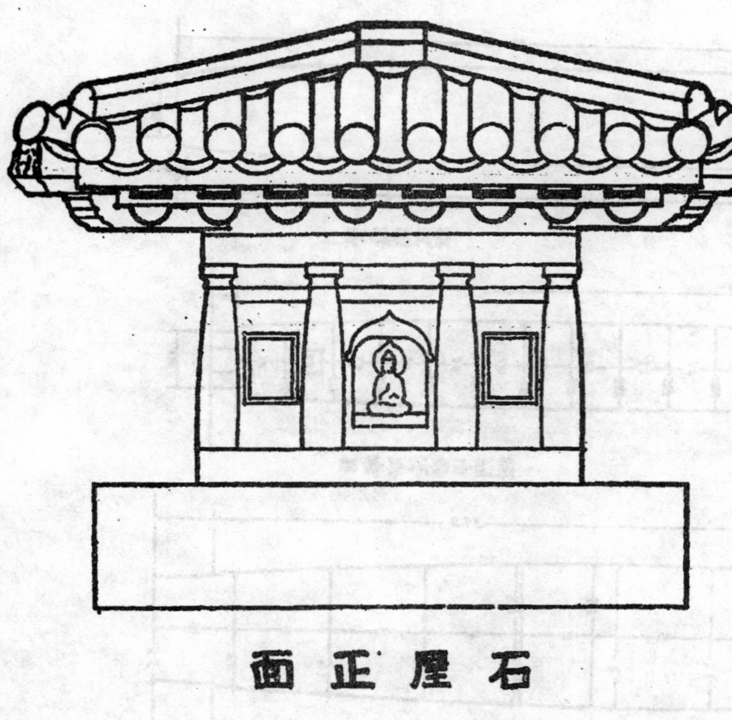

石屋正面

石屋側面

公尺 .5　0　.5　1 Metre

34809

圖版肆

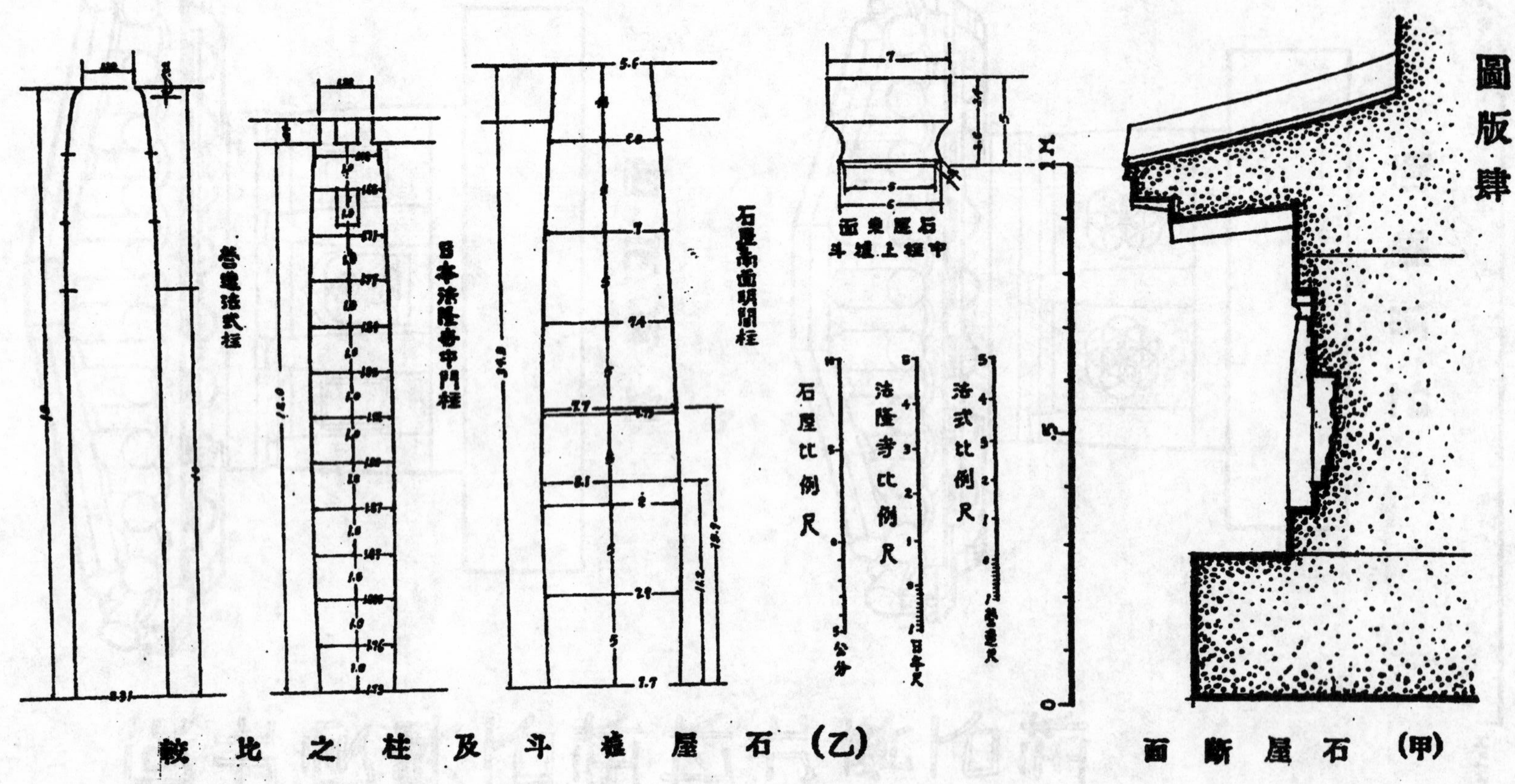

(甲) 石屋斷面

(乙) 石屋櫨斗及柱之比較

34810

圖版伍

(甲)石柱西南面外觀

(乙)石柱基礎及礎石

圖版陸

石柱題額及石屋

圖版柒

標異鄉義慈惠石柱頌

元造義 王興國 義主路 和仁

(甲)石柱題額

(乙)蓋版石底部雕刻

圖版捌

(甲) 石屋柱梁透視

(乙) 石屋簷端東面

圖版玖

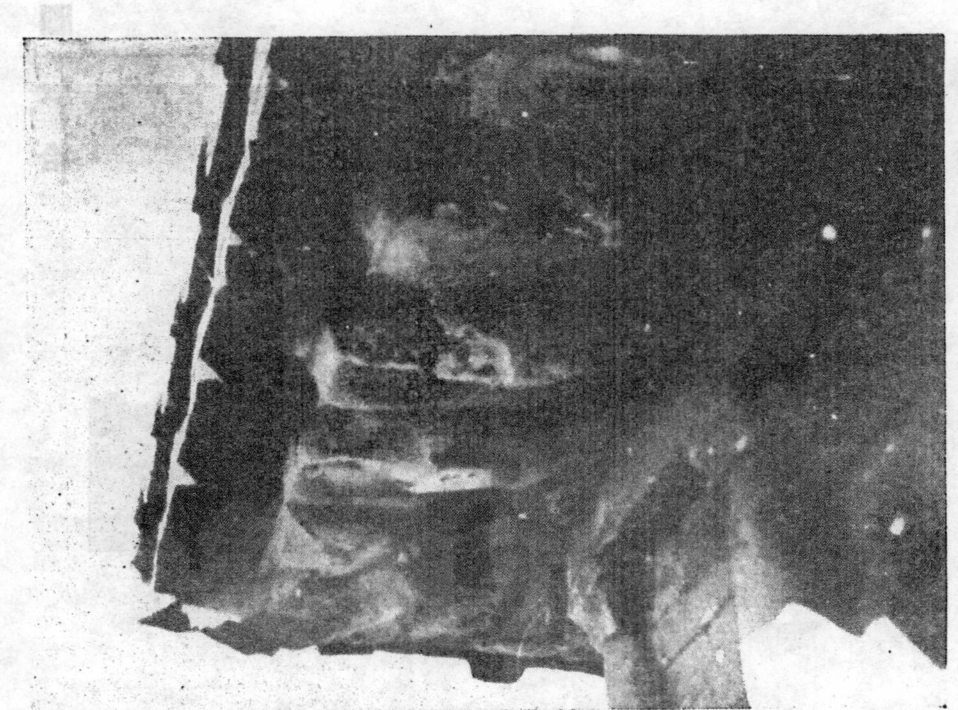

(甲)石屋簷端南面

(乙)石屋角梁仰視

圖版拾

（甲）沙丘寺石像

（乙）沙丘寺石像

圖版拾壹

(甲)梁蕭景墓表

(乙)山東省立圖書館藏漢琅琊相劉君墓表

(丙)山西龍山童子寺燃燈塔

圖版拾貳

(甲)日本法隆寺玉蟲厨子

(乙)吉林寧安縣興隆寺燃燈塔

定興縣北齊石柱

劉敦楨

一　地點

民國廿一年冬，余於張嘉懿先生處見所撮河北省定興縣石柱像片；於蓮座上，建八角柱，上端正面為平版，供題額之用，頗類金陵梁蕭景墓表。而柱巔又置石屋一所，隱約辨有櫨斗甚巨，未施栱昂（圖版壹）；諟其形制古樸，非近代所有也。本歲秋九月，余將有易州之行，憶柱在定興，與易接壤，欲便道訪之。檢縣志知名標異鄉義慈惠石柱頌，建於北齊末季，距今千三百六十餘年，自歐趙來未為金石家箸錄。至清光緒十三年，始為碑工李雲從發現；鹿喬笙聞之，募工親往摹拓，並錄其文以貽沈曾植；沈氏為文考訂其歷史（附錄），其名乃稍為人知。然其時村人篤信風水，封禁甚嚴，拓本流傳極不易得，方欒雨續校碑隨筆謂爲稀如星鳳者是也注一。

注一　方欒雨續校碑隨筆卷下封禁碑文條：「定興標異鄉石柱頌，自唐以來無箸錄者，前十餘年，碑估李雲從始訪得之，一字不損，新出於硎，土人以此石爲一方之鎭，風水攸關，封禁甚嚴，……至今傳搨，稀如星鳳」。

九月廿二日晨偕研究生莫宗江，陳明達，搭平漢車南下，旁午抵定縣車站。自站西至縣城，約二里許。卸裝後，調查城內元慈雲閣。翌日赴縣署商測繪石柱，適縣長不在，某君出告柱在城西二十里石柱村，距城甚邇，惟寒村蕭索無店可居，宜宿高里鎭較便。廿四日侵晨驅車出縣西門，渡拒馬北易二水，縣署遣騎警二追來護送，意殊可感。時秋高氣朗，野草盡黃，楓林紅葉受陽光燦爛若錦，而西北淶易諸峯層巒峻削，宛如北宗山水，懸於天際，久居城市中，覩此頓忘行役之苦。二十五里至高里鎭。

出鎭東北行塍隴間，八里至石柱村。村長祁君，導一行出村西北，遙見石柱屹立荒丘上。丘作長方形，其東與民居毗接，皆茆屋土垣，頹敗異常，求昔日「棟宇參差花菓綺迾」渺不可得。柱在丘西偏，保存尚佳，惟近歲公私椎拓頻施，致柱身爲墨濡染，作慘黑色，殊損美觀。丘上舊有寺曰沙丘，包柱於內，悉毀於清末，現唯存石像二軀，與明碑二，清碑一，暴露風雨中。其北有河縈繞，村人呼爲沙河，即一統志之北易水，水經注之濡水，與頌文「却負清洳」適相符合；疑頌中所述潒水，距義葬甚近，亦指此言也。

二　略史

右柱之建立，肇源於北魏孝昌間杜葛之亂，迄於北齊武平初年，始告成立。其間歷時四十餘載，倡義助義，非止一人，詳見柱頌文內。頌長三千四百餘言，爲此柱歷史唯一可珍之文獻（附錄），惜太平寰宇記，及明一統志，京畿金石考，定興縣舊志等（注二），咸未一窺柱下，窮其原委，致誤柱爲齊神武或王海所立。逮清末沈曾植始以頌文爲綱，博稽羣書，成跋記三千言，幾與頌文相埒，於是塵霧盡除，柱之建立經過，昭然若揭。復以柱與北齊一代相終始，頌文所紀，每與史事相關，因以豐洛釋壽訂齊書，豐樂與舊唐書擇壽之謬，可謂盡樸學能事矣（附錄）。爰摭頌文與沈氏所考，略爲補益，述柱之歷史可徵者如次。

注二　太平寰宇記卷六十七易州：『石柱在縣東南三十里，臨易水，州郡志云：易州義石柱，後魏末杜葛亂，殺人骸骨狼藉如亂麻，至齊神武起兵，掃除凶醜，拾所遺骸骨葬於此，立石柱以誌之。』明一統志：『石柱刻字在易州東南三十里，北齊神武拾葬兵骸於此，立石以識之。』京畿金石考卷上：『北齊石柱刻字見寰宇記，云州郡志云：易州義石柱，北齊神武起兵，掃除凶醜，拾遺骸骨葬於此，立石柱以誌之，方志云神武時義士王海立，在縣西北三十里』。康熙十二年定興縣志卷二『石柱在縣西北三十里，雲擾之際，殺人如麻，白骨橫野，北齊大寧二年義士王海拾遺骸葬之，豎石柱以志，……後人組以爲寺』

石柱之起原及建立經過

石柱之建，起於義葬。義葬又基於杜葛之亂。據魏書本紀，孝明帝孝昌元年（公元五二五年，）柔玄鎭人杜洛周反於上谷，南圍燕州。二年陷幽州，執行臺常景於范陽。是年春，五原降戶鮮于修禮叛於定州。九月，其元帥洪業斬修禮，請降，爲同黨葛榮所殺。榮尋自立注三，國號齊，建元廣安。三年，榮陷殷州冀州。武泰元年，洛周陷定州瀛州，旋爲葛榮所幷，而榮復陷滄州，掩有今河北省之大部。其翌年，卽孝莊帝永安元年（公元五二八年）榮南侵相州，太原王爾朱榮率精騎逆擊之，擒榮於滏口，餘衆數十萬悉作鳥獸散。其年殘黨韓婁郝長注四，復聚衆叛於幽州。二年秋，都督侯淵斬婁於薊城，其亂始平。頌文謂『魏孝昌之際，塵驚塞表，杜葛猖狂，韓婁豹勃，』卽其事也。

注三　鮮于修禮之死，據魏書卷九肅宗紀；『孝昌二年……八月癸巳，賊元帥洪業斬鮮于修禮，請降，爲賊黨葛榮所殺。』但同書廣陽王深及章武王融二傳，俱稱葛榮殺修禮，未及洪業，與本紀異，茲附二傳於後，以供參考。

魏書卷十八廣陽王元深傳；『賊修禮常與葛榮謀後稍信朔州人毛普賢，榮常銜之普賢昔爲深統軍，及在交津，深使人諭之普賢乃有降意又使錄事參軍元晏說賊程殺鬼果相猜貳，葛榮遂殺普賢修禮而自立。』同書卷十九下章武王元融傳：『賊帥鮮于修禮寇暴瀛定二州長孫稚等討之不利除融車騎將軍爲前驅左軍都督與廣陽王深等共討修禮師渡交津葛榮殺修禮自立。』

注四　韓婁見魏書卷四十七盧玄傳後盧文翼條惟同書卷十孝莊紀卷八十侯淵傳及北齊書卷二十二盧文偉傳皆作韓樓，未審孰是。

北魏時，定興屬幽州范陽郡范陽縣 注五，即孝昌間，常景與杜洛周劇戰之地 注六。其後韓婁復叛，同郡盧文翼盧文偉等散家財，率鄉閭守范陽三城與婁相抗者二載 注七；故頌文有『殘害村薄，屠戮城社，形骸曝露，聚作丘山』諸語。迨亂定後義士王興國七人驅車歷境，沿漆水東西，收拾殘骸，集僧設供，爲壹墳葬之，稱爲鄉葬。而其時私涂尙阻，百里絕煙，田市貴等，又於墓左，設義食，賑饑虛。其後荏苒，遂構義堂。凡此諸人，殆均鄉鄰善士急義好公，爲桑梓服務，故云義食，義堂義慈惠石柱頌，皆援義民義舍之意名之也。

注五　見嘉慶一統志直隸保定府建置沿革條。

注六　魏書卷二十八常景傳：『洛周率衆南趨范陽，景與延年及榮復破之，又遣別將重破之州西虎眼泉，擒斬及溺死者甚衆，後洛周南圍范陽城人翻降執刺史延年及景，送於洛周。』

注七　魏書卷四十七盧文翼傳『永安中爲都督守范陽三城，拒賊帥韓婁有功，賜爵范陽子，永熙中除右將軍中大夫，栖遲桑井而卒年六十。』

北齊書卷二十二盧文偉傳『時韓樓據薊城，文偉率鄉閭屯守范陽，與樓相抗，乃以文偉行范陽郡事，防守二年，與士卒同勞苦，分散家財，拯救貧乏，莫不人人感說，……以功封范陽縣男，邑二百戶，除范陽太守。』

孝靜帝武定二年（公元五四四年），盧文翼，馮昆，路和仁，及文翼子士朗等，復互爲檀越，創立清館，邀沙門曇遵於此住持。至是義坊之外，又兼爲伽藍。文翼范陽涿縣人，世爲山東望族，韓婁之亂，以捍衞鄉里功，授爵范陽子，其襄助義舉，特其平生篤於鄉誼之一端，亦可謂與亂事相終始也。其後二年，官道西移，舊堂寥廓，有嚴僧安等割施課田，隨道改築，而僧安又與嚴承，嚴燦等，前後施田五百餘畝，俱見柱上功德題名附錄。惟當時義坊，西至舊官道，東至明武城溝，今俱無可考，以頌文『却負清泇』及石柱地點測之，大體似卽今處。閱六年，北齊文宣帝天保三年（公元五五二年）路和仁又施建寶塔，門堂，改營牆院，規模益備，而義事範圍，亦隨之擴增。如天保六年（公元五五五年）長城之役，丁壯先歸，羸弱被棄，所在饑病，僵殯爲數不少。維時范陽爲南北孔道，公私往還，不絕於途，胥於此病者給藥，死者埋葬，齋送追悼，情同親里，蓋不僅限于一鄉義舉矣。

義事自永安末王興國鄉葬以來，歷東魏一代，至北齊天保十年（公元五五九年），獨孤使君始爲具狀奏聞。獨孤名字事蹟無攷，據頌文『獨孤……遣州都兼別駕李士合』及『美聞朝野，州貢天府」觀之，疑其人曾任幽州刺史。但此數語外另無旁證，仍難決定。後三載，即武成帝大寧二年（公元五六二年），尚書省依旨判許建柱。頌文與柱額紀此者共三事：

（一）頌「時蒙優旨依式標□□□□□年尋有符下。」

（二）頌「御注依式省判通許覆覈事實符賜標柱。」

（三）柱額「大齊大寧二年四月十七日省符下標」。

前文內之「省」乃尚書省之略。「省符」者，尚書省下移州郡文牒之稱 注八，九。以之詮釋（二）（三）兩條，則其事初經御注「依式」嗣由尚書省覆覈事實於大寧二年四月十七日，符下州郡判許旌建，所述殊爲詳盡。頗疑第（一）條闕文應爲「時蒙優旨依式標柱，大寧二年，尋有符下」也。此省判年月關係柱之出處甚鉅，故天統間改營石柱，仍鐫之額側。舊志謂柱建於是年 注二，殆未細繹頌文故耳。

注八　尚書之名，始於秦。前漢初與尚衣尚食等稱六尚，同隸少府。成帝時，改爲四曹尚書。後漢稱尚書臺，亦云中臺，每以太傅兼錄尚書事。魏世有五曹尚書，晉增爲六，統稱尚書都省。劉宋時簡稱尚書省，任總機衡，其權浸重。下逮蕭齊，以尚書令出納王命，敷奏萬機，如漢之丞相。北魏亦置尚書令。北齊仍之，以令與左右僕射轄六尚書，分理國政，遂演隋唐二代之制，詳見宋書南齊書隋書百官志及魏書官氏志。

注九　釋名「符，付也，書所勑命於上，付使傳行之也」。據舊唐書職官志尚書都省條：「凡上之所以逮下，其制有六曰制勅冊令教符』注曰『尙書省下於州，州下縣，縣下鄉，皆曰符也。』又云：『凡天下制勅計奏之數，省符宣告之節，率以歲終爲斷。』則『省符』乃尙書省下移州縣文牒之名，與今官署訓令批文相類。按頌云『省判通許……符陽標柱，』又曰『省符下標』，俱與唐書所訓脗合。而『省符』二字並用見於頌額，知北齊時已有此稱，非唐書所創。

柱自判許後，未及卽時營建。洎武成帝河清三年（公元五六四年），范陽郡太守郭智遣郡功曹盧宣儒，喩令權立木柱，以彰善擧，並判申助義維郡等二百人壹身免役，是爲石柱之濫觴。其年斛律羨任幽州刺史都督幽安平南北營東燕六州軍事。羨爲北齊元勳咸陽郡王斛律金之次子，頌稱其『偏脫立戍架谷爲城，威振六蕃，恩加百姓』，証之史傳若合符節注十。其間羨嘗以入覲，道經義所，爲造像施食，并慮木柱易朽，芳徽不固，乃於後主天統三年（公元五六七年）冬十月八日，教下郡縣以石代之。於時范陽郡太守劉仙，范陽縣令劉徹，及盧文翼孫郡功曹盧釋壽等，各捨家貲，繼爲檀越，而羨子世達，世遷，前後過此，瞻拜大父咸陽王像，因見標柱，解囊貲助；於是石柱乃告成立。時上距王興國倡義，幾閱時四十寒暑，前後助義者不下二百餘人，亦可云成之不易已。

注十　北齊書卷十七斛律羨傳：『河清三年，轉使持節都督幽安平南北營東燕六州軍事，幽州刺史。其年秋，突厥衆十餘萬來寇州境，羨總率諸將禦之。突厥望見軍威甚整，遂不敢戰，卽遣使求欵。……自是朝貢歲時不絕，羨有力焉。詔加行臺僕射。羨以北虜屢犯邊，須備不虞，自庫堆戍東拒於海，隨山屈曲二千餘里，其間二百里中，凡有險要，或斬山築城，或斷谷起障，并置立戍邏五十餘所，又導高梁水，北合易京，東會於潞，因以灌田，邊儲歲積，轉漕用省，公私獲利焉。」

建立年代

柱自天統三年斛律羨敎下郡縣後，究於何時建立竣功，頌文缺而未載。沈氏跋文，亦未道及。惟沈氏以柱上功德題名稱羨爲「明使君大行臺尚書令斛律荆山王」，因據北齊書羨進爵年月，論柱刻於後主武平元年（公元五七〇年）以後。其言曰：

羨以天統四年（公元五六八年）遷尚書令，武平元年秋，進爵荆山郡王，傳皆載之，柱文稱尚書荆山王，當刻於武平元年以後，後一二年羨即被誅矣附錄。

又曰：

據後主紀，天統元年（公元五六五年），有司奏改高祖文宣皇帝爲威宗景烈皇帝，武平元年冬，復改威宗景烈皇帝謚號顯宗文宣皇帝，文尚稱文宣爲景烈，足證爲元年冬以前撰刻也附錄。

據前述二條，似沈氏所指撰刻年月在武平元年秋冬之間。第所云「武平元年以後」一詞意稍涉含混，不與上文符應，疑「元年」下舊有「秋」字，爲手民所脫漏也。其時鹿傳霖、楊晨等適撰修縣志，收沈跋於內，所撰金石志亦祖述其說附錄。然余考頌文與題名，一稱羨爲大行臺尙書令，一稱尙書令荆山王，前後不盡符合，疑非成於同時。考北齊書羨本傳注十一，羨以後主天統四年遷行臺尙書令，別封高城縣侯。卽敎下郡縣以石易木之次年也。閱二載，武平元年秋，進爵荆山郡王。頌僅云尙書令，無荆山王爵號，則應撰於武平元年（公元五七〇年）秋季以前。至於柱上功德題名，宜如沈氏所論，在羨進爵以後，其時頌文殆已刻畢，無由增改，致前後稱謂未獲一致歟。

注十一　據北齊書卷八後主紀，及卷十七斛律羨傳，羨以天統三年加位特進，四年遷行臺尙書令，別封高城縣侯，武平元年加驃騎將軍，其年秋進爵荆山郡王，三年七月羨被殺。

頌與題名鐫刻之順序，固如前述。然頌之撰刻，在石柱建立以後，抑在其前，仍未明瞭。其事足爲柱建立年代之旁證，不能棄置不論。茲摘錄頌文與此有關者如次：

義士等，……不殫財力，遠訪名山，窮尋異谷，遂得石柱壹枚，長一丈九尺，既類琉璃，還如紺色附錄。

建忠將軍范陽縣令劉明府名徹，……以石柱高偉，起功難立，遂捨家資，共相扶佐，壹力既濟，衆情戚奮，叫聲□□，長碣峻起，無異寶幢初建，梵音布於原野，法鼓新擊，歌讚遍於村邑附錄。

以上二節，首述覔柱經過及其長度；次描寫劉徹助義，與建柱情狀，周詳生動，如在目前，則柱建立後始撰述頌文，最後乃有荆山王題名，其迹甚爲明顯。竊嘗依頌文測之，此柱自天統三年（公元五六七年）冬斛律羨敎下郡縣後，遠窮名山，覔石斲製，歷天統四年五年，至武平元年（公元五七〇年）秋，頌文鐫刻竣功，約計耗時三載。在此時期內，柱之製作建樹，衡以工事常識，宜較頌文撰刻之時間稍長。頗疑柱應建於天統五年（元公五六九年）內，然後柱與頌文之先後關係，庶能符合。然此假説非有確實證物發現，未能决其果否若是也。

柱上銘刻

柱之銘刻，分頌文與功德題名二種。題名與頌額，俱在柱之上部，頌文居其下，約各占柱高二分之一，各以巨石一枚斲製之。

頌額刻於柱上端正面平版上（圖版陸），約爲柱高四分之一。額題『標異鄉義慈惠石柱頌』下署『元造義王興國、義主路和仁』及元鄉葬田市貴、元貢義田鸞䃮等十四人姓名。兩側又題標義門使范陽郡功曹盧宣儒等四人，與『大齊大寧二年四月十七日省符下標』小字各一行（圖版柒（甲））。

柱西側與平版高度相等處，勒『明使君大行臺尚書令斛律荆山王』大字二行。自此以下，至柱高二分之一處悉爲功德題名。除東北一隅，其餘七面刻助義姓名二百四十餘人；有「施主」「上坐」「左上坐」「老上坐」「寺主」「都寺主」「居士」「大居士」及「義衆一切經生」諸稱。又有短文二段。一刻於正南西南二面，敍嚴僧安馬信嚴承嚴燦諸人施捨義地事蹟。一在柱正東東南二面，載斛律羨之子世達世遷過義助資，卽縣志金石志攙置於頌文後者。玆俱分別收入附錄內以資參證。自餘題名，無關閎旨，從略。

頌文分前後二部；首敍義事經過與建柱原由，末爲頌辭，俱刻於柱之下部。計四正面各十行，行五十九字。四隅面，除東南隅四行外，餘均五行，字數同前。其字體嚴整方正，大小如一，似係一氣呵成，以較上部題名，迥然異觀。玆依拓本校縣志所載，俗字變體一仍其舊以存眞相附錄。

建立後史料

柱自建立後，迄於最近，歷時千三百六十餘年，其間經過，稽之縣志，僅載明天啟六年地震，柱頂落地自起一則注十二，其事誕怪不稽，可置不論。此外柱與寺之銘刻，可窺當時情狀者，僅柱巔石屋上有遼金墨筆功德題名多處，及沙丘寺明清碑記三通，而明碑中其一已仆地，不可摩讀，亦僅明天順三年與清順治九年二碑，足供參考而已。

注十二　光緒定興縣志卷十四：「沙邱寺在石柱村，柱在佛殿前，人傳天啟六年地震，柱頂上石已落地，一夜完好如初」。

此次余等測繪石柱尺寸，於柱巔石屋簷下，發見墨筆題名，數處尚清晰可辨。內太康七年三處，太康九年與大安元年各一處附錄。考太康年號，自晉武帝後有梁武帝，前涼張天錫，及遼道宗三人，但晉梁前涼皆在石柱建立以前，遠不相及，故此所謂為遼太康七年九年無疑。惟大安建元，有遼道宗及金衛紹王二度，不審誰屬。又石屋西側闌額下題「金大口次甲口」一行，亦係墨筆附錄，據陳援庵氏廿四史朔閏表，僅金世宗大定四年甲申，十四年甲午，廿四年甲辰，與之相當，疑三者中必居其一。以上功德題名內有「提點」「平正」「錄事」及「莊建功德人」諸名目。所云「莊建」，殆係「裝建」之誤。第細檢柱上下各部石質與雕刻花紋，絕無後代修補痕迹，似所稱功德係布施柱側之寺，書於柱上者。

寺自北齊天保三年路和仁增建堂塔以來，所可考者，唯上述題名數則，知遼金間此寺略經修治而已。下逮明清，寺稱沙丘寺，其名未見頌文及其他紀載，不諳仿於何時。據明天順三年碑附錄，宣德前寺久荒廢，經沙門慧堂募建正殿三間，下逮山門鐘樓鼓閣禪室僧堂等，大體備具。而縣志謂其時石柱適在佛殿前注十二，頗類唐代塔與殿之關係；此或無意中之巧合，抑慧堂經營此寺，尚依舊日規模，俱難斷定。柱前又有土堆一，與柱同在南北中線上，現存坐像一軀圖版拾(甲)，似係另一佛殿之舊址。其東復有立像一尊圖版拾(乙)，相距稍遠。此二像皆石製，未見各種紀錄，就姿態衣紋判之，殆均出明人之手。其後淸順治間，寺復經住持海鈿嚴飾一新，並建金剛殿，見順治九年碑記附錄。自此以後，文獻無徵，不悉其詳。降及淸末，寺遭摧毁，自殿廡牆院至於階砌，蕩然無存。據村人云其事距今約三十載，殆與庚子之亂前後同期也。

三 石柱式樣之檢討

柱之結構，係於蓮座上建八角柱，柱巓置水平蓋版一枚，其上建石屋，覆以四注之頂圖版壹。全體約高七公尺，自下而上，用石灰石六枚累疊而成。計蓮座一石，柱身二石，蓋版與石屋屋頂，各一石。頌文載「得石柱壹枚長一丈九尺」按之現狀，未能符合，疑指最初所獲之石坏言，其後斲刻斷而爲二，未可知也。

柱之外觀，自蓋版以下部分，大體似梁蕭景墓表圖版拾壹(甲)惟此柱較高，其上部又易獅爲石屋，在南北朝遺物中，尙屬初見。而石屋純係立體雕刻，所琢梁柱欂題陽馬瓦脊等，皆足表示當時建築式樣；治建築史者，自雲岡龍門外，又獲一有力之佐證，其足珍異，自無竢言。顧自美術立塲批評之此柱亦自有其缺點。如上下二部，分別觀之，其下部蓮瓣與柱身比例，異常粗健圖版壹，而上部石屋則爲比較簡潔洗鍊之建築圖版叁；均各有其特徵與優點。然自全體比例言，則上部石屋過小，不與柱身相稱；且屋與柱之間，尤乏聯絡，極似强予拼合於一處者圖版壹。

考石柱之用，自漢以來，見於載籍者，大都樹之丘墓前，旌表死者行狀，如水經注載後漢李雲墓石柱是已注十三。又或立於神道前，以爲標識注十四。標者表也，故亦謂之墓表。其在諸帝陵寢前者，稱爲陵標，據晉書宋書所載，當時陵標有左右之別注十五，證以現存丹陽梁太祖蕭順之陵，尚能符合。其時石柱形制，見於前述蕭太祖陵及蕭景，蕭績，蕭映，蕭秀，蕭宏諸墓者注十六，柱之平面大都非正圓形；下部四周，刻直溝多條，尖棱向外，若希臘之毗里克柱(Doric order)，其上又以水平繩紋及龍繩束之圖版拾壹(甲)。較此稍前，則有山東省立圖書館所藏漢琅琊相劉君墓表圖版拾壹(乙)亦刻有直溝及水平繩紋，但其斷面係尖棱向內，與梁代諸例，恰相反對。此外水經注所載司馬士會墓石柱，『半下爲束竹交文』注十七，就文義訓釋，其形狀應亦與劉君墓表同爲尖棱相內，然後庶與『束竹』符合。故疑漢晉六朝間墓表之溝紋，由尖棱向內易爲尖棱向外，惟其間是否有嬗遞師承之關係，抑如衞聚賢先生所云受希臘影響注十六，恐尚非今日所能決定。繩紋與龍紋之上，正面鐫橫版，牓書某某君神道，係與柱身一石雕出。據漢書尹賞傳注注十八，疑其制導源於官署桓表，卽舊日用以揭示政令者；殆因石柱接榫不易，四出之版無由製作致成此狀歟？ 柱身在橫版後及版以上部分，復刻有較細之直溝，皆尖棱向內，東以水平繩紋圖版拾壹(甲)足證漢晉以來之束竹紋，薪火相傳，猶未全沫。

注十三 水經注卷九：「清河之右，有李雲墓，……冀州刺史賈瑤使行部過祠雲墓，刻石表之，今石柱尚存，俗猶謂之李氏石柱。」 其事又附見後漢書卷八十七雲本傳，惟賈瑤作賈琮。

注十四 漢書卷九十二原涉傳：「迺治冢舍，周閣重門，……買地開道，立表曰南陽阡。」
後漢書卷七十二中山簡王焉傳：「大爲修冢塋，開神道。」 注曰「墓前開道，建石柱以爲標，謂之神道」。

注十五 晉書卷二十九五行志：「惠帝永康元年六月癸卯，震崇陽陵標西南五百步，標破爲七十片」
宋書卷三十三五行志：「文帝……元嘉十四年，震初寧陵口標，四破至地」。
同書卷三十四五行志「孝武帝大明七年，風吹初寧陵隧口左標折」。

注十六 見張璜著梁代陵墓考。

注十七 水經注卷二十三：「譙定王司馬士會冢前有碑，晉永嘉三年立，碑南二百許步，有兩石柱，高丈餘，半下爲束竹交文，作制工巧，石牓云，晉故使持節散騎常侍都督揚州江州諸軍事安東大將軍譙定王河內溫司馬公墓之神道」。

注十八 漢書卷九十尹賞傳注：「屋上有柱，高出丈餘，有大板貫注四出，名曰桓表」

今以此柱論之，柱之起原，據頌文所述，基於杜葛亂後之義葬。 其稱謂見於頌文與題名者，又曰「符賜標柱」，及「省符下標」，與後漢書晉書宋書所載者一致注十四五。 而柱之上端正面復有平版供題額之用，略如蕭景墓表。則此柱自盖版以下部分，在營建意義，與稱謂，形制諸點，均足證爲漢以來我國傳統之墓表毫無疑問。所異者，僅其詳部結構，不盡與蕭氏墓表符會：如柱身爲八角形，未鏤刻直溝及平版兩端未伸出柱外（圖版陸），當於下章詳部結構內論之。

上部石屋對於石柱全部之關係，具何意義，自來亦無人道及。惟光緒重修定興縣志金石志，指柱上三像爲斛律金父子（附錄），足與人有力之暗示。蓋其說若確，則石屋之性質僅用以表彰斛律氏之功德，與柱上題名無異也。然余考頌文載羨子世達

「奉勅觀省，假滿還都，過義致敬王像，納供忻喜，因見標柱，」

就文義釋之，世達之見此柱，係在展拜供納之後，使像在柱上，則頌文敘述層次，不至若是。刹頌又云：

「公第九息儀同三司附馬都尉世遷……娉娶公主，過義禮拜，因見徘徊，並有大祖咸陽王像，令公尒朱郡君二菩薩立侍兩側，」

知斛律金一像外，復有脇侍二像，立於兩側。今按石屋正背二面當心間，各琢佛像一尊，趺坐壁龕內，胥無脇侍。而左右次間各於上半部浮刻長方形之窗，均無雕琢佛像，餘地及其痕迹可認（圖版參）。則斛律氏之像，應置於柱側之寺，或其他地點，與石屋二像無涉，無異明如觀火矣。

今以頌文考之，此柱自王興國鄉葬以來，助義之士如盧文翼，馮昆路，和仁嚴，僧安等皆崇奉佛法，

皈依三寶，故於義坊之外，擴爲伽藍迎僧住持，足徵其時佛教信仰之熱烈，爲構成此舉有力之背景。故竊意柱上石屋應爲純粹信仰對象之佛龕，較爲適當。由是而言，此柱上下二部，既各有其不同之意義與形體，宜其外觀未能融洽爲一，發生前述缺點也。至於其時柱上安置佛龕之法，據今日已知者，除此柱外，在文獻實物雙方，尙未發現同樣之例。惟較此稍前，有山西太原縣龍山童子寺燃燈塔圖版拾壹（丙）係北齊文宣帝天保七年（公元五五六年）僧宏禮所建注十九，於圓座上置八角燈，上覆屋頂，與此柱形制，不無共通之點。其後復有日本法隆寺玉虫廚子圖版拾貳（甲）於方形高座上置殿堂一座，供奉佛像，亦與此柱上部之佛龕性質相類。而現存吉林寧安縣唐渤海國上京龍泉府興隆寺燃燈塔圖版拾貳（乙）飾蓮瓣於圓柱上，其上更爲八角形建築，具刹柱相輪，共高二丈餘，尤與此柱接近。然此三者外，國內未發現之例，恐爲數尙復不少，異日苟能續獲證物，互相參印，則此式之起原與其演繹經過，或有朗然大白之一日歟？

注十九　見關野貞常盤大定合箸支那佛教史蹟評解第三冊。

四　詳部結構

蓮座

柱之基礎露出地面上者圖版五(乙)係鑿石一方，約高三十公分，其下不明。在平面上，東西二方各長二公尺，南北較之略小，非正方形圖版貳。其上蓮座亦爲長方形，與基礎比例略同。但其最長之面僅一·二三公尺，不及柱徑二倍，其高亦不足面長之半；顯與宋以後法則，毫無關係。蓮座外觀分三層；下爲方石，次梟線 (Cavetto) 次覆盆圖版壹。此三者高度之比，下層方石與覆盆完全相等，梟線之高則僅及前二者三分之一。

覆盆四周，刻蓮瓣十二圖版貳。以視梁蕭鑑墓表，承以蝦蟇；與雲岡中部第八窟柱下用八角形之櫍；則此柱之礎石，與天龍山第十六窟廊柱，及北響堂山第二窟之浮雕柱礎，俱用蓮瓣，可云屬於同系統之內。其刀法生硬古拙，亦復相類。但以南京附近梁代墓表上之蓮瓣圖版拾壹(甲)，與此比較觀之，又知同時期內，在長江以南者，曲線比較圓和，不能以此概括一切也。覆盆之上，無盆脣，直接安置石柱，致柱與蓮座，不能聯貫一氣。第按諸實際，蓮座東西向之直徑較小，而柱之下徑，東西較大，致柱角伸出一部，壓於蓮瓣上，亦無雕刻盆脣餘地也圖版貳。

柱及蓋板

柱係八角形，高四公尺半，以二石摺接而成。在平面上，其四隅面之寬，僅及四正面二分之一弱，非等邊八角形，而東西向直徑又較南北稍大，極不一律圖版貳。上部直徑略小；其收分比例，每高一公尺，約收二公分半。

柱之上部，約於通高四分之一處，無東南西南二隅面，故其正南面成一長方形平版圖版壹，略如南朝蕭氏諸墓表。惟版之寬度，未伸出柱外，頗損美觀。此或因柱身高偉，覓材不易，因陋就簡，遂成此狀歟？至於柱之四周，未飾直溝，疑係鐫刻頌文及功德題名之故，不得不爾。而漢與北魏北齊遺物中，如孝堂山郭巨祠，及雲岡天龍山諸石窟，皆用不等邊八角形之柱，與此完全符合，似功用以外，傳統習慣，亦不無影響。

柱身之上，南朝諸墓表概覆以圓版，四周琢蓮瓣，置石獸一軀其上圖版拾壹(甲)，此則僅用長方形蓋版一枚，相形之下，殊形簡陋。惟蓋版底面浮刻蓮瓣及幾何形花紋數種圖版貳柒(乙)，自下仰視，略能補其單調之缺點。版之功用，除聯絡上部石屋與柱身外，又兼爲石屋之階基，故石屋之簷，挑出版外圖版貳，叁。

石屋

石屋正面三間，側面二間，上爲單簷四注。結構式樣，純係模仿木建築情狀圖版叁。除與石柱關係，如前所述，不無缺陷外，其本身各部權衡，甚美，幾於無懈可擊。茲逐項分析如次；

全體比例 石屋面闊與進深比例，爲一與〇・八六，略近方形圖版貳。各間面闊以山面二間較大，正背二面當心間次之，左右次間又次之。當心間與次間之比例，約爲四與三。簷高與出簷長度，約爲七與三之比圖版肆(甲)。

地栿 石屋周圍，於圓柱下施地栿一層。地栿之外皮，與柱外皮平。其上直接立柱，無礎石圖版叁。考宋營造法式地栿之性質，係聯絡柱下部之用，故其斷面狹而高，至角，穿出隅柱之外注二十。此則寬度較大，墊於柱下，似一通長之基礎牆(Foundation wall)與日本法隆寺玉虫廚子，完全一致圖版拾貳甲。疑其時實際建築，或有此種結構法。惟地栿接觸地面之部分過多，最易腐朽，且足波及柱之下部，遠不及柱下用礎石之堅固合理。意者地栿之用途變爲聯絡構材，則至於廢棄，未始不基於此。

注二十 宋李明仲營造法式卷五大木作闌額條：『凡地栿廣加材二分至三分，厚取廣三分之二，至角出柱一材。』所云廣，即地栿之高。

柱 石屋之柱，附於壁之外側，遠觀之，頗似西方之 Engaged column。惟諸柱斲刻極不精密；其平面或兩側成直線，或於柱正面用近於直線之弧線，非正圓形。就大體言，自壁面露出部分，約爲柱底徑五分之三。柱高與底徑之比，約爲 4.12:1。以較漢孝堂山八角柱注二十一則此柱上徑僅及下徑三分之二强，故其外觀予人以細長之印象圖版陸。又諸柱有極顯著之卷殺圖版肆(乙)略如希臘柱之 Entasis 除日本法隆寺外現存國內唐以前遺構用圓柱且具 Entasis 者，唯此一例而已。惜諸柱製作草率過甚，致卷殺比例幾無一尺寸相同。就中比較接近者，唯南北二面當心間之柱最大直徑，約同在柱高三分之一處。自此以上，柱身漸漸收小，約至柱高二分之一，其直徑復與底徑相等圖版肆(乙)。今以日本法隆寺中門之柱與此對照圖版肆(乙)，雖柱徑最大處大體一致，而法隆寺之柱在柱高四分之三始與底徑相等注二十二，故外觀較此更爲細長。然自結構式樣言，二者仍屬於同系統之內，而石屋年代約早三十餘載，足證法隆寺之制，傳自我國無疑。其後宋營造法式之梭柱注二十三，亦分柱高爲三等分，但柱之卷殺，僅限於上部三分之一，其下三分之二，柱徑完全相同，已非南北朝隋唐舊法矣圖版肆(乙)。

注二十一　見本刊本期漢代建築式樣與裝飾圖版拾陸(乙)。

注二十二　見日本建築雜誌第八十三號伊東忠太氏法隆寺建築論。

注二十三　李明仲營造法式卷五大木作制度：『凡殺梭柱之法，隨柱之長，分爲三分，上一分又分爲三分：如栱卷殺，漸收至上徑比櫨枓底四周各出四分；又量柱頭四分，緊殺如覆盆樣，令柱項與櫨枓底相副。其柱身下一分，殺令圓徑與中一分同』

櫨斗• 斗長七公分，底長與斗高俱為五公分。最足注意者，欹高二·七公分，超過斗通高二分之一，與漢孝堂山石室之櫨斗比例接近注二十，足徵後世欹之高度，逐漸減低，乃顛撲不破之事實。又欹之曲線下端向外突出甚大圖版捌(甲)，與天龍山石窟櫨斗式樣大體相同；而東側中柱上櫨斗之欹底向內斜收圖版肆(乙)，尚存皿板形狀，殊堪注目。

額• 柱之上端，刻闌額一層，高五公分，較壁面凸出少許。其上櫨斗未施栱昂，直接置橫梁一道，結構式樣略如漢孝堂山郭巨祠。所異者闌額外皮較櫨斗外皮收進少許；其下皮亦微微嵌入櫨斗內，表示二者之聯絡關係圖版捌(甲)。

椽• 闌額上施椽二層。下層簷椽之斷面係半圓形，無卷殺。飛子則為矩形，左右下三面斜殺頗巨圖版叁，足證此法之使用，遠在千三百餘年之前。椽之排列，大體與上部瓦隴一致。至角梁處仍正列，無翼角斜飛子圖版貳，與雲岡石窟之塔柱異。簷椽與飛子之長度約為五與二之比。在斷面上，簷椽外端向下微斜，飛子則係水平狀態圖版肆(甲)。

角梁• 角梁結構，亦較雲岡石窟所示者更為明瞭。大角梁之前端用四瓣卷殺圖版叁，寬度較後端稍窄圖版貳，略具斜殺情狀。其伸出飛魁外部分，約為本身寬度一倍。子角梁之前端，俱已殘毀，唯存角神坐於梁端，尚清晰可辨圖版陸。角神之位置與宋式角神上下適相反對。就今日所知，在國內遺物中，實為最古之例。

屋頂 屋頂係四注式。瓦隴坡度約爲十八度半，在斷面上向上微微反曲（圖版陸）。其正脊甚短，僅等於瓦隴一縫之闊；而垂脊在平面上與正面簷端所成角度，小於四十五度（圖版貳），致側面二垂脊未交於一點，其間相距約等於瓦隴二縫之闊（圖版叁），故脊上成一長方形小臺。臺之中央有圓洞一處，似爲安置刹柱或寶頂而設，竟與元明以來之盝頂殿，如現存清宮欽安殿髣髴相同，殊堪驚異。

垂脊保存尚佳，其形狀亦微呈反曲，且如漢明器墓闕所示，作二疊式（圖版叁）。其上段之脊背微圓，極似覆一扣筒瓦於脊上，至前端垂直截去；惟西南隅垂脊前端刻人面，尚屬初見。下段則連接筒瓦二枚，以其前端之瓦當向上微仰，而瓦當在後者，僅露出上半部。其法曾見於漢明器中注二十四，知係漢以來通行式樣；其後淶水縣水磨村唐玄宗先天元年（公元七一二年）石塔亦復如此。去歲余與梁思成先生調查大同遼華嚴寺壁藏時，見垂脊上施圓木橛三枚，疑爲走獸之簡單化者注二十五，今以此二例證之，知應爲瓦當無疑。後世戧脊飾仙人走獸，自此踵事增華，殆無疑義也。

注二十四 本刊本期漢代建築式樣與裝飾圖版陸（甲）。

注二十五 本刊第四卷第三四期合刊本大同古建築調查報告第四十六頁。

石屋之屋角雖無顯著之上翹，但其最末一隴版瓦至屋角子角梁處，微微提高，壓於角脊下，疑與漢嵩山太室石闕同係模倣木建築之裹角法，而因材料製作不更成此形狀。瓦當上浮雕六瓣花紋，與勾滴上下緣，取平行方式（圖版陸），胥與南北朝遺物一致。勾滴之中部，刻線一道，與上下緣平行，另無雕飾。

佛像及其他　石屋正背二面當心間各琢當時通行之尖栱式壁龕。龕內有佛像一尊，趺坐方臺上，面貌衣紋及背光等，一見屬於北魏系統。現唯南側一尊保存較佳，北側者受風雨剝蝕，大部已毀。左右次間各刻長方形之窗，較壁面凹入少許，無窗欞及其他裝飾。東西二面無窗，唯於壁上浮雕幾何形花紋（圖版叁）。又正面當心間及次間闌額上，有墨筆所繪綵畫及鳥類，櫨斗下亦有墨筆外稜緣道，不知何代人所作？是否石屋曾施綵畫，此墨綫卽爲當時綵畫之底綫，不得而知。

五　柱之保存意見

此柱之年代，如前所論，雖稍後於雲岡石窟，然其詳部結構，若地栿及圓柱卷殺，櫨斗比例，簷椽，飛子，角梁，角神，瓦飾等足補同時代遺物之不備。在我國建築史中，不失爲重要證物之一，故其修理保存亟不容緩。爰就蠡見所及，列舉如次：

(一)柱附近土質係普通黃土，日久雨水衝刷，必至崩潰，影響柱之安全。尤以此柱基礎石質不佳，其一部露出地面上者，不宜令其永久暴露風雨中，受氣候之凌轢。宜速將柱礎附近低凹處塡築使平，其上做水泥地面，掩護柱基，使微成斜狀，導雨水外流。

(二)柱巔石屋宜裝避電針。

(三)石縫及一切孔穴最易停留泥土，滋生草木，宜洗剔淸淨，用純洋灰調色塡補，使與石色一致。

(四)石之表面爲防止受氣候影響發生崩毀計，應全部洗滌，塗 Solution of Silcate of Soda 及 Solution of Chloride of Calcium 之類保護之。

(五)嚴禁公私拓印頌文。

以上五項所費無幾，而於延長柱之壽命，收效頗鉅。甚望中央古物保管委員會，及河北省當局，共伸宏願，速事保存，不令此千餘年古物，增其頹壞程度，是爲厚幸。

附錄

標異鄉義慈惠石柱頌

夫至宗幽微。非輕重可以挹其源。大道沖曠。何香晃所能究其始。自非旃檀在東。鷲似牛頭。飛水騰虛。瞥如鈸股。壹月常圓。十火恒備。焉足致六師于河中。集法軍於不退地者也。是以斧利雖盈。不可濟其終身。鞭杻責罪。寧復救其時困。擗求度世之資。而罰溼牛之厄。彀賊不易可除。摩尸何由能待。當須清淨六塵。洗結煩惱。行六波羅密。具三不退轉。成熟秔米。即此誰與。柔濡子草。於茲何立。無蒔善牙之子。而責寶池八流。不入毗尼之菀。欲悉律提之囿。斯蓋孤寒之守。斫杖。絕羽之向清天。自可斷脊於長眠之地。縈錯於溟溟之水、安能變三有而受樂。出過壹切苦而已者矣。值魏孝昌之季。塵驚寨表。杜葛猖狂。乘風間發。蟻集蜂聚。毒掠中原。乘乾爲虜馬之池。燕趙成亂兵之地。士不芸鋤。女無機杼。行路阻絕。音信虛懸。殘害村薄。鄉伍哀不相及。屠戮城社。所在皆如麻亂。形骸曝露。相看聚作丘山。流血如河。遠近翻爲丹地。仍有韓婁絕勃。鳥集驚危。趣走荊城。鵄視藏戶。遂復王道重艱。原野再絕。由茲圯坼。皇化未均。賜我大齊神武皇帝。應期受命。咸靈自天。掃除兇醜。廓清宇宙。雄劍壹麾。塵消万里。飄迸之徒。於斯獲賴。時有故人王興國七人等。住帶口城。皆宿乘美業。渡三災而弗壞。經八難而不朽。無待梧丘之訴。自起大慈之心。非關驛庭之與。共發哀憐之念。乃磬心相率。馳車歷境。緣涿東西。拾諸離骨。既不能辨其男女。誰復究其姓名。乃合作壹墳。稱爲鄉葬、設供集僧。情同親里。於是乎人倫哀酸。禽鳥悲咽。言念其酷。誰不痛歎。墳墓於斯。遂有處焉。其時雖復公路遠通。私塗尚阻。百里絕烟。投厝靡託。仍有興國。市貴去來。墓傍休歇。塚側嗟同葬之因緣。念往人之業報。遂興誓願。賙給万有。各勸妻孥。抽割衣食。負釜提壺。就茲墓左。共設義食。以拯饑虛。於後荏苒。因搆義堂。武定二年。有國統光師弟子。沙門三藏法師曇遵。稟資大德。歷承沖旨。體其五通。心懷十力。常以智惠救諸煩惱。名盛南州。邀致無因。有摩軻權越大都督盧文翼。范陽涿人也。望重寰中。親交帝室。沖素起於弱年。風概弘於壯歲。洞解十號之方。深達具足之海。既承芳實。朝夕敬慕。久而通請。方致神座。仍及居士馮叔平。居士路和仁等。道俗弟子五十餘人。別立清館。四事供養。敷揚秘教。流通大乘。五冬六夏。首尾相繼。鱗羽感其德音。緇素服其惠了。貴賤往來。於是乎盛。便於此義。深助功德。時有勅請法師。始復乖阻。都督息士朗者。蓋是鳳室之雛。龍家龍子。氣岸天遒。風光遠逸。優遊物外。無以世務在懷。昂藏自得。寧將榮祿革意。直置逍遙正道。坐臥清虛。仍愛此義。便爲檀越。與善無徵。摧芳盛歲。人百弗及。四徒何仰。馮居士昆者。字叔平。瀛州高陽人。本與法師同味相親。造次不捨。因請至此。其人愛善若流。不忘朝夕。重信如山。行之必覆。雅素清逸。卒有國士之風。器度閑闓。義當吐納之遠。諸子既爲世宗。五經足稱軌物。舉必由規。動則成矩。眞言祕典。幽途玄趣。隨情立教。方便開張。如彼鳴鐘。應不能已。如似懸流。寫不知竭。常於此義。專心扶獎。壹慨既迴。衆情頓慕。功業久存。良實是歸。但餘慶難辯。白駒易驗。哲人其頹。誰不悲仰。天保八年葬於義左。因此刊勒。冀永清音。武定四年。神武北狩。勅道西移。舊堂寥廓。行人稍間。乃復依隨官路。改卜今營。爰其經始。厥堵靡立。便有篤信弟子嚴僧安。合宗夙藉道因。早通幽旨。握鏡懷珠。金聲玉振。見善猶如不及。聞惡恨非千里。重三寶其如天。輕七珍同垢穢。若父若子。乃識乃親。或前或後。非貧非富。正向十方。壹心大道。气與壹切合衣生願共恒河聯口。命各捨課田。同營此業。方圓多少。皆如別題。俱若布金。誓無退易。長陸於茲爲洗浴之池。平原由此成福業之海。今生來生。現世去世。百億千億。有身無身。至功大業。皆由此誠。万世不朽。寔鍾斯德地。其形勢也。左跨明武。右帶長達。却負清迦。面臨覩臺。花菓綺亙。懸同鹿野之苑。棟宇參差。綽踰祇桓之舍。軒駕馳彩。類卿雲之五色。士女朋雜。狀丹素之紛披。天保三年。景烈皇帝駕指湯谷。離宮義所。時爲壹滄。深崇優嚫。有路和仁者。字恩穆。陽平清淵人也。與馮生綢繆。往日依隨法師。聯翩積歲。昔遊青齊之地。時號貞儒。曾過淄潁之間。世稱千里。識洞百家氏族。宛若目口。綜該六典經史。併同掌物。乃厭此囂塵。仍懷至業伏六賊於心中拔四虵於胷內吐納淸虛優遊正道窮智惡於德義場追散花於慈悲室卽於此義專口口口口而法師向

幷仁從衣屣蒙預內齋時經壹歲每以此義慇懃吁請賴有勤許始得言歸於是獨主義徒晨夜吐握寐躶懃拊巨細不違年過

知命口口口婚娶。首垂白髮。篤意彌厚。良實行伏鄉閭。德兼邑外。乃修造門堂。改創牆院。寶塔連雲。共落照以爭輝。甍宇接漢。將危峯以鬭迥。雖曰義坊。無異茄藍。口口口園何殊柰苑。庄矣麗矣。難得而稱。天保蚕蟲之歲。長圖作起之春。公私往還。南北滿路。若軍若漢。或文或武。且發者千羣。暮來者万隊。猶若純陁之口口口口口窮舍利香積會何云。姚兼復病者給藥。死者塼埋。齋送追悼。皆如親戚。仍以河清遭澇。人多飢餒。父子分張。不相存救。於此義食。終不暫捨。貴口口口口口城市此之口口孰可具而論之。天保十年。獨孤使君。寬仁愛厚。慈流廣被。不限微細。有效必申。便遣州都兼別駕李士合。范陽郡功曹皇甫遵。口口口口口首王興國。義主路和仁。義夫田鸞峯。劉子賢。尹武樂。孔明遠。張宗悅。賈陁仁。孟阿鳳。王世標。賈定興。鮮于洪圖。鄭阿仲。趙元伯。鄭伯遠。趙士文。口口口口口子路。梁曇尚。賈孟良。張思邕。麗猛雀。張叔遵。鮮于修羅。王元方。宋子産。董大邕。鄭河林。楊郡仁。七十九人等。具狀奏聞。時蒙優旨。依式標口。口口口口年。尋有符下。于時草創。未及旌建。河清二年。故范陽太守郭府君智見此至誠。感降天旨。喜於早舉。明發不忘。遂遣海懿鄉重郡功曹盧宣儒口口典從來至義堂。令權立木柱。以廣遠聞。自尒於今。未曾刊頌。新令普班。舊文改創。諸爲邑義例聽縣置二百餘人。壹身免役。以彰厥美。仍復年常考列。定其進退。便蒙令公據狀判申臺。依下口具如明案。於是信心邑義維那張市寶。牛阿邕。李恒同。呂季秀。楊景賓。范崇禮。龍叔良。陳叔希。王僧彫。李遠口。史苟仁。田元休。韓仲珍。蔡顯邕。劉高貴。李同遵。孫阿長。史茂貞。習定景。周顯叔。李惡仁。李羅雲。陳洪仙。田叔産。董子産。范武興。劉子剛。趙黃頭。史景遵。傅子漢。鮮于孟昌。田子長。合二百人等。皆如貢表。悉是賢良。可謂荊山之側。白玉應生。麗水之濱。黃金自出。翩翩有泗上之風。雝雝秉槐下之節。輕財重義。衆意協和。羽蓋莫不彎依。飛軒靡不盡集。此義壽契已來。未之有也。我皇聖既無名。神不可測。或瞻雲歸附。望氣來賓。從復文景成康。豈得同年而語哉。明使君大行臺尚書令斛律公。名羨。字豐落。朔州部落人也。公累葉重輝。其來自遠。親蹤梁鄧。勳邁伊姜。存意六韜。留心三略。既偏脫立戍。架谷爲城。民安棄井之忻。卒無擊柝之慮。威振六蕃。恩加百姓。駟馬入覲。屢過於此。向寺若歸。如父他還。百里停澮。屆義方食。慭同慈母。賚殊僧俗。脫驂解鵠。敬造尊像。抽捨珍物。共造義滄。達摩好施於

前。公復踵福於後。仍能不遺陋業。由照纖微。每於斯義。恒存經紀。慮木柱之易朽。芳徽之不固。天統三年十月八日。敕下郡縣。以
石代焉。義士等咸敬竭愚誠。不殫財力。遠訪名山。窮尋異谷。遂得石柱壹枚。長壹丈九尺。既類瑠璃。還如紺色。庶甚鏤美。無窮流
芳永扇。車騎大將軍范陽太守劉府君名仙。字士逸。定州中山人也。公流馨積代。軒冕相仍。稟性溫恭。懷仁操義。幼步紫庭。爵綸
華伍。眺讚青齒。德聞天聽。勑授鄙郡。慈風預被。未口下車。路由此所。口口義徒。深加信敬。獎勵妻子。減徹行資。中外忻悅。共拯飢
饉。乘下之士。翻同晉世。馮翼進粥。於茲更新。莅政未幾。弘澤沾濡。境內滂洽。枯榮口潤。冀鏤徽猷。以銘惠化。郡功曹釋壽者。都督
盧文翼之孝孫。義舊檀越士朗之元子。體度口口。舒卷從時。敦崇禮義。少慕父風。每言先人析薪。豈不負荷者哉。還爲義檀越。志
存世業。財力匪究。有建忠將軍范陽縣令劉明府。名徹。字康買。恒州高柳人也。其人世籍餘芳。家傳冠蓋。曉悟機變。抱節歸誠。入
毗王室。出宰百里。察姦超於西門。慈政隆於浮虎。濟上安民。寔日明君。仍好至理。深慕清淨。愛無頭眼。惜非妻子。以石柱高偉。起
功難立。遂捨家資。共相扶佐。壹力既濟。衆情咸奮。料聲口口。長碣峻起。無異寶幢。初建梵音。布於原野。法鼓新聲。歌讚遍於村邑。
徂山挺万尋。尚有成壑之期。海深千及。猶致桑田之會。未如金石壹鎸。共未有而同有。芳音銘注。將百代而常存。乃爲頌曰。
玄哉大業。邈矣眞人。難逢難値。誰識誰親。口之靡際。欲住無因。空瞻池水。虛想金身。飛河既易。騰火不難。所嗟斧利。弗救飢寒。法
軍難口。終謝香襯。來如口上。空中試看。眞口不口。塗中取厄。生亡環堵。死無塚宅。譬彼黃塵。隨風阡陌。不識皮毛。誰辨骸骼。賜茲
大翟。虎攘龍驤。剪除群醜。再立天綱。千家如壹。万里歸鄉。云誰之力。賴我神皇。有茲善信。仁沾枯朽。義等妻孥。恩同父母。拾口骴
骸。共成壹有。口與天長。還從地久。宇宙壹清。塵消万里。城邑猶舊。村薄未幾。去來女婦。往還公子。駱驛長途。靡所厭止。仍茲四輩。
必懷寸力。念茲浮魂。嗟於遊息。近減家資。遠憑此識。於此塚傍。遂爲義食。義存於此。良實有年。惟公惟帝。或愚或賢。深相優贊。雅
勸留連。因茲爽塏。仍成福田。壹心堅固。方寸傾廻。既如彌釋。復似風雷。三途可滅。八難終摧。云何濟彼。唯善斯媒。靈圖既作。降勅
仍旌。標建堂宇。用表始終。高山可覆。海水易窮。其如金石。永樹天中。法界圓口。體空如如。妄想紛擣。三有是居。求知悟理。佛法憎

梵。誡香村縛。說論經書。進修始終。賢聖凡夫。行因獲果。降業差殊。善惡不亡。勿守癡愚。敷衍五乘。仁義非虛。五常之行。仁義先序。惠諧如毛。民鮮尠舉。周觀齊域。唯茲邑侶。嚴氏施地。安承創興。坊類伽藍。給孤口汝。群英居之。昭世若炬。興國元首。和仁爲主。賢哉。惇異。睃皎獨堅。公主垂眄。守令識覩。毗讚傾席。百僚揖語。德伏鄉邦。歸同雲雨。樂捨財力。弗辭貧苦。營造供賓。無避寒暑。懸育路人。如毋慈父。恩沾灰厄。病瘦得愈。美聞朝野。州貢天府。御注依式。省判通許。覆覈事實。符賜標柱。衆情共立。遣建義所。旌題首額。衆免殺苦。梵厲後學。言行稽古。彫刋美跡。流芳齊寓。鎸石彰名。遐刼不腐。

石柱功德題名（二）

初施義園宅地主馬信。弟子嚴僧安。故人嚴口。嚴法胤。嚴僧芝。嚴道業。嚴惠仙。嚴平仁等。並解苦空。仰慕祇陁之惠。設供招納。捨地置坊。僧安口自穿井。定基立宅。實是起義檀越。今義坊園地。西至舊官道中。東盡明武城瑱。悉是嚴氏世口口田。皆爲種善來預。祈捨無悔。施主僧安夙植定口。遭災無難。荒後賓育男女。並各端慧。長子懷秀。次息奉悅，第三息懷達。第四要欣。性並恭孝。敬從父命。立義十載有餘。重施義南課田八十畝。東至城門。西届舊官道中。平垣良口立文。永施任義園食衆口蒔菓。普天共味。隨時禮念。願口施主。因茲感悟。宗房相學。廣施如左。施主嚴承。長息侍伯。伯弟阿繼。孝心純至。爲口口重施義城壕城南兩段卅畝地。任義拓園種植。供賓冥資。施主異若把土來招輪口。施主嚴光璨。璨弟市顯。兄弟門華禮風儀。並著兒孫端質。鄉閭敬尚。施心彌隆。念福重義。有甚口人。璨弟市顯。顯息士林。璨息惠房。第三息定興。璨孫惧略。共施武郭埞田四頃。施心堅固。衆雖 埞任衆迴便賣買埞田收利口用見口薄拘之因。來受署旡盡之果。施主嚴道業。業長息桃賓。父子重義輕財。爲福捨地。現招十利口口提伽口口。施主嚴惠仙。長子阿懷。第二蘭懷天保等。信義精誠。弗隣世報。各施地卅畝。任衆造園種收濟義。心度如海。捨著爲念。

施主嚴市念。念大兒口口長弟陶禮。陶口兄弟口順仰口口孝捨地廿畝。嚴奉地與義作園口供一切口資亡口既口存亡博惠離車口畢非口。

石柱功德題名(二)

明使君斛律令公長息安東將軍使持節岐州諸軍事。岐州刺史儀同三司內備身正都督臨邑縣開國子世達奉勅觀省。假滿還都。過義致敬王像。納供忻喜因見標柱。刋載大父名德。遂降意手書官爵。遣銘行由冀紹徽緒。公第九息儀同三司附馬都尉世遷。貴乘天資。孝心淳至。嬪娶公主。過義禮拜。因見徘徊。并有大祖咸陽王像。令公介朱郡君二菩薩立侍像側。致敬無量。公與銘名。爲徘徊主。方許財力營搆義福。

石屋墨筆功德題名

東南角梁下　太康七年

西南角梁下　太康七年

西北角梁下　太康九年正月十

北面自西至東第二椽下　大口夏

北面第二第三椽間　大安元年

西面闌額下　太康七年正月十一日

莊建功德人老兒玉

王八耶耶

王三耶耶

孫四耶耶

西面闌額上　太康七年正月十（横書額上每行二字）　張措大

西面闌額下　張藉提點　張結成秀

王安平正　王藉張峭

王　永　王仙王倩

孫進錄事　命大口歲次甲口有九口因永

梁大伯　王二伯

起燈山人邑

大安一年正十

沙丘寺碑（一）

重修沙丘禪寺山門記

金臺雲水埜衲道澄撰

夫保定府之定興西石柱之墟者昔大齊大寧三藏法師之所營葺建創也。頹毀荒零。遠來甚久。往古迄今。頗有年矣。遡於大明宣德二年歲在丁未仲冬。時有僧曰慧堂師禮無相和尚。……善化十方。倒廩傾囊。鳩集工匠。廣辦木材。荏苒數年。而梵宮頗有備矣。奈云物有成毀。時有變遷。偶因兵火爥颯殿宇……豈忘於飡暮廢於寢。巡門乞化。袖疏干求。集寡爲夥。而勝因僅就矣。宏嚴亘庨而梵刹崢嶸。起正殿五架三間。彩塑龕八十四處。鐘樓鼓閣。禪室僧堂。開田種粟。以待往來。……

明天順三年龍集己卯仲秋旦日定興縣知事甄鐸同住山沙門慧堂立石

沙丘寺碑(二)

……寺以沙丘名。相其址。約在村之西北隅。考其所由來。惟禪丈前一石柱參天。書大齊大寧年號於其上。或此卽營建之始。……殿宇堂垣備則備矣。丹楹刻桷美則美矣。弟以歷數代更之後。修葺昌大。不無有藉於後起也。佛弟子海錮字圭峯。原本邑究室郝氏子。幼不茹葷。十數歲卽入寺。……因發心修建。藉此以普慶羣生。逾年而庀材鳩工。金剛殿告成。以及前後殿廡無一弗煥然大觀矣。……

順治九年……沙門海錮立石　開山石匠王天榮

定興縣志金石志

右石柱頌。通志府志未載。惟見於太平寰宇記。(引州郡志易州石柱按時屬淶水地) 而誤以爲齊神武立。舊志又誤王興國爲王海。(與大寧二年亦誤，) 按文稱武成帝大寧二年省符下標河清二年初立木柱及斛律羨都督幽州。令易以石。考羨乃斛律金之子。光之弟。本傳言天統四年進行臺尚書令。武平元年秋封荆山郡王。(世達跋所云咸陽王卽金也柱上有金及羨像) 後主紀言武平元年冬改威宗景烈皇帝諡號顯祖文宣皇帝。此文尙稱景烈。則柱當立于元年秋冬之間矣。中敘兵亂蝗災長城等事。皆與史合。又有范陽太守郭智劉仙。范陽令劉瀓姓名。舊志失載。又言左跨明武(施地記亦云東至明武城隍) 今城址不可考。(史有武陽城水經注言在固安非此城也) 其稱鄉義者。殆仿義民義夻之名耳。

沈曾植跋光緒定興縣志卷十六金石志

右北齊石柱額題曰。標異鄉義慈惠石柱頌。大齊大寧二年四月十七日省符下標。元造義王興國。義主路和仁。石在定興石柱村。即太平寰宇記易州下所載石柱也。定興本范陽縣之黃村。金大定中立縣。又割淶水易州近民屬之。石柱舊在易州東南三十里。今爲定興西北三十里也。按寰宇記引州郡志云。易州石柱。後魏末杜葛亂。殺人骸骨狼藉如亂麻。至齊神武起兵掃除凶醜。拾遺骸骨葬於此。立石柱以記之。所叙語大都撫取頌首文句。然以爲神武立則非也。據頌文。義葬起亂定之初。義食繼其後。武定二年爲法師別立清館。四年依官道改建新堂。天保十年奏聞。河清二年權立木柱。天統三年改建石柱。創義者王興國。田市貴。助義功德者法師曇遵。居士馮叔平。路和仁。施地者嚴僧安等。先後州郡助義者。幽州都督盧文翼。獨孤使君。范陽太守郭智。大行臺郎律義。范陽太守劉仙。范陽令劉康買。又有文翼子士朗。孫釋壽。繼爲檀越。義子世達。世遷。行過助資。事歷四十餘年。成之者非一。跡其文極詳覼縷周悉。作州郡志者。蓋見其文而未能竟讀。見有神武字。遂以命之。若京畿金石考。據寰宇記錄此碑。又引方志(即定興縣志之文)云。神武時義士王海立。誤王興國爲王海。則眞閭井之傳言。未嘗一窺柱下者矣。義事幾與齊一代終始。故頌文所載。多與本紀大事相關。曰天保螽蟲之歲者。齊書文宣紀。八年自夏至九月。河北六州大蝗。飛至京師。蔽日若風雨。九年。山東復大蝗。詔稱趙燕瀛定南營五州。螽潦損田。免其租賦。是其事也。云長圍作起之春者。文宣紀。天保五年。帝北巡至達速嶺。覽山川險要。將起長城。六年發夫八十萬築長城。自幽州至恒州九百餘里。八年於長城內作重城四百餘里。又云長城起西河。總秦戍。東至於海三千餘里。趙郡王叡傳云。天保六年。詔叡領山東兵數萬監築長城。先是徒役罷作。任其自返。丁壯各自先歸。羸弱被棄。加以饑病。多致僵殞。叡與所部俱還。弱强相持。配合州鄉。分有餘贍不足。賴以全十三四焉。觀此則作役之苦與死爲鄰。自趙郡王所部之外。能作歸夫。此義所濟。諒不少矣。云河清遭澇者。武成紀。河清三年。山東大水。饑死者不可勝數。詔發賑給。事竟不行。是其事也。云新令普頒舊文改削者。武成紀河清三年以律令頒下大赦。是其事也。頌中人名。於史可徵者。斛律羨齊書有傳。頌字豐落。傳文作豐樂。檢獨孤永業傳正作斛律豐洛。鮮卑語無義同音字例得通稱。羨以河清三年轉使持節都督幽安平南營東燕六州諸軍事。幽州刺史。元統中以北虜屢犯邊。備預不虞。自庫推戍東距於海。其間二百里中。凡有險要。或斬山築城。或斷谷立障。置立戍邏五十餘所。又稱突厥來寇。羨總率諸將禦之。突厥望見軍容。遂不敢戰。其後朝貢歲時不絕。羨有力焉。羨又導高梁水北合易京。東會於潞。因以灌田。公私獲利。頌文所云徧脫立戍架谷爲城。威振六蕃。恩加百姓。蓋皆紀當時實事。脫者。區脫也。羨以天統四年遷尚書令。武平元年秋。進爵荊山郡王。傳皆載之。柱文稱尚書荊山王。當刻於武平元年以後。後一二年。羨即被誅矣。傳載羨五子。世達世遷世辨世酋伏護。伏護以下。尚有幼者五六人。柱旁題名稱世達爲令公長息。世遷爲九息。則羨壯子當不止五人。傳稱斛律一門三公主。史惟見光子武都尚公主。今據題名。乃知羨子世遷。亦尚公主。世達官安東將軍。使持節岐州軍事。岐州刺史儀同三司內備身正都督臨邑縣開國子。世遷官駙馬都尉。皆足補史文之缺也。大都督盧文翼。附見魏書盧玄傳稱永安中爲都督。守范陽三城。拒韓婁有功。文翼有三子。士偉士朗士嬰。魏書惟見士偉。唐宰相世系表具之。士朗仕至殿中郎。子擇壽。仕開府參軍。頌稱大都督息士朗。不著其官。又云無以世務在懷。寧將榮祿革意。則士朗蓋有官而不仕者。頌文作釋壽。此唐書譌字。當以石刻正之。盧氏山東巨族。世與魏室聯姻。故云望重寰中。親交帝室。又有鳳室之孫。龍家龍子之句也。陽平路氏。魏書路恃慶傳後附見者十餘人。皆仕當魏齊之世。路和仁當是其族。而無文可徵。恃慶之弟名思略思令。此路和仁字思穆。北朝士夫固往往以字行。然未敢決定其必爲恃慶弟兄行否也。劉康買口州高柳人。州上字舊釋爲邕。按地形志。高柳郡屬恒州。泐字字形正方。當是恒字。緣涿東西。范陽涿人。即琢之別體。據水經注。涿出涿縣故城西南奇溝。東逕桃仁墟。東北與樂堆泉合。又東北逕涿縣故城西。注於桃水。向東流。岸當南北。不應云緣涿東西。道元於注。既出是水。又以爲應劭說。涿郡南有涿水。今無水以應之。惟西南有是水。世以爲涿水。又云濕水東逕廣陽郡。與涿郡分水當受通稱。事或近而非所安。是則涿水所在。當時固無定說。此頌所云緣潒東西者。乃似指易水爲潒。此又於酈注外。別爲異說。可資地理家紬繹者也。頌稱義之所在，云左跨明武。右帶長逵。郤負沮洳，面臨觀臺。施地之記。又云西至舊官道。東當明武城濆。又云東至城門。西屆舊官道。又云重施義東城潒。城南二段廿畝。明武城不可考。疑爲武陽城之異稱。武陽以天保七年詔書省幷。其城蓋不廢。水經注易水。自寬中歷武夫關。東出。是乘武水之稱。明武武陽。取義相近。惟檢寰宇記武陽故城所在。按以柱之所在。微爲差西。以此存疑。不能決定。亦或武陽東南。別有明武城。如范陽之別有小范陽者。故記靡詳。莫由證案矣。觀臺者。寰宇記石柱在易縣東南三十里金臺。俗稱東金臺。亦在縣東南三十里。小金臺。闌馬臺。並在縣東南十五里。水經注濡水經武陽城而北流。分爲二瀆。一水逕故安城西側南注。左右百步有二釣臺。參差交峙。迢遞相望。其一東注金臺陂。陂側西北有釣臺。高丈餘。方可四十步。陂北十餘步有金臺。北有小金臺。臺北有闌馬臺。並表高數丈。秀峙相對。翼臺左右。水流逕通。金臺去易縣里數方向。與石柱正相當。柱臨易水。臺據水經注亦臨易水。然則所謂却負沮洳者。即注所稱水流逕通。所謂面臨觀臺者。東金臺小金臺闌馬臺釣臺。必居一於是矣。齊代諸帝皆崇佛法。據佛祖統記。文宣天保元年。詔僧法常入內講經。拜爲國師。二年詔置昭玄上統。以沙門法上爲大統。令史員置五十餘人。六年令道士與師子角法。河清三年詔慧藏法師於太極殿講經。然則齊梁餘習。被及高齊。頌中國統光師。空格書之。與令公等國統。殆即上統。故尊之如是。其云有勑請法師。又云法師向並仁從衣履。蒙預內齋。蓋即宮中法會講筵之事。光師蓋齊時尊宿。魏書釋老志。魏末沙門知名見重當世者。有惠光。統紀有慧光。北齊時居洛陽。著華嚴涅槃十地等疏。妙盡權實之旨。僧名惠慧多互出。慧光蓋即惠光。與石柱時代相當。又名盛南州。與所云居洛陽相應。疑光師即其人矣。柱極高大。椎拓爲難。自歐趙以來。未嘗爲金石家箸錄。光緒丁亥。碑工李雲從覓得之。村人阻撓。廢然而返。鹿編修喬笙聞之。乃自募工往。曉諭村人。經營累月。乃得搨本數十分。以一遺余。此本是也。己丑冬日。喬笙復以錄出碑文見示。靡坐累日。爲增釋數十字。並參證史傳可攷者紀之如是。

頌中紀事與史文不相應者二。武定四年神武北狩勅道西移。考北齊書是歲首書神武將西伐。自鄴會兵晉陽。亦不得經由范陽。據北史武定三年十月。神武上言幽安定三州北接奚蠕。請於險要修立城戍以防之。躬自臨履莫不嚴肅。北狩移道。恐在此時。此不必史文之誤。撰文人誤記年月。碑刻往往有之。亦或三年冬北狩。涉四年春還也。云天保三年。景烈皇帝鸞指湯谷離宮。此湯谷者。陽谷之異文。淮南天文訓。史記索隱。引舊本皆如此作。檢齊書文宣紀天保三年。惟有帝擊庫莫奚於代郡事。代郡不得言湯谷。時帝由晉陽北伐。亦不從范陽經過。惟四年秋帝北巡冀定幽安。仍北討契丹。從平州至陽師水。歸至營州。登碣石臨滄海。與頌所云鸞指湯谷情事相當。離宮義所當在茲役。此亦當由撰文人誤記。一則差後一則差前一年也。據後主紀天統元年。有司奏改高祖文宣皇帝為威宗景烈皇帝。武平元年冬。復改威宗景烈皇帝謚號。顯祖文宣皇帝。文尚稱文宣為景烈。益足證為元年冬以前撰刻也。或疑湯谷指溫泉。漁陽固有溫泉。然古稱溫泉為湯谷者甚少。即張衡溫泉賦所云。控湯谷於瀛州。浴日月於中營。亦指日出之陽谷言之。非謂溫泉為湯谷也。

圖版壹

(甲) 開元寺大雄寶殿正面立面圖

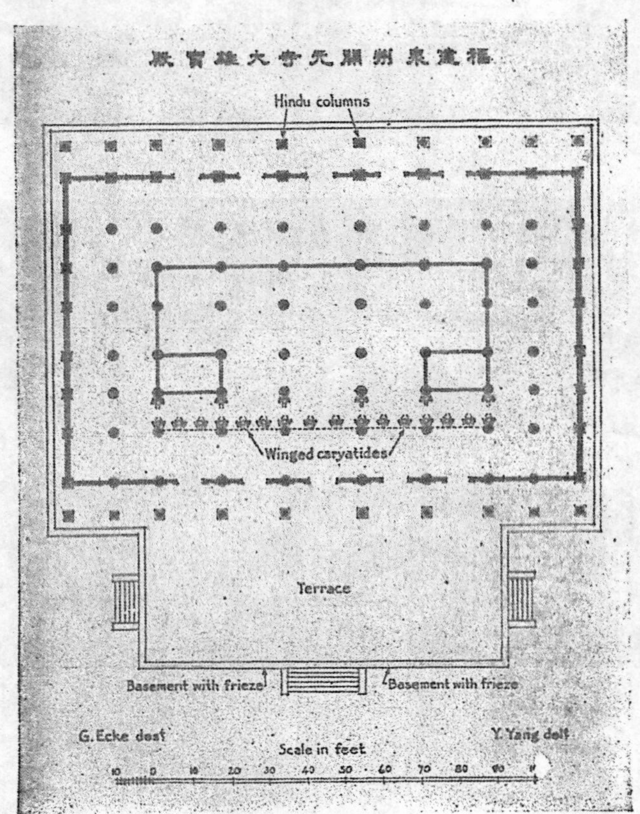

(乙) 大殿平面圖

圖版貳

(甲) 大殿西邊石柱

(乙) 大殿東邊石柱

34858

圖版叁

（甲）圓盤第一號

（乙）圓盤第十三號

（丙）圓盤第二十三號

（丁）圓盤第十六號

圖版肆

（甲）圓盤第二號

（乙）圓盤第五號

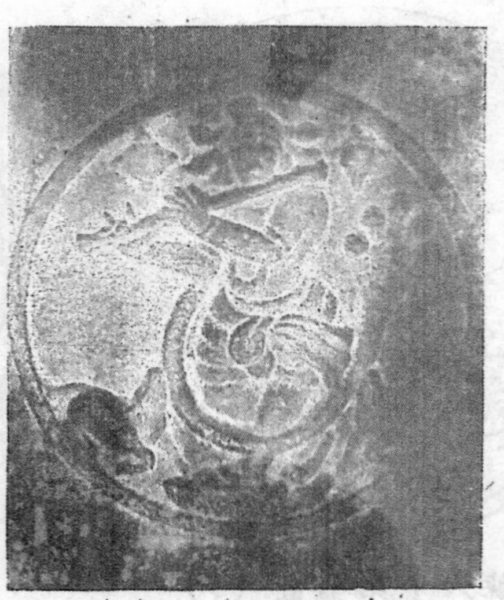

（丙）圓盤第十四號

（丁）圓盤第四號

圖版伍

（甲）圓盤第八號

（乙）圓盤第十七號

（丙）大殿台階束腰之雕刻

圖版陸

(甲)象祀神圖

(乙)牛祀神圖

泉州印度式雕刻

庫瑪拉要彌著
劉致平譯

艾克博士南遊閩廈，詣泉州開元寺，得見印度式石柱雕刻於大雄寶殿。爰以所得，繪圖攝影寄印度學者庫瑪拉要彌 Ananda K. Coomaraswamy 先生。庫氏爲記，刋於德國東亞美術季刋一九三三年一二期合刋本，爲營造石作中罕有之例，亦雕刻史中可貴之資料，爰譯如左。譯者志。

泉州，中國之通商口岸，與臺灣相對，卽中世紀作家所謂 Zayton 者是。其地現存印度式雕刻尙多，艾克博士屬余爲記。艾克君謂「泉州自唐至明初時爲五方雜處之地，常集全球各部之旅客，且有居留地焉〔註一〕。」錫蘭與中國以泉州爲孔道，通商已久。在討論此南印度或錫蘭式雕刻之先，請先引泉州府志卷五十五所載，有世拱顯者，爲淸康熙間之學者，本錫蘭山君長巴來那公之後，寓於泉州〔註二〕。按明史卷三百二十六，亦謂巴來那（卽 Parakkama-Bahu VI）於一四三三年入貢中國。在十五世紀時，以錫蘭王子而置府第於泉州。可證泉州之重要，及其與錫蘭間攸久直接之關係矣。

除兩例外而外，本篇所述之印度式雕刻，皆在泉州開元寺大雄寶殿之簷柱及階下華版上。開元寺志謂大殿始建於唐垂拱間公元六八六年，補修於一〇九五年，毀於一一五五年，旋卽復建，時或當在元代〔註三〕。此印度雙柱志無特載。柱爲石製，殆爲中國匠人仿印度之木刻（？）原物所製。柱圖版貳(甲)(乙)爲常見之印度式，殺作十六角形，柱腰間爲方塊形，其上刻圓盤，雕各種印度神話中常見之故事。階下束腰亦用神話題材，每隔身間柱間相間刻以獅或人獅（梵文 simha 及 narasimha）束腰上下之線脚作蓮瓣圖版伍(丙)。其對印度或錫蘭程式及作風模仿之近似，乍見幾疑出自印度匠人之手。艾克博士以此爲元代重建時所作，元時有此種作品固可能，然印度遺物中與此種作風之最相近似者，殆卽十三世紀錫蘭 Polonnāruva 之藝術。惟以余個人觀察，則現有者恐最早不過於明也。

次論圓盤內所刻之題材，自東面柱上部之內面，依艾克君之排數法述起。（一）毘紐（Visnu）騎金翅鳥（Garuda）。像有四臂，上二手持盤螺，下二手作无畏手印 abhaya varada mudrā 金翅鳥除有翼外，完全爲人形。（二）在（一）之下面，令人一見而知二者有相連之關係，係敍述名故事 Gajendramokṣa，解放象王之下段者。此神話肇源甚古，直溯 Suparṇā-dhyāya 及 Mahābhārata (1.29)〔註四〕或及於 Nāga Jātaka。此處則簡刻作象被水怪擒獲之狀。二者在 Suparṇâdhyâya 中均視作金翅鳥當然之俘獲。此故事之較新較有敎意之說法在 Gupta 時代已見於 Deogarh 之美術中，其後更見 Mysore, Rajput 及尼泊爾之繪畫中，最後更用爲 Kipling 氏 Just So Stories〔註五〕之封面。所述二物即二金仙 (ṛṣis) 同爲毘紐之信士，以見憎於別位神祇，貶之爲象及鱷魚，於是盡失其本來信仰。當象飲於水，鱷嚙其足而掠之，彼此遂鬭亘至千年。於是象復回憶上帝，以鼻舉蓮花向毘紐祈求垂救。毘紐即時騎金翅鳥現身圖版叁(甲)，救象（彼之 bhakta），殺鱷魚，此二物遂各得救〔註六〕。（四）（西邊）kṛṣṇa 繫身木臼於二 arjuna 樹間，盤內僅刻一樹，此係 Kṛṣṇa Līlā 著名故事中之一段，如 Bhāgavata Purāṇa, X, 9, & 10. 所述。幼孩 Kṛṣṇa 既被繫於重木臼上，以防其惡作劇，彼乃拽臼至樹間，驟然施力，樹拔根出，於是附身樹上之 Kubera 二子 Nalakuvara 及 Maṇigrīva 遂得脫魔法而獲救。（五）毘紐之人獅。神具十臂，手執毘紐之盤螺及其他法寶，正裂兇魔 Hiraṇyakaśipu 之身，如 Upaniṣads Taittrīya Āraṇyaka X,17, 及 Purāṇas 所述。（八）（北或前面）刻二鹿樹下覓食，一猴坐左邊矮樹上。余尚未能求得此雕刻與印度任何神話之關係。而 Jātaka 題材之見於其他印度題材中，固非常見者也。（十一）（東面）刻雙鳳彼此銜嘴卷身盤內。此種式樣爲宋以前中國織物上所習見。印度雖亦有此式，然在此可謂爲中國原有式樣也。

在西面柱有（十三）（南面）cira-haraṇa 牛女（Gopi）衣服被竊係 Kṛṣṇa Lilā 趣事之一段，見 Bhāgavata Purāṇa X, 22. 女等浴於閻摩那河（Yamunā）禱於 Kātyāyani (Devi 變相之一）並祝 Kṛṣṇa 可爲彼等夫婿。 爾時 Kṛṣṇa 竊彼等衣服以登樹，經彼等親至乞求始一一還之。 蓋以喻凡求見上帝者必須靈魂放棄一切，赤裸裸以求之而後可也。（十四）Kāliya damana 或 Kṛṣṇa 戰勝 nāga Kāliya。 Nāga-kāliya 曾據閻摩那河一旋渦，致水毒附近村鎮。Kṛṣṇa 與之狠鬬，始敗之而舞蹈於其頭上。 而此柱所刻者對此事殆有誤解之處，以致將 Kṛṣṇa 作平時吹笛狀，立蓮座上，旁有二牛而五頭蛇既似無尾，復盤於 Kṛṣṇa 之身上，而 Kṛṣṇa 之上則有毘紐之法寶盤螺等物。 事見於 Bhāgavata Purāṇa, X, 16.（十六）（西面）毘紐四臂坐蓮座上，旁有二 Śaktis (Lakṣmi 及 Bhūmi Devi) 坐於座旁生出之蓮花上。 毘紐之下右手緊握爲拳（本應握蓮花），上右手舉盤，上左手執螺，下左手握棒形矛。 此種分配法之毘紐謂之 Janārdana〔註七〕。（十七）Bhairva (Śiva) 立蓮座上四臂長髮衣 dhoti 持三叉矛，鼓，神圈，兜鍪等物。 恒河及新月則顯然大概以髮之左右象之。 柱上所見 Śaiva 惟此一例，然在泉州他處，尚有用 Śaiva 爲題材者，當於下文述之。（二十）（北邊）雙獅。 其作風爲中國式。（二十三）（東邊）二角力者，互扯手足作卍字形。 角力者刻於圓盤之內，已見古代印度美術中

(Cunningham, Stupa of Bharhut, Pl. XXXV, 2.) 此處所見殆以象 Kṛṣṇa 及 Cāṇūra 或 Balarāma 及 Muṣṭika (Bhāgavata Purāṇa, X, 44.) 之角力也。其餘圓盤（如第三六七，九，九十，十二，十五，十八，十九，二十一，二十二，二十四）均刻各種花草，其中九十，二十二刻蓮花，十五刻玫瑰，二十四刻茶花，諸花均無須印度原本，亦無印度原本之痕蹟。其數字排列法，係由東柱數起，由柱之南面而西，北，東。西柱亦然。

上述二柱顯係泉州道教海龍王廟柱之摹本。二柱之形制雖純爲印度式；惟內無神話題材之雕刻。艾克博士謂此摹本之摹本，乃清乾隆年間所仿製。但開元寺二柱所根據之原物，則早已毀滅無疑矣。

今請述泉州其他印度遺物二事。在城東北隅，距開元寺不遠之某小廟焚帛爐上，有石版之浮雕二，亦以 Śaiva 故事爲題，砌於爐上。誠如艾克博士所指，此二石者乃印度原物之中國摹本，於刻象石中 liṅgam-yoni 座下之雲頭蓮花等尤爲顯著。

此石（圖版陸(甲)）刻一象向左邊樹下之 liṅga 獻蓮花一朵。此事似可考爲 Tiru-Viḷaiyāḍal Purāṇa Perum-Paṟṟap-puliyūr Nambi 所載上帝（即 Śiva）化身作 Sundara 於 Madura 之六十四軼事之一。是書成於十六世紀。書中謂 Indra 於 Madura 附近某樹林中爲一 liṅga 建龕，以祀之，稱之爲 Sundara 此時適有性急尊者 Durvasas 以花圜贈 Indra，Indra 復以之置其象

Airāvata 之頭上。象竟以鼻移於足下踏之，（顯然見於石刻中）於是 Durvasas 貶之下界爲凡象至能虔敬 Sundara 時止。

上述故事，已足爲石刻之說明。但因原故事年代較後於石刻，故若根據 Periya purāṇa 中之 Kōcengat-sōḷa Nāyanar Purāṇa〔註八〕似爲較妥。此故事謂樹林中 Śiva-liṅga 每日受一白象以花水頂拜。又有蜘蛛一，亦在 liṅga 之上織網，以防樹葉零落 liṅga 之上。象以蛛網爲不雅觀，屢次去之，（如圖上所刻象足下及 liṅga 下之雲花等物，或卽象徵扯下之蛛網）蜘蛛怒，攢象鼻中。象創痛甚，乃往來搖摔其鼻，以至於死。蜘蛛亦隨亡。蜘蛛再世遂爲 Śaiva 之聖者 Kōc-cengaṇan。

第二石版圖版陸(乙)刻母牛親乳 Śiva-liṅga 並作舐護之狀。右側刻(已毀)尊者坐樹下。此似述 Periya Purāṇa〔註九〕書中之 Śaiva 聖 Caṇdesa 故事。Caṇdeśa 生爲婆羅門。幼時見牧人痛笞孕牛，心甚不忍，遂自薦爲之牧牛。每當母牛食草時，彼則默然入定。牛與 Caṇdeśa 親甚，竟不復思其犢。Caṇdeśa 見乳溢流，欲以奉 Śiva，乃以泥沙作 liṅga，以鮮花美乳供之。牛受虔誠感化，亦均自動以乳敬神。惟村人怒失乳，使 Caṇdeśa 之父覘其子。其父所見卽石上所刻—尊者傍樹坐，一牛乳 liṅga 並舐之如其愛犢。父怒擊其子，子亦還擊創父。事後 Caṇdeśa 依然入定。於是 Śiva 及 Pārvatī 遂現身尊者之前，以代其父母焉。

註一 輔仁大學校刊，一九三〇年第七期第十四頁，中國建築中之人形柱及女像柱。

註二 此引證係輔仁大學教授張星烺先生與艾克博士者。

註三 寺志第三頁謂元僧 Chi-Tsu 命僧 Po-Fo 修補大殿前院石地，此非修補大殿下部。

註四 見 J. Charpeutier 著 Suparnasage 第二三四頁。

註五 見 Gurges，古紀念物 (Ancient Monuments) 圖版二五二，Mysore Architectural Department, Annual Report, for 1920 第五頁及圖版III Coomaraswamy Catalogue of Indial Collection' Boston 之圖版V第CL XXXIX 節及 Rajput Painting 三十九頁圖版XVI（尼泊爾）。

註六 仝註四；Jouveau-Dubreuil，南印度考古集 (Archeologie du Sud del' Inde) 第二冊第七十一—七十三頁（自 Bhāgavata Purāna 採出）JRAS 一九一〇年第二九九—三〇一頁 G.A. Grierson 著之 Gleanings from the Bhakta-mala。

註七 見 Mem. A.S.II, 1920 第二十五頁，B.B. Bidyabinod 之毘紐化形 (Varieties of the Visnu Image) 上手所刻之物與第十三圖盤同。

註八 見 Schomerus Sivaitische Heiligenlegenden 一九二五年第一八九頁，著者對於 Tamil 之源流考證深感 T. N. Ramachandran 君指教之力，Periya Purāna 之年代當在十一或十二世紀間，見 Schomerus 書第九頁及 H. Nau 之 Prolegomena zu Pattanattu Pillaiyar's Padal Halle，一九一九年。

註九 Schomerus Śivaitische Heiligenlegenden，一九二八年第一〇四頁。

哲匠錄目錄續

第三 攻守具

周 公輸般「般」又作「盤」「班」

三國—吳 張奮

宋 張綱

陳 黃法氍 徐世譜

北齊 綦母懷文

隋 雲定興

唐 田茂廣 李皐

宋 楊么 郭諮 方會 韓世忠

元 孫威子拱 薛塔拉海 伊斯瑪因 阿老瓦丁 攸哈剌拔都

明 焦玉 林俊 徐光啟 王徵 薄珏 招奇佐 焦勗

清 戴梓 龐秉權 惠麓酒民 薛大烈 丁守存 龔振麟 丁拱辰

潘仕成 葉世槐 徐壽子建寅 蔡標 袁祖禮 董毓琦

哲匠錄（續）

紫江朱啟鈐桂辛輯本
新會梁啟雄逖任校補
寧晉劉儒林雅齋校補

第三 攻守具

周

公輸般「般」又作「盤」「班」

公輸般，名般，公輸其號也。魯之巧人。與墨子同時，或以爲魯昭公之子。嘗爲楚作雲梯，以攻宋。又長於製作奇巧器物，事分見機巧類。

墨子魯問篇　昔者楚人與越人舟戰於江楚人順流而進迎流而退見利而進見不利則其退難越人迎流而進順流而退見利而進見不利則其退速越人因此若執亟敗楚人公輸子自魯南游楚焉始爲舟戰之器作爲鉤强之備退者鉤之進者强之量其鉤强之長而制爲之兵楚之兵節越之兵不節楚人因此若執亟敗越人公輸子善其巧以語子墨子曰我舟戰有鉤强不知子之義亦有鉤强乎子墨子曰我義之鉤强賢於子舟戰之鉤强我鉤强我鉤之以愛揣之以恭弗鉤以愛則不親弗揣以恭則速狎狎而不親則速離故交相愛交相恭猶若相利也今子鉤而止人人亦鉤而止子子强而距人人亦强而距子

交相鉤交相强猶若相害也故我義之鉤强賢子舟戰之鉤强公輸子削竹木以爲鵲成而飛之三日不下公輸子自以爲至巧子墨子謂公輸子曰子之爲鵲也不如匠之爲車轄須臾劉三寸之木而任五十石之重故所爲功利於人謂之巧不利於人謂之拙 又公輸篇 公輸盤爲楚造雲梯之械成將以攻宋子墨子聞之起於齊行十日十夜而至於郢見公輸盤公輸盤曰夫子何命焉爲子墨子曰北方有侮臣願藉子殺之公輸盤不說子墨子曰請獻十金公輸盤曰吾義固不殺人子墨子起再拜曰請說之吾從北方聞子爲梯將以攻宋宋何罪之有荆國有餘於地而不足於民殺所不足而爭所有餘不可謂智宋無罪而攻之不可謂仁知而不爭不可謂忠爭而不得不可謂强義不殺少而殺衆不可謂知類公輸盤服子墨子曰然乎不已乎公輸盤曰不可吾既已言之王矣子墨子曰胡不見我於王公輸盤曰諾子墨子見王曰今有人於此舍其文軒鄰有敝轝而欲竊之舍其錦繡鄰有短褐而欲竊之舍其粱肉鄰有糠糟而欲竊之此爲何若人王曰必爲竊疾矣子墨子曰荆之地方五千里宋之地方五百里此猶文軒之與敝轝也荆有雲夢犀兕麋鹿滿之江漢之魚鼈黿鼉爲天下富宋所爲無雉兎狐狸者也此猶粱肉之與糠糟也荆有長松文梓楩柟豫章宋無長木此猶錦繡之與短褐也臣以三事之攻宋也爲與此同類臣見大王之必傷義而不得王曰善哉雖然公輸盤爲我爲雲梯必取宋於是見公輸盤子墨子解帶爲城以牒爲械公輸盤九設攻城之機變子墨子九距之公輸盤之攻械盡子墨子之守圉有餘公輸盤詘而曰吾知所以距子矣吾不言子墨子亦曰吾知子之所以距我吾不言楚王問其故子墨子曰公輸子之意不過欲殺臣殺臣宋莫能守可攻也然臣之弟子禽滑釐等三百人已持臣守圉之器在宋城上而待楚寇矣雖殺臣不能絕也楚王曰善哉吾請無攻宋矣子墨子歸過宋天雨庇其閭中守閭者不內也故曰治於神者衆人不知其功爭於明者衆人知之

孟子離婁上 孟子曰離婁之明公輸子之巧不以規矩不能成方圓（注公輸子魯班魯之巧人也或以爲魯昭公之子）

荀子法行篇 公輸不能加於繩墨（注公輸魯巧人名班）

禮記檀弓下　季康子之母死公輸若方小歛般請以機封（劉台拱曰若疑即般之字）

淮南子本經訓　公輸王爾無所錯其剞劂削鋸（注公輸巧者一曰魯班之號也）　又脩務訓　夫無規矩雖奚仲不能以定方圓無準繩雖魯般不能以定曲直

戰國策宋策　公輸般爲楚設機將以攻宋（注魯之巧人）

漢書卷六十五東方朔傳　魯般爲將作（注以其巧也般與班同）

三國—吳

張奮

張奮，三國吳張昭弟子。年二十，造攻城大攻車。

三國吳志卷七張昭傳　昭弟子奮年二十造作攻城大攻車爲步隲所薦昭不願曰汝年尚少何爲自委於軍旅乎奮對曰童汪死難子奇治阿奮實不才耳於年不爲少也遂領兵爲將軍連有功效至平州都督封樂鄉亭侯

宋

張綱

張綱，嘗爲劉裕造衝車，覆以版屋，蒙之以皮，並設諸奇巧於車中，城上火石弓矢均無所施用。又爲飛樓懸梯木幔之屬，遙臨城上。

晉書卷一百二十八慕容超載記　劉裕率師討慕容超超使其尚書郎張綱乞師於姚興未幾裕師圍城四面皆合人有竊告裕軍曰若得張綱爲攻具者城乃可得是月綱自長安歸遂奔於裕爲裕造衝車覆以版屋蒙之以皮並設諸奇巧城上火石弓矢無所施用又爲飛樓懸梯木幔之屬遙臨城上超出亡遂爲裕軍所執

陳

黃法𣰰

黃法𣰰，字仲昭巴山新建人。陳世祖時累戰功授平南將軍。嘗爲拍車及步艦，以攻歷陽城。

陳書卷十一本傳　黃法𣰰字仲昭巴山新建人也少勁捷有膽力步行日三百里距躍三丈……以拒王琳功授平南將軍……太建五年大舉北伐都督吳明徹出秦郡以法𣰰爲都督出歷陽……於是乃爲拍車及步艦豎拍以逼歷陽

徐世譜

徐世譜，字興宗；魚復人。有勇力，善水戰，性機巧。梁元帝時領水軍，所造樓船拍艦火舫水車器械等，隨機損益，妙思出人。

陳書卷十三本傳　徐世譜字興宗巴東魚復人也世居荆州爲主帥征伐蠻蜒至世譜尤勇敢有膂力善水戰梁元帝之爲荆州刺史世譜將領鄉人事焉侯景之亂因預征討累遷至員外散騎常侍尋領水軍從司徒陸法和討景與景戰於赤亭湖時景軍甚盛世譜乃別造樓船拍艦火舫水車以益軍勢將戰又乘大艦居前大敗景軍生擒景……紹泰元年徵爲侍中左衛將軍高祖之拒王琳其水戰之具悉委世譜世譜性機巧諳解舊法所造器械並隨機損益妙思出人……卒時年五十五

贈本官謚曰桓侯

四川總志 徐世譜魚復人勇力善水戰梁元帝時領水軍所造器械隨機損益妙思出人

北齊

綦母懷文

綦母懷文，不知何郡人。以道術事高祖。首創宿鐵刀；其法燒生鐵精以重柔鋌，數宿則成剛，以柔鐵爲刀脊，浴以五牲之溺，淬以五牲之脂，斬甲過三十札。

北齊書卷四十九方伎本傳 綦母懷文不知何郡人以道術事高祖武定初官軍與周文戰於邙山是時官軍旗幟盡赤西軍盡黑懷文言於高祖曰赤火色黑水色水能滅火不宜以赤對黑土勝水宜改爲黃高祖遂改爲赭黃所謂河陽幡者也又造宿鐵刀其法燒生鐵精以重柔鋌數宿則成剛以柔鐵爲刀脊浴以五牲之溺淬以五牲之脂斬甲過三十札今襄國冶家所鑄宿柔鋌乃其遺法作刀猶甚快利但不能截三十札也懷文云廣平郡南幹子城是干將鑄劍處其上可以瑩刀懷文官至信州刺史

隋

雲定興

雲定興，隋人，未詳其籍。女爲皇太子勇昭訓，及勇廢，除名，配少府。定興先得昭訓明珠絡帳，私賂於宇文述。又以音樂奇服干述。後煬帝將事四夷大造兵器，述因薦之，累遷左屯衛大將軍。

隋書卷六十一　宇文述傳　雲定興者附會於述初定興女爲皇太子勇昭訓及勇廢除名配少府定興先得昭訓明珠絡帳私賂於述自是數共交遊定興每時節必有賂遺並以音樂干述述素好著奇服炫耀時人定興爲製馬韉於後角上缺方三寸以露白色世輕薄者爭倣學之謂爲許公缺勢又遇天寒定興曰入內宿衞必當耳冷述曰然乃製袜頭巾令深袙耳又學之名爲許公袙述大悅曰雲兄所作必能變俗我聞作事可法故不虛也後帝將事四夷大造兵器述薦之因勅少府工匠並取其節度述欲爲之求官謂定興曰兄所製器仗並合上心而不得官者爲長寧兄弟猶未死耳定興曰此無用物何不勸上殺之述因奏曰房陵諸子年並成立今欲勸兵征討若將從駕則守掌爲難若留一處又恐不可進退無用請早處分帝從之因鴆殺長寧又遣以下七弟分配嶺表仍遣間使於路盡殺之五年大閱軍實帝稱甲仗爲佳述奏曰並雲定興之功也擢授少府事……十一年授左屯衛大將軍……

唐

田茂廣

田茂廣，唐初人。嘗造雲艣三百具，以機發石爲攻城械。

唐書卷八十四李密傳　護軍將軍田茂廣造雲艣三百具以機發石爲攻城械號將軍砲進逼東京燒上春門

李皋

李皋，字子蘭；唐太宗裔孫，嗣曹王。嘗敎爲戰艦，挾二輪，蹈之，鼓水疾進。又創意爲欹器。

唐書卷八十宗室太宗諸子曹王明傳　皐字子蘭少補左司禦兵曹參軍天寶十一載嗣王事……皐性勤儉能知人疾苦參聽微隱盡得吏下短長其賞罰必信所至常平物估豪舉不得擅其利欲為戰艦挾二輪蹈之鼓水疾進駛于陣馬有所造作皆用省而利長……卒年六十贈尚書右僕射謚曰成皐嘗自創意為欹器以梨木上出五觚下銳圓為盂形所容二豆少則水弱多則彊中則水器力均雖搖動乃不覆云

宋

楊么

楊么，宋高宗時人。聚衆洞庭湖為水寇。浮舟湖中，以輪激水，疾駛如飛，旁置撞竿，官舟迎之輒碎。後為岳飛所破。

宋史卷三百六十五岳飛傳……么負固不服方浮舟湖中以輪激水其行如飛旁置撞竿官舟迎之輒碎飛伐君山木為巨筏塞諸港汊又以腐木亂草浮上流而下擇水淺處遣善罵者挑之且行且罵賊怒來追則草木壅積舟輪礙不行飛亟遣兵擊之賊奔港中為筏所拒官軍乘筏張牛革以蔽矢石舉巨木撞其舟盡壞么投水牛皐擒斬之

郭諮

郭諮，字仲謀，宋趙州平棘人。康定西征，諮上戰略，獻拒馬鎗陣法。又有巧思，能自為兵械。所作之刻漏圓楯獨轅弩生皮甲並為戰守精具。

宋史卷三百二十六本傳　郭諮字仲謀趙州平棘人八歲始能言聰敏過人舉進士……康定西征諮上戰略獻拒馬鎗陣

法……諸有巧思自爲兵械皆可用詔以作刻漏圓楕獨轅弩生皮甲來上帝頗佳之

方會

方會，字子元，宋莆田人。熙寧進士，充兩浙安撫使。繕城隍，創樓船，上所撰水戰法，方圓縱横，用六六舟爲陣，得六花八陣之意，以時肄習進退，疾徐如在平地。累爵文安郡開國侯，卒贈太師。

乾隆興化莆田縣志卷二十四人物志仕蹟宋　方會字子元嶠從孫熙寧九年進士調揚州司法參軍以薦移建州敎授學政大修八州之士翕至朝廷爲賜田給其廩餼部使者上會敎導狀詔進秩再任後以集英殿修撰知河中府西人入貢所過售駿馬牧守例得下其估屬吏以請會笑卻之朝廷陞十帥府遴選守臣以會知越州充兩浙安撫使繕城隍創樓船上所撰水戰法方圓縱横用六六舟爲陣得六花八陣之意以時肄習進退疾徐如在平地政和二年召還入對徽宗奬諭再四累爵文安郡開國侯卒贈太師

韓世忠

韓世忠，字良臣，宋延安人。目瞬如電，鷙勇過人。高宗時官平寇左將軍，屢敗金人，後世克敵弓，連鎖甲，狻猊鍪，皆其遺法。

宋史卷三百六十四本傳　韓世忠字良臣延安人風骨偉岸目瞬如電早年鷙勇絕人能騎生馬駒家貧無產業嗜酒尙氣不可繩檢日者言嘗作三公世忠怒其侮己毆之年十八以勇敢應募鄉州隸赤籍挽强馳射勇冠三軍……持軍嚴重與士卒同甘苦器仗規畫精絕過人今克敵弓連鎖甲狻猊鍪及跳澗以習騎洞貿以習射皆其遺法也

34878

元

孫威 子拱

孫威，元渾源人。幼沉鷙有巧思。善為甲，嘗以意製蹄筋翎根鎧，太祖親射不能徹，授順天……諸路工匠都總管。

拱，威子。巧思如其父，嘗製甲二百八十襲以獻，至元十一年別製疊盾，其製張則為盾，斂則合而易持，世祖以為古所未有，賜以幣帛。丞相伯顏南征，以甲冑不足，詔諸路集匠民分製，拱董順天河間甲匠，先期畢工，且象虎豹異獸之形，各殊其制，皆稱旨。

元史傳二百三工藝本傳　孫威渾源人幼沉鷙有巧思金貞祐間應募為兵以饒勇稱及雲中來附守帥表授義軍千戶從軍攻潞州破鳳翔皆有功善為甲嘗以意製蹄筋翎根鎧以獻太祖親射之不能徹大悅賜名伊克烏蘭佩以金符授順天安平懷州河南平陽諸路工匠都總管從攻邠乾突戰不避矢石帝勞之曰汝縱不自愛獨不為吾甲冑計乎因命諸將衣其甲者問曰汝等知所愛重否諸將對皆失旨意太祖曰能捍蔽爾輩以與我國家立功者非威之甲耶而爾輩言不及此何也復以錦衣賜威每從戰伐恐民有橫被屠戮者輒以蒐簡工匠為言而全活之歲庚子卒年五十八至大二年贈中奉大夫武備院使神川郡公諡忠惠子拱為監察御史後襲順天安平懷州河南等路甲匠都總管巧思如其父嘗製甲二百八十襲以獻至元十一年別製疊盾其製張則為盾斂則合而易持世祖以為古所未有賜以幣帛丞相巴延南征以甲冑不足詔諸路集匠民分製拱董順天河間甲匠先期畢工且象虎豹異獸之形各殊其制皆稱旨十五年授保定路治中適歲饑議開倉賑民或曰宜請於朝拱曰救荒事不可緩也若得請而後發粟以賑之則民餓死矣苟見罪吾自任之遂發粟四千五百石以賑饑

民高陽士棄據沙河橋取行者錢人以爲病拱執而罪之二十二年除武備少卿遷大都路軍器人匠總管陞工部侍郎成宗即位典朝會供給賜銀百兩織紋緞五十匹帛二十五匹鈔萬貫元貞二年授大同路總管兼府尹大德五年遷兩浙都轉運使鹽課舊二十五萬引歲不能足拱至增五萬引遂爲定額九年改益都路總管兼府尹仍出內府弓矢寶刀賜之卒於官贈大司農神川郡公謚文莊

薛塔拉海

薛塔拉海，元燕人。金貞祐中，元太祖引兵至北口，塔拉海率所部歸之。帝命爲礮水手元帥以功進紫金光祿大夫，礮水手軍民諸色人匠都元帥，從征回回諸國，俱以礮立功；太宗時，從睿宗敗金師，復破南京及唐、鄧、均、許諸州，取鄜陵、扶溝，尋卒。

元史卷一百五十一列傳　薛塔拉海燕人也剛勇有志歲甲戌太祖引兵至北口塔拉海率所部三百餘人來歸帝命佩金符爲礮水手元帥屢有功進紫金光祿大夫佩虎符爲礮水手軍民諸色人匠都元帥便宜行事從征回回河西欽察畏吾兒康里乃蠻阿魯虎忽纏帖里麻賽蘭諸國俱以礮立功太宗三年睿宗引兵自洛陽渡河塔拉海由隴右假道金商遂會師于均州三峯山敗金師四年破南京及唐鄧均許諸州取鄜陵扶溝四月卒子奪失剌襲爲都元帥……

伊斯瑪因

伊斯瑪因，元西域實喇人，回回氏。善造礮，所擊無不摧陷，至元中以功命爲回回礮手總管。

元史卷二百三工藝本傳　伊斯瑪音回回氏西域實喇人也善造礮至元八年與阿老瓦丁至京師十年從國兵攻襄陽未下伊斯瑪因相地勢置礮於城東南隅重一百五十斤機發聲震天地所擊無不摧陷入地七尺宋安撫呂文煥懼以城降既

而以功賜銀二百二十兩命爲回回礮手總管佩虎符十一年以疾卒

阿老瓦丁

阿老瓦丁，元西域木發里人；回回氏。善造礮，豎於五門前，帝命試之，賜衣段。後伐宋，破潭州、靜江等郡，悉賴其力。授宣武將軍、管軍總管，後改元帥府爲回回礮手軍匠上萬戶府，以阿老瓦丁爲副萬戶。

元史卷二百三工藝本傳　阿老瓦丁回回氏西域木發里人也至元八年世祖遣使徵礮匠於宗王額哷布格王以阿老瓦丁伊斯瑪因應詔二人舉家馳驛至京師給以官舍首造大礮豎於五門前帝命試之各賜衣段十一年國兵渡江平章阿爾哈雅遣使求礮手匠命阿老瓦丁往破潭州靜江等郡悉賴其力十五年授宣武將軍管軍總管十七年陞見賜鈔五千貫十八年命屯田於南京二十二年樞密院奉旨改元帥府爲回回砲手軍匠上萬戶府以阿老瓦丁爲副萬戶大德四年告老

攸哈剌拔都

攸哈剌拔都，元太祖時渤海人。善騎射，從木華黎攻通州，獻計一夕造礮三十，雲梯數十。

元史卷一百九十三忠義本傳　攸哈剌拔都渤海人初名興哥世農家善騎以武斷鄉井金末避地大寧國兵至出保高州富庶寨射獵以食屢奪大營孳畜又射死其追者國王木華黎率兵攻寨寨破奔高州國兵圍城下令曰能斬攸興哥首以降則城中居民皆獲生守者召謂曰汝奇男子吾寧忍斷汝首以獻汝其往降乎不然吾一城生靈無噍類矣興哥乃折矢出降諸將怒欲殺之木華黎曰壯士也留之爲吾用俾隸麾下從木華黎攻通州獻計一夕造砲三十雲梯數十附城州將懼出寶貨以降木華黎命興哥恣取之興哥獨取良馬三以賞兵士木華黎以其功聞太祖賜名哈剌拔都

明

焦玉

焦玉，元明時人，不詳其里居。少時涉獵儒書，窮研將略。一日，遊天台遇一道士，師事之，從遊四方，以火攻陣法一書授玉而別。至正十五年，明太祖起兵和州，玉獻火龍鎗數十件，命大將軍徐達試之，勢若飛龍洞透層革，太祖喜曰：「此鎗取天下如反掌，功成當封汝無敵大將軍。」定鼎後，於京城立火葯局以製法葯，立內庫以藏神器，立神機營以操戰陣。後玉著火龍經三卷，首論火攻之法及製葯之方，中述各器之製造，末論各種陣法，並繪圖立說，均甚明晰。

焦玉火龍經序……予少也涉獵儒書窮研將略退則思樂顏子之清貧進則思效武侯之神智遨遊四海參訪有道一日遊天台上清玉華洞天遇一道士黃冠玄服碧眼蒼髯吟舞松下予前揖之飄飄然眞神仙丰度也予排石共坐叩其中蘊文師孔孟武用孫武上窮星宿下辨山川予拜稽首請以師禮事之從遊四方三年自號止止道人終不言其姓氏一日遊武夷昇眞元化洞天顧余而言曰我昔年十二應童子科後參元道無意於功名久矣但我師秘授一書用之上則忠君報國下則輔世安民中則立身行道吾不忍秘願授於子當今天地否塞帝心厭亂不數年聖天子起於淮甸汝往輔之懋建元功汝勿負吾所囑予再拜展視之乃火攻陣法一篇越三日相送出山叮嚀與別行未百步回首瞻望但見雲煙縹緲林木掩映不知其所之也至正十五年乙未我聖祖高皇帝起兵和州渡江取采石太平……予按師法鑄火龍鎗數十件上獻我朝命大將軍徐達試之勢若飛龍洞透層革我太祖閱而喜曰此鎗取天下如反掌功成當封汝無敵大將軍由是一征而取荆襄再征而平江浙三征而閩海率從四征而席捲全齊五征而定友諒遂取秦晉舉燕趙胡元北走定鼎金陵六合一統四夷來朝以

開萬年無疆之業於京城立火藥局以製法藥立內庫以藏神器立神機營以操戰陣……

林俊

林俊，字侍用，號見素，明莆田人。宸濠叛，俊範錫作佛郎機銃式，未用，濠已擒。

明史卷一百九十四本傳　林俊字侍用莆田人成化十四年進士

登齋筆錄　莆田林俊聞宸濠叛範錫作佛朗機銃式未用濠巳擒王伯安作佛郎機行見文成集

徐光啟

徐光啟，字子先，上海人。明萬曆進士，博學强識，從西洋人利瑪竇學天文曆算火器，盡其術，遂徧習兵機屯田鹽莢水利諸書。熹宗時，遼陽破，光啟力請多鑄西洋大礮，以資城守，帝善其言，方議用，而光啟以疾歸。

明史卷二百五十一本傳　徐光啟字子先上海人萬曆二十五年舉鄉試第一又七年成進士由庶吉士歷贊善從西洋人利瑪竇學天文曆算火器盡其術遂徧習兵機屯田鹽莢水利諸書楊鎬四路喪師京師大震累疏請練兵自効神宗壯之超擢少詹事兼河南道御史練兵通州列上十議時遼事方急不能如所請光啟疏爭乃稍給以民兵戎械未幾熹宗即位光啟志不得展請裁去不聽旣而以疾歸遼陽破召起之還朝力請多鑄西洋大砲以資城守帝善其言方議用而光啟與兵部尙書崔景榮議不合御史邱兆麟劾之復移疾歸天啟三年起故官旋擢禮部右侍郎五年魏忠賢黨智鋌劾之落職閒住崇禎元年召還復申練兵之說未幾以左侍郎理部事帝憂國用不足敕廷臣獻屯鹽善策光啟言屯政在乎墾荒鹽政在嚴禁私犯帝褒納之擢本部尙書時帝以日食失驗欲罪臺官光啟言臺官測候本郭守敬法元時嘗食不食守敬且爾無怪臺臣之

失占臣開曆久不差宜及時修正帝從其言詔西洋人龍華民鄧玉函羅雅谷等推算曆法光啟爲監督四年正月光啟進日躔曆指一卷測天約說二卷大測二卷日躔表二卷割圜八綫表六卷黃道升度七卷黃赤距度表一卷通率一卷是冬十月辛丑朔日食復上測侯四說其辯時差里差之法最爲詳密……

王徵

王徵，字良甫，號心葵；明陝西涇陽人。天啟進士。流寇攻涇陽，徵創爲連弩活機，自行車自飛礮，以資捍禦。又長於製作奇巧器物，事分見機巧類。箸有奇器圖說行世。

明王徵諸器圖說　新製連弩圖說引　聞昔武侯有連弩法親授姜維想當日木門道萬弩齊發射死魏大將張郃者或即其製迺其製失傳久矣近世有從地中掘得銅弩者制作精細無比今之工匠不能造然特弩之機耳而人輙以爲全弩也故卒莫解其用徵愚偶得見之嘆服古人想頭神妙如許再四把玩因了悉其運用機括僭爲增損一二且易銅爲鐵不但簡質易作更覺力勁而費省似於今之行陣甚便也敬圖說之如左　又連弩散形圖說先用堅木爲弩牀一具長三尺闊二寸厚三寸前端入三寸許鑿半圓小孔安弩背惟緊後端入三寸許從正面居中鑿一孔寬三分長五寸孔中取滑澤用利諸機旋轉孔上面以鐵片平裹中留一寸小孔兩傍準木孔務瑩平無閡而止又從側面照式鑿三軸孔眼一面圓一面方期入木不致動搖其安機法先安鷙頭居中以其尖出鐵孔上下旋轉爲準次安鶴嘴在後以上承鷙頭取平而鷙頭之尖出鐵孔中直立爲準又次安鷄腰在前以雞腰中穴順其自然平骰鶴嘴爲準三者俱準如式然後鈎弩紐扣滿掛鷙頭出孔尖上兩邊排箭或二或三多不過六弩伏地中箭向前列各弩聯絡多多益善又有儆機伏敵來路敵來一觸其機則萬弩齊發驟莫能禦矣其發弩之機與一連二二連四以至百千連發機括須用口傳顯楮莫克悉也間用此式擴而大之可足千步弩別有圖說玆不具載昔天啟七年關中了一道人書於望天軒中

宣統涇陽縣志卷十三列傳二忠烈引續表忠記　明王徵號葵心由進士除廣平推官……父憂服闋陞僉事歸里後流寇大起徵創爲連弩活機自行車自飛砲以資捍禦癸未闖賊入關羅致縉紳徵已先期自題墓石曰了一道人之墓又書全忠全孝四大字授其子永春曰吾且死死豈爲名欲汝識我心耳賊果遣使趣徵往見引佩刀自誓乃絷永春去徵遂絕粒越七日而卒里人諡曰端節徵素爲德於鄉當永春被縶時鄉人不避賊鋒請以身代者數百人賊乃舍之永春竟不得死

薄珏

薄珏，字子珏，明長洲人。其學精微，莫知所授。崇禎中流寇犯安慶，珏奉令造銅砲禦之，砲發三十里。又造水車、水銃、地雷、地弩等器。殲賊無算。又造渾天儀，事分詳儀象類。

蘇州府志卷一百九人物藝術一明　薄珏字子珏長洲人居嘉興其學精微博奧莫知所授崇禎中流寇犯安慶巡撫張國維令珏造銅炮炮發三十里每發一炮設千里鏡覘賊所在賊過之糜爛又製水車水銃地雷地弩等器殲賊無算國維薦於朝不報退歸吳門蕭然蓬戶室中器具畢備

招奇佐

招奇佐，明曲江人。崇禎中，楚寇攻城，奇佐盡出所積鉛錫器皿，製作砲子以禦寇。城賴以安。

同治韶州府志卷三十二人物曲江明　招奇佐曲江邑諸生崇禎十一年楚寇攻城奇佐盡出所積鉛錫器皿製造礮子賊遁復捐貲運石塞舊北門大兵入粤駐韶糧餉軍需輸將恐後

焦勗

焦勗，明寧國人。嘗以虜寇肆虐，民遭慘禍，目擊艱危，感憤積弱，日究心將略，並就教於西人湯若望，箸則克錄三卷首二卷爲火攻挈要末爲火攻秘要；其論火攻原理及鑄造攻守各器之法，無不精詳，而所製各項圖說尤爲詳明。

則克錄自序 ……勗質性愚陋不諳韜鈐但以虜寇肆虐民遭慘禍因目擊艱危感憤積弱日究心於將略博訪於奇人就教於西師更潛度彼己之情形事機之利弊時勢之變更朝夕講究再四研求只爲擬情所激然耳乃二三知己誤以勗爲深諳茲技每問器索譜勗茫無以應因不揣鄙劣姑就名書之要旨師友之秘傳及苦心之偶得去繁就簡刪浮採實釋奥註明略述成帙公諸同志以備參酌云爾

清

戴梓

戴梓，字文開；浙江錢塘人。少有機悟，自製火器能擊百步外。康熙初、耿精忠叛，犯浙江，康親王傑書南征；梓從軍獻連珠火銃法。其形如琵琶火藥鉛丸皆貯於銃脊，以機輪開閉其機有二，相銜如牝牡，引一機則火藥鉛丸自落筒中第二機隨之並動石激火出而銃發凡二十八發乃重貯，法與西洋機關楡合。又奉命造子母礮母送子出墜而碎裂，如西洋炸礮。

清史稿卷二百九十一藝術本傳 戴梓字文開浙江錢塘人少有機悟自製火器能擊百步外康熙初耿精忠叛犯浙江康親王傑書南征梓以布衣從軍獻連珠火銃法下江山有功授道員劄付師還聖祖召見知其能文試春日早朝詩稱旨授翰林院侍講偕高士奇入直南書房尋改直養心殿梓通天文算法預纂修律呂正義與南懷仁及諸西洋人論不合咸忌之陳

宏勳者張獻忠養子投誠得官向梓索詐互毆搆訟忌者中以蜚語褫職徙關東後赦還家留於鐵嶺遂隸籍所造連珠銃形如琵琶火藥鉛丸皆貯於銃脊以機輪開閉其機有二相銜如牝牡扳一機則火藥鉛丸自落筒中第二機隨之並動石激火出而銃發凡二十八發乃重貯法與西洋機關槍合當時未通用器藏於家乾隆中猶存西洋人貢蟠腸鳥槍梓奉命仿造以十槍賚其使臣乂奉命造子母礮母送子出墜而碎裂如西洋炸礮聖祖率諸臣親臨視之錫名爲威遠將軍鐫製者職名於礮後親征噶爾丹用以破敵

龐秉權

龐秉權，世業鼓鑄。清康熙間，在定南軍前鑄造紅衣大砲；敕名定武大將軍。從征廣東，與副將粟養志在九龍坑鑄造，授都司銜。後在廣州啓局煉造兵仗，精利絕倫。

蘿窻小牘　國初吾鄉有龐秉權者世業鼓鑄舊在定南軍前鑄造紅衣大礮即所謂武定大將軍者也後從征廣東與副將粟養志在九龍坑鑄造有功賞加都司銜康熙五年在廣州啟局煉造兵仗精利絕倫刀室鞘柄皆作鋈銀圖鶴文道光時旗庫尚有存者

惠麓酒民

惠麓酒民，未詳其姓氏里居。幼好兵家言，後得鈔本城守書二種，以爲至簡至明而可施諸實用者，乃略爲删節合而編之，爲一十四卷，名洴澼百金方，蓋取莊子不龜手藥之意。是書雖兼言戰，大約預備設防之策居多，而略於攻城禦敵之法，爲府州縣官之所宜備覽，俾得設施有序，捍禦有方也。

惠麗酒民洴澼百金方自序　酒民幼好兵家者言以爲七書雖多十三篇盡之矣及讀諸家之說大抵誇多門靡而精蘊或寡非揣摩之書也後于友人處借得鈔本城守書二種至簡至明而可施諸實用者乃略爲删節合編之而爲一十四卷名曰洴澼百金方蓋取莊子不龜手藥之意用之而可封侯者也或曰酒民有是方也何不挾之以干卿相而自安於洴澼爲曰酒民無食肉相也山野之性不受牢籠且瀕年病酒自治且無其方則是方亦俟善用之人爾酒民非所能也或曰是編雖乘言戰而實主乎守者居多未可以爲成書也予安閒多暇曷不網羅古書之繁者以編戰略曰此固酒民之志而未逮也酒民貧病且甚治生自急何暇清談或有能爱是方而以百金買之者自當日浮大白以作後編

陳階平洴澼百金方序　洴澼百金方十四卷不著撰人名氏乾隆四十年間始出當時僅有鈔本字畫端楷圖繪精詳洵可觀也……今觀是書實本於金湯十二籌大約預備設防之策居多而略於攻城禦敵之法爲府廳州縣官之所宜備覽俾得設施有序捍禦有方贼經濟之書也……

薛大烈

薛大烈，字興莽，清皋蘭人。少孤，及長隸戎行，晝荷戈，夜把卷，涉獵兵書。歷征甘肅華林山石峯堡之逆回，福建台灣之林爽文及西藏廓爾喀等亂，俱以戚繼光練將練兵之法，無不奏功。後任乾清門侍衛，調補陝西固原及江南廣東提督，與漢中鎮河北鎮總兵。以身所經歷，著兵訓輯要書，闡于訓練士卒之心身，攻守之器械，營陣墩臺之設置；以及各防禦之法，無不精詳。

訓兵輯要序……予少孤先太夫人家教甚嚴每自塾中歸問讀何書以實對必令講解若解不出則怒怒則以鞭箠臨之所問所解不可枚舉猶憶臣事君以忠及以不敎民戰兩章太夫人面有喜色謂聖人之言終身佩之及長隸名行伍太夫人

曰爾既從事於甲胄矣武略不可不講如受朝廷重恩豈以赳赳無謀遂云報稱耶予於是晝則荷戈夜則把卷不敢違母教兵書如孫子穰苴及黃石公之三略素書諸葛武侯之全集李衛公之問對三卷皆麄麄涉獵略識大義惟前明戚繼光紀效新書十八卷練兵實紀九卷雜集六卷其年代去茲稍近可爲法則其十八卷各系以圖說其說皆尋常口頭語不尙文采使人人易曉予於是得所依歸矣予自入伍……乃以戚太保練將練兵之法及登壇口授之語一一遵行之行則無不效者可見古人不我欺也……計歷膺提鎭皆遵古法以練兵練械爲己事使兵爲有用之兵不敢虛耗民力以累閭閻……今河北、事簡以身所經歷考之於古絲絲不爽者摘錄成書名曰訓兵輯要……

丁守存

丁守存，字心齋，山東日照人。道光十五年進士，授戶部主事，充軍機章京。通天文、曆算、風角、壬遁之術，善製器。咸豐初，從大學士賽尚阿赴廣西參軍事，後遷員外郎，從尚書孫瑞珍赴沂州治團防，尋調直隸，襄辦團練，後授湖北督糧道，署按察使，尋罷歸。著有丙丁秘籥、造化究原、新火器說等書。

清史稿二百九十一藝術本傳　丁守存字心齋山東日照人道光十五年進士授戶部主事充軍機章京守存通天文曆算風角壬遁之術善製器時英吉利兵犯沿海數省船礮之利爲中國所未有守存慨然講求製造西學猶未通行凡所謂力學化學光學重學皆無專書覃思每與闇合大學士卓秉恬薦之命繕進圖說偕郎中文康徐有壬赴天津監造地雷火機等器試之皆驗咸豐初從大學士賽尚阿赴廣西參軍事會獲賊黨胡以暘使招降其兄以晄守存製一匣曰手捧雷僞若緘書其中俾以晄致之賊酋酋啓匣炸首死尋檻送賊渠洪大全還京遷員外郎從尚書孫瑞珍赴山東治州團防造石雷石礮以禦

賊尋闕直隸襄辦團練上戰爭十六策十年回山東創議築堡日照要塞曰濤雒賊大舉來犯發石砲聲振山谷賊辟易相戒無犯丁家堡附近之民歸之數年遂成都聚同治初復至直隸留治廣平防務築堡二百餘所軍事竣授督糧道署按察使充鄉試監試創法以竹筒引江水注闈中時以爲便濵江諸省率倣行之尋罷歸所箸書曰丙丁秘籥進御不傳於外所傳者曰造化究原曰新火器說

龔振麟

龔振麟，字士振，福建光澤人。官浙江嘉興縣丞，淹通博雅，精於泰西算法。道光二十年，庚子，雅片之戰，見英輪出沒波濤，維意所適，心有所會，欲仿其製，而以人力代火力，激輪以行，遂製成小式，試於湖中，亦迅捷焉。復造巨艦，越月而成，駛行與小式無異；又製樞機礮架礮車。後浙省設局製礮，振麟以鐵模易土模而鑄造，更爲便捷，并箸鑄礮鐵模圖說行世。

鹿長澤鑄礮鐵模圖說序　……禾城龔士振二尹淹通博雅精於泰西算法故製造軍械皆能覃思極巧神明乎規矩之外如造夷船式礮車用四輪可以推挽進退車上另用磨盤木四面旋轉皆堪施放神乎技矣辛丑夏英夷犯順予從事鎮海糧臺兼管礮局時奉中丞諄諭以趕造礮位爲先予甚慮製造之艱且緩也當與商變通之法士振擬瓶鐵模工匠駭爲河漢未及試行旋以蛟門失事中止心常恨之癸卯春予閒居西冷士振不時枉顧并手出所刊鐵模圖說相示蓋已鑄造若干著有成效矣予詳加批閱其法至簡其用最便一工收數百工之利一礮省數十倍之貲且旋鑄旋出不延時日無瑕無疵自然光滑事半工倍利用無窮於以禦强寇奏奇勳闢衆論之異軌開千古之法門其有裨於國家武備者豈淺鮮哉

龔振麟鑄礮圖說記　庚子夏英夷犯順侵入舟山其時振麟備職禾中奉劄檄赴甬東從事因見逆帆林立中有船以筒貯

34890

火以輪擊水測沙線探形勢爲各船嚮導出沒波濤維意所適人僉驚其異而神其資力於火也振麟心有所會深疑其力非資於火也欲仿其製而以人易火……遂鳩工製成小式而試於湖亦迅捷焉……是冬玉坡劉大中丞來撫兩浙開製船事復召振麟至行營令依前式造巨艦越月而成駛於海與小式無異也工竣後中丞以礮架舊式重滯儻能直擊與林少穆先生共相劃籌擬數千觔重器置於上昇一人之力使之俯仰左右旋轉轟擊授以繩墨復得春如鹿觀察汪少海大令相與討論振麟得以師承其意而如法以成即圖中磨盤架四輞車是也辛丑八月蛟門失事省城添局製造授振麟以鑄礮事鑄礮向以合土爲模經旬累月一模始成一鑄即廢不可復用當軍需旁午緩難濟急且時入冬令雨雪連綿製尤不易振麟殫思竭慮擬以鐵易土爲模而稽無成法未敢直陳管見値竹辰卞方伯奉命來浙偕蔚亭蔣廉訪總理軍需事振麟晉謁之餘而陳梗概亟蒙許可遂以私臆創造模成後鼓鑄便捷……

丁拱辰

丁拱辰，字星南，清福建泉州人。　通勾股算法，嘗攷中華礮製似未合度，復聞彈發或多無準，始求其故，漸悟其機，繼明其法，乃繪差圖，更多方訪得西製礮式。　又以中西各式較對度數，演試合法，與差圖變通之法相符，於是繪圖續說，箸成演礮圖說一書。

演礮圖說　前代制礮之法原於佛郎機佛郎機即今之佛蘭西也初佛郎機與巴社大白頭回子戰制此火器大破回人回人不知其名遂以其國號稱之謂礮爲佛郎機上古以來未有用此以戰者迄於北宋廣州始倣其法然西人制物必合勾股度數如立表測影期在必合而況礮火尤關兵家勝負非比苟簡成物故彼軍礮發多中實非專恃千里鏡覘視也復當日倣倣必得其大端不致太差而千百年來遞相沿襲漸差微毫積之既久尾過大而頭過細以致失其本眞所謂差之毫釐謬以

千里也我國家承平日久民不知兵將弁依例春秋二季演放不入彈子惟求其響不計其中而彈子所去之遠近懵然不覺假使與烏鎗一體練習試靶中否雖無人說出方法亦必自會其意置之不演雖差不知而匠人惟求其價之高昂何計其器之適用不過依樣畫葫蘆而已晨幸生於光天化日之下昔未目覩兵戈之事於礮位之形模雖是罕覩然於制作度數素好講求振源聞近日所鑄大小各礮與各礮臺所安礮位似皆不合度數每至於彈子高越不能中肯以此制敵烏能取勝夷人得之棄而不用彼蓋見其形而知其機也如圖所繪礮形而論之以小絜大以寸作尺以尺作丈如礮重二千觔身長五尺尾徑一尺頭徑八寸口徑四寸設若用刀切爲上下兩半截論之彈發出去必由中間一線直出不待智者而後知也其下半截可置弗論而上半截尾徑五寸頭徑四寸以五尺之長而尾至頭已差一寸猶目中所視上面之靶線與礮中所發下面之彈線出至礮口漸合一寸若出至一丈漸合二寸發至二丈五尺合五寸則靶線與彈線已相交會合發至三丈則靶線轉在下面而彈線反在上面兩線相距已差二寸由此而漸遠至一百二丈五尺彈與靶上下已差二丈又如佛山所鑄生鐵大礮身長一丈尾徑二尺頭徑一尺四寸切去下半截不論而上半截尾徑一尺頭徑七寸以一丈之身而尾至頭自上面之靶線與下面之彈線漸差三寸若二丈則漸合六寸至三丈三尺三寸漸合一尺則靶線與彈線相交會合再發去四丈三尺三寸則靶線又轉而在下彈線又反而在上兩線相距上下已差三寸至一百零三丈三尺三寸則差六丈如彈發至四里約一百丈計共四百零三丈三尺三寸則上下積差十二丈三尺三寸如再鑄之中銅礮重三千觔身長六尺尾一尺二寸頭徑九寸五分至四里亦差八丈如欲中他船底而彈反高越桅尾不論大小礮位皆有高越之差此法按圖細心檢視瞭如指掌爲今之計已成之礮不論萬觔至百觔各各先度尾之徑若干尾之週圍若干尺寸於礮頭製一乾堅木圈週圍與礮尾一樣大圓不容毫髮之差將圈套附礮頭與礮口平齊木圈勿伸出便符勾股度數如此則自行門後正中一線直視至礮頭正中與敵船相對然後施放雖使童稚亦能中欵矣或恐木圈經久銷縮有破裂之變則用鐵板鑲固雖久不壞而新鑄之礮立令匠人於

礮頭外皮漸漸加厚如花瓶口圍至與尾一樣大便合用矣至於礮頭上面正要起一珠爲表礮尾大圍之處上面正中亦當起一珠爲表與前表相對更爲細微如前有珠後無珠無可相對反致生疑不如前後皆無珠較爲妥協……

演礮圖說序……今之兵器礮爲首務其字偏旁從石古人皆用石爲之考石兵之名始於黃帝春秋有發石之旝戰國有飛石之車皆礮之先聲也……宋太祖平江南簡稽軍實所製有炮借炮熢字爲之字始從火而礮遂爲火具之名咸平中劉永錫製手礮以獻詔沿邊州郡造以充用復降式製回回礮故當時南北交兵多有以礮制勝若七寶山之霹靂礮西安城之震天雷是也元世祖時回回亦思馬音獻新礮法明成祖平交阯得神機鎗礮法續又得佛郎機礮法西洋礮法最後得紅夷礮法其名狀不一而足然皆起於近世故用之之法爲古人紀載所未詳邇遭紅夷肆逆番船所向礮火爲先守內同仇共圖捍滅辰因粗知經緯差度勾股算法引類相推覺中華礮製似未合度復聞彈發或多無準始求其故漸悟其機繼明其法爰繪差圖數紙……必欲究澈底蘊因多方訪得西製砲式復過潘德畬比部情殷報効多購中西砲式以充軍營之用故又得以中西各式較對度數演試合法恰與所呈差圖變通之法相符

演砲圖說續後編　大凡物之利於用者必有以寓其智巧苟非熟玩深思焉能臻其奧妙辰前編砲圖算差之法曾呈列大憲蒙採芻蕘得邀過譽辰愈加虛心講求纍時曾閱西洋南懷仁箸作細心揣摩摘試諸法皆非妄誕引類相推因料西人製砲必合勾股而未目覩其式區區之心難輟於懷乃旁訪閱月逢比部郎中德畬潘先生情殷報効多鑄大砲又復購求西製各樣砲式屬辰較合立靶試準益增目覩多式尺寸度數深知其細亟爲繪圖中西合叅變通權衡比較符合即逐一記載剖晰分明知加圓圈及三角形二法與西法吻合試之合度發多中靶茲將歐邏巴各樣砲式如圖細述以備考據庶可按法變通舊例相度整理如澳夷一種銅砲其重一千六百斤者身長六尺六寸頭徑七寸二分尾徑一尺口徑三寸二分砲頭加鑄一圈高一寸四分則砲頭之徑與砲尾之徑等恰符加木圈三角數度又有十餘欵式形製雖殊其法則一彼於引門之上加

鑄一平面長方表由表面測視均平直對砲頭上面而過亦有砲頭加安圓球爲表或腰間加安鯉尾爲表或引門之上安長方夾道爲表而彈子所去皆與表面相應正合勾股之數姑舉五欵附之於編又如賀蘭生鐵大砲重三千斤者身長七尺頭徑九寸尾徑一尺三寸口徑二寸八分砲頭之上使不加木圈不立三角每百丈彈子差高二丈八尺六寸旁訪夷人演放之法據稱不論何等砲式如無安表頭細尾大砲頭之上宜加墊木如此賀蘭砲式頭比尾徑細四寸對半折之得二寸即用墊木高二寸跨之砲頭正中以符尺寸然後上架一尺尺之上再加千里鏡測視便準如無千里鏡則以目力測視均可中靶又如佛蘭西生鐵大砲姑舉二種論之其一重四千斤身長七尺頭徑一尺零四分尾徑一尺三寸七分口徑三寸七分使不立表加尺每百丈彈子差高二丈三尺六寸此種砲式演放之時頭墊一木高一寸六分五秒上加一尺便合其一重三千斤者身長六尺頭徑八寸七分尾徑一尺二寸四分頭之上面加鑄四角形高一寸八分五秒爲表恰符度數此則就引門後直對前面四角形之上測視便合不用架尺也又如暎咭唎火輪船上精鐵大砲重八百斤身長七尺頭徑七寸尾徑一尺口徑三寸五分頭之上面鑄立三角形高一寸五分爲表自引門後鑄一雙峯形如鯉尾自隙中對三角形尖銳之上測視亦有鑄圓球爲表者又被我師轟擊落水撈起火輪船上之精鐵大砲重二千斤身長四尺五寸口徑五寸尾徑一尺三寸後珠鑄就一空中安雌螺旋貫以雄螺旋鐵軸用力幾斤左右旋轉可使高下上鑄轉角長方引門爲表中劃一隙深一分許自引門上一隙對尖四角形上一隙測視對靶皆合勾股也各國砲式皆有安表雖三四尺以至三四寸長之小鳥鎗皆有立表爲準查得歐邏巴各屬砲式甚繁不下數十種上多立表作準頭上間有不立表者施放時皆用墊木跨之頭上加尺作準形製雖異而腹中不外徑直頭尾不離合度縱是新奇百出法歸於一彼用砲位先度頭尾之徑兩頭之徑相差尺寸若干頭上加墊木以補之即如尾徑一尺三寸頭徑一尺相除頭徑細尾三寸即對半折之得墊木高一寸五分跨之頭上架尺演放則與前編加圓木圈及三角形之法相合至於千里鏡可有可無不必拘定謹將外國各樣砲式繪圖註釋附之於編以便考證兼可倣製

合度另飭我軍應行變法更製之式及測尖圓三角之法佛郎機立表之方如圖測視以爲演習者準繩庶無刻舟求劍之差總之巨戚之砲不外加圓木圈及三角形二法未鑄之砲不離頭徑加大如花瓶口頭之圍至與尾之圍等前後如圖安珠爲表斯爲萬全夫制度之法必當因時變通整理合度以垂久遠似乎不必拘泥舊章也……

潘仕成

潘仕成，字思畬，廣東番禺人。嘗痛英人恃其船堅砲利，侵擾我疆，因思禦侮之策，以爲若制砲莫若制船，船既失堅，砲亦蔑利矣。適有美利堅兵官壬雷斯抵粵，自言能造水雷，遣善泅水者潛至敵人船下，或順流放去，泊於船底，藉水激火，迅發如雷，雖極厚之船，無不破碎；仕成以數萬重貲學得其法，凡九閱月而水雷遂成，於是演試屢試輒驗，並著水雷圖說行世。

清梁章鉅浪蹟叢談　粵東近傳嘆唎堅國夷官創造水雷之法遣善泅水者潛至敵人船底藉水激火迅發如雷雖堅厚之船罔不破碎粵省洋商潘姓者如法製造凡九閱月而成曾經將水雷器具二十副齎京恭呈御覽於道光二十三年八月奉旨交直隸總督天津總兵會同演試旋據覆奏於九月在天津大沽海口會同演試用徑八寸長丈六杉木四層紮成木筏安於海面墜完錨纜將噢藥一百二十斤水雷送至筏底緊定引繩拔塞後待時四分許轟然一聲激起半空將木筏轟散碎木隨煙飛起其海面水勢亦圓圍激動洶爲火攻利器云云並纂成水雷圖說進呈刊佈

東華續錄　道光二十三年閏七月壬申諭軍機大臣等據祁𡎴等奏候選道潘仕成製造水雷已成現由該道員派令曾經學習製造並製配火藥之生員李光鈐議叙八品職銜潘仕豪議叙從九品李光業帶同匠役將水雷二十具火藥四百斤並繪水雷圖說一冊齎送進呈等語見在李光鈐等尚未到京俟齎到後再行試演至該道潘仕成業經疊次加恩賞戴花翎

並加按察使銜應如何加獎勵之處著祈墳等酌覈具奏候朕施恩尋奏潘仕成屢次捐貲辦公始終奮勉得旨潘仕成著賞加布政使銜以示獎勵

葉世槐

葉世槐，字研農，安徽歙縣人。少卽嗜學，博覽書史，倜儻有志略。英人侵廣東時，見海疆多建空心砲樓，心焉佩之。咸豐十年，權篆許昌，捻匪不時窺伺，乃於四城分設空心砲樓八座，安置砲位，迨匪衆掩至，樓中鎗砲並施，城上矢石齊下，賊驚而竄，民賴以安。十一年，知孟縣事，仍倣前法，共成十有一臺，其臺之妙在上下左右皆可施放鎗砲，而得力處在牆下安設砲位，使賊不敢駕駛雲梯，直逼城下，且每臺彼此聯絡，互相夾擊。世槐更將砲臺繪圖立說，箸成專書，流傳於世。

空心砲樓敘……槐少時隨侍嶺南嘗見海疆多建空心砲樓心焉佩之今讀許信臣中丞所刊戚少保空心敵臺圖式本本有源班班可考守城之法操勝算者莫善於此槐庚申春權篆許昌遂仿照前規繪圖作式倡捐興建八座其時皖捻入許境者屢屢而撲城者三次皆立時擊退於是四鄉農民來城卜居不下數萬計斯民以在城爲安城亦賴以民守臺之於許有明效矣辛酉仲冬捧檄回孟亦剋日經營倡捐一座合計紳民樂輸共成十有一臺此臺之妙在上下左右皆可施放鎗砲而得力處在牆下安設砲位使賊不敢駕駛雲梯直逼城下且每臺彼此聯絡互相夾擊所謂以閑待明以逸待勞以寡待衆自立於不敗之地故能自保而全勝者也惟各臺地步相離不宜太近太近則對放鎗砲恐致自擊又不宜太遠太遠則矢石無力不能相與環攻所有全城應建臺數必須相度形勢因地制宜倘適當扼要或多建一臺以爲策應又在隨時變通今將圖式丈尺每臺應用砲位器械並民勇若干詳陳條款以備萬一之用第管見所及孤陋自慚未能盡善惟質之高明指誨冀有

徐壽 子建寅

徐壽，字雪村，江蘇無錫人。性精巧，棄舉子業，專研博物格致之學。咸豐間，曾國藩以賓禮羅致幕下，歷辦安慶機器局，上海製造局。於船礮槍彈等多所發明。子建寅，華封，皆世其學。

建寅，字仲虎。從父於江甯上海助任製造。光緒末，監造棉質無煙火藥於湖北漢陽鋼藥廠；於配合藥品時，藥忽轟炸，以身殉焉。

清史稿卷二百九十一藝術本傳　徐壽字雪村江蘇無錫人生於僻鄉幼孤事母以孝聞性質直無華道咸間東南兵事起遂棄舉業專研博物格致之學時泰西學術流傳中國者尙未昌明試驗諸器絕尠壽與金匱華蘅芳討論搜求始得十一苦心研索每以意求之而得其眞嘗購三稜玻璃不可得磨水晶印章成三角形驗得光分七色知槍彈之行拋物線疑其仰攻俯擊有異設遠近多靶以測之其成學之艱類此久之於西學具窺見源委尤精製器咸豐十一年從大學士曾國藩軍先後於安慶江甯設機器局皆預其事壽與蘅芳及吳嘉廉龔芸棠試造木質輪船推求動理測算汽機蘅芳之力爲多造器置機皆出壽手製不假西人數年而成長五十餘丈每一時能行四十餘里名之曰黃鵠國藩激賞之招入幕府以奇才異能薦既而設製造局於上海百事草創壽於船砲槍彈多所發明自製强水棉花藥汞爆藥創議繙譯西書以求製造根本於是聘西士偉力亞利傅蘭雅林樂知金楷理等壽與同志華蘅芳李鳳苞王德均趙元益孳孳研究先後成書數百種壽所繹述者曰西藝知新及續編化學鑑原及續編補編化學考質化學求數物體遇熱改易說汽機發軔營陣揭要測地繪圖寶藏興焉法律醫學刊者凡十三種西藝知新化學鑑原二書尤稱善本同治末與傅蘭雅設格致書院於上海風氣漸開成就甚衆壽名

金播山東四川仿設機器局爭延聘壽主其事以譯書事尤急皆謝不往而其子建寅華封代行大冶煤鐵礦開平煤礦漠河金礦經始之際壽皆爲擘畫規製購器選匠資其力焉無錫產桑宜蠶西商購繭奪民利壽攷求烘繭法倡設烘竈及機器繅絲法育蠶者利驟增壽狷介不求仕進以布衣終光緒中卒年六十七子建寅華封皆世其學建寅字仲虎從父於江甯上海助任製造尋充山東機器局總辦福建船政提調出使德國二等參贊游擢直隸候補道光緒末張之洞調至湖北監造無烟火藥已成藥炸裂殞焉賜優卹華封字祝三性敏爲父所愛秘說精器多授之以製造爲治生建寅華封並從父譯書行於世

蔡標

蔡標，字錦堂；貴州咸寧人。家貧無以自資，入滇設湯餅肆於宜良，以膽略稱；久之充練目，從岑毓英軍，嫻於攻守創地營之法。光緒十年，法越事起，標守富良江，徧掘地營，法礮不能中，岑軍駐河內者，遂不爲法軍所窺。十三年，署雲南提督，後徙廣東瓊州鎭，尋卒。著有地營圖說行世。

清史稿列傳二百四十三本傳　蔡標字錦堂貴州咸寧人家貧落魄無以自資入滇設湯餅肆於宜良以膽略稱久之充練目從岑毓英軍克宜良路南補把總……光緒十年法越事起標募舊部出關宣光臨洮數戰皆利其守富良江徧掘地營法礮不能中岑軍駐河內者遂不爲所窺著有地營圖說甚明晰十三年署雲南提督……三十一年徙廣東瓊州鎭次年卒附祀毓英祠予咸寧建祠

袁祖禮

袁祖禮，字黃武；湖北蘄州人。以布衣講求創造戰守利器；光緒十二年，醇親王議立海軍，招集才智之士，祖禮遂來京進其所製羅盤礮，叉子鎗，指南儀，水管儀，五雷，鱗甲牌等圖說，後於神機營開爐製器，器成演試，無不奏效。十八年，派往吉林總理靖邊各軍教練鎗礮事宜。二十年，中日戰起，祖禮回京製造軍械，和議成，請假回籍，閉門休養。二十四年，被召來京，頗得德宗獎勵，而適丁戊戌政變，後充神機營及護軍驍騎等總教習，擬設立學堂，招員弁來學所創陣法及製造各器，事不成，而祖禮嘔血疾發，乃以其所著戰守各法繪圖演說，編輯戰守心法四卷，刊行於鄂。

袁祖禮戰守心法自記　咸同以來海外各國皆恃船堅砲利接踵來華既入長江毀我各關隘又犯太沽焚我圓明園斯時也祖禮尙幼雖有投筆從戎之志恨非獻策請纓之年惟有在家讀兵書與戰策考地利與天時尤專講求創造戰守利器至於用力之久殫思極深之際始知人心愈用而愈靈忽一旦豁然又悟水戰轟船之法陸戰避砲之方及一切克敵制勝之器皆蘊於心而筆之於紙……迨光緒十二年七月既望祖禮在鄂始聞醇賢親王議立海軍出示招集奇才異能之士如有能出新法創製利器之人當令破格錄用云云……於是祖禮憤然興起即登輪舟航海之京於八月初八日赴海軍衙門謹呈守口之羅盤砲行戰之叉子槍測量之指南儀水雷儀尺寸儀以及水戰能轟鐵甲船之五雷陸戰能避巨砲之鱗甲牌各樣新法圖說醇賢親王大加賞識連日傳見問對精詳遂留在神機營衙門開爐製造各器優禮邀將祖禮即請先造一木羅盤砲樣看驗之後再造銅鐵砲盤演放以考實效十月初八日砲樣造成……十三年三月初八日銅鐵砲盤造成……四月初八日指南儀造成……六月初一日螺絲盤水管儀造成……祖禮帶歸南苑教練演放羅盤砲……又演指南儀測量遠近無論隨指何處皆能隨指隨測而遠近丈數隨知……十五年九月初十日又在三閘河演試轟船獨雷……十六年六月初一日請假回籍省親……十八年四月十五日復至南苑演放羅盤砲位……是日又在關帝廟之南演放水內獨雷輪船一

到雷上霹靂一聲船成齏粉水飛空中如風飄雨入中軍帳內……九月十八日八額駙與九門提督文秀閱看祖禮即揮弁兵如法演放……二十一日慶親王奏請派往吉林總理靖邊各軍教練槍砲事宜十九年首夏吉林長將軍順委看三姓琿春甯古塔等處邊防各軍營壘砲臺形勢孟冬回吉仰見白虹貫日乃兵象也遂請將軍在各軍挑兵三千訓練新法以備不虞將軍不以為然未幾又見白虹貫月謂將軍曰天象疊見應主蠻夷猾夏干戈不遠若非有避砲各法斷不能禦外國之槍砲請速訓練習避砲各法乃為有備無患將軍仍不以為然……祖禮因其言不聽計不從立即堅辭……二十一年請造避砲鱗甲牌式一具三月底成四月初二日慶親王奉旨會同八額駙桂及各專操大臣齊集前赴南苑閱看演試牌內藏羊五隻八額駙命用克虜伯大砲擊牌之左邊連發四砲皆中牌左其彈一到鱗甲之上即隨鱗甲滑開旁飛牌內五羊一毛未傷初四日端王又奉旨會同各大臣齊集前赴南苑閱看演試八額駙又命擊牌之右邊連發四砲皆中牌右開花砲彈一到鱗甲亦即隨鱗滑開旁飛五羊仍然未傷一羊初八日端王覆奏摺稱試驗袁祖禮所造避砲鱗甲牌與慶親王閱看演試有效情形大略相同但牌笨重難於挽運已飭該員設法改造挽運便捷能避數槍數砲繼以短兵相接實於行軍有益之器等語……二十四年慶親王又派為神機營及護軍饒騎等營總教習……於是祖禮遵諭旨遵王諭即擬設立學堂操廠無論旗漢文武員弁皆准來學戰守心法並學製造各器……豈知俟至二十五年派人之事又成罷論凡留心時事者聞之無不歎曰如此良法若早派人學習則旅順之守未必失平壤之戰未必敗今猶不學一旦有事其將何以禦之乎……

董鋐琦

董鋐琦，字子珊，本臨海生員。以通算術製造快船，充福建船政局委員，累保至知府，嗣任邵武府降級調用。光緒十年，黃河鄭州決口，著有治河管見，用鐵柱為椿法，圖說詳明。其所造快船，試行長江，比購自歐洲之輪船速率少遜。所箸之書，有星算補遺笠寫壺金交食南車籌筆初梯髀矩測營九環西解，惜各書未見刻本，僅治河管見流行於世。

董毓琦治河管見序　董毓琦字子珊本臨海生員以通算術製造快船充福建船政局委員累保至知府嗣任邵武府降級調用……台州人士以算學著者嘉慶朝有施明經治平爲阮文達所賞名見於疇人傳同治光緒間則有董太守毓琦……子珊箸述多種光緒十年間黃河鄭州決口箸有治河管見用鐵柱爲樁法圖說詳明其結銜爲福州船政委員補用知府安徽儘先補用同知董某稟請代奏略云向習天文弧算機器至船械重電各學兼占風望氣光學照像畫藝箸有星算補遺笠寫壺金交食南車籌筆初梯髀矩測營九環西解各書可備總理衙門咨取考驗十二年正月初二日軍機大臣奉旨該衙門知道本年夏間所製寰泰開濬鏡清快船保案請以知府補用奉旨著照所請該部知道所箸各種星算之書內具測地程功機械各算業已恭鈔擬呈御覽先呈稿底七本云云前同鄉皆言其所造快船試行長江比購自歐洲之輪船速率少遜後亦未見寰泰三船行走太守未至歐洲學習造船之事風氣未開臆想所得輒見實行不可謂非絕人之才惜各書未見刻本僅治河管見存其梗概不知其後人尚有書存焉否也

東西堂史料

劉敦楨

周代宮殿之制，見於周禮及禮記者，鄭司農謂之三朝。

周禮秋官朝士鄭注『周天子諸侯皆有三朝，外朝一，內朝二。』

一曰外朝，用以決國之大事與斷獄蔽訟。

周禮秋官『小司寇掌外朝之政，以致萬民而詢焉。一曰詢國危，二曰詢國遷，三曰詢立君。其位：王南鄉，三公及州長百姓北面，羣臣西面，羣吏東面。』注『外朝朝在雉門之外者也。』

周禮秋官『朝士掌建邦外朝之灋。左九棘，孤卿大夫位焉，羣士在其後。右九棘，公侯伯子男位焉，羣吏在其後。面三槐，三公位焉，州長衆庶在其後。左嘉石平罷民焉。右肺石達窮民也。』鄭注『王有五門，外曰皐門，二曰雉門，三曰庫門，四曰應門，五曰路門。路門一曰畢門。外朝在路門外。』

禮記文王世子『其在外朝，則以官司士爲之。』注『外朝路寢門之外庭。』

二曰治朝，王日視事之朝。

周禮天官『太宰王眡治朝則贊聽治』。注『治朝在路門外，羣臣治事之朝，王視之，則助王平斷』。

周禮天官『宰夫之職，掌治朝之灋，以正王及三公六卿大夫羣吏之位，掌其禁令』。注『治朝在路門之外，其位司士掌焉，宰夫察其不如儀』。

周禮夏官『司士正朝儀之位……王入內朝，皆退』。注『此王日視朝事於路門外之位，……王入路門內朝，朝者皆退，反其官府治處也』。

三曰燕朝，亦云內朝，或稱路寢，圖宗人嘉事及燕射之所也。

周禮夏官『太僕王眡燕朝，則正位，掌擯相』。注『燕朝，朝於路寢之庭，王圖宗人之嘉事，則燕一朝』。

禮記文王世子『其朝於公內朝，則東面北上，臣有貴者以齒』。又『公族朝族內朝，內親也，雖有貴者以齒，明父子也，外朝以官，體異姓也』。

周禮秋官朝士鄭注『內朝之在路門內者，或謂之燕朝』。

此三朝區布之法，諸經缺而未載，鄭氏所注，亦往往自岐其說。

鄭注周禮秋官小司寇『外朝在雉門之外』。注朝士『外朝在路門外』。

遂至後之論者，膠執異同，於天子三門五門，與三朝位置，聚訟千載，莫由裁決。而清代大師如江永，論三朝唯路寢有堂，餘皆平庭；黄氏以周更謂三朝俱無堂室，是置大朝日朝內朝於風雪雨露中，徒滋後人之惑矣。余嘗考兩漢以丞相府爲外朝，後漢書卷三十四百官志司徒應劭注『丞相舊位在長安時府有四出門，隨時聽事，明帝本欲依之，迫於太尉司空，但爲東西門耳。國每有大議，天子車駕親幸其殿，殿西王侯以下更衣幷存』。又于寶注『禮司徒府中有百官朝會殿，天子與丞相決大事，是外朝之存者』。

大司馬左右前後將軍侍中常侍散騎爲中朝，

前漢書卷七十七劉輔傳孟康注『中朝，內朝也，大司馬左右前後將軍侍中常侍散騎諸吏爲中朝，丞相以下至六百石爲外朝也』。

而前殿僅供元會大朝及婚喪即位諸大典之用，似無三朝銜接，如後儒所釋禮經之法也。其時諸帝每於前殿東廂召見臣工，

前漢書卷九十三董賢傳『哀帝崩，太皇太后召大司馬賢，引見東廂，問以喪事』。

而歲旱祈雨，

後漢書卷九十一周舉傳『河南三輔大旱，五穀災傷，天子親自露座德陽殿東廂請雨』。德陽殿在洛陽北宮，係東漢大朝正殿，見後漢書卷十五禮儀志。

及羣臣白事待駕，

漢官舊儀『丞相府西曹六人，其五人往來白事東廂，爲侍中，一人留府』。

前漢書卷九十九王莽傳『太后詔謁者引莽待殿東廂』。

與太子視膳，胥於東廂爲之，足徵漢之前殿，實兼大朝日朝爲一。

後漢書卷七十班彪傳『舊制太子五日一朝，因坐東廂省視膳食。』

下逮晉齊，猶存東西廂之名。

陸翽鄴中記『石虎正會殿前有白龍樽，作金龍於東廂，西向。』

齊書卷十九五行志『永元三年二月，乾和殿西廂災。』

然魏晉以來，迄於南北朝末季，又大朝左右擴爲東西二堂，其事載於史籍者，凡數十見，而自來無人措意及之。考東堂供朝謁賜宴之用，始於魏中葉以後；

三國志魏志卷四『高貴鄉公……至止車門下輿，左右曰：舊乘輿入。公曰：吾被皇太后徵，未知所爲，遂步至太極東堂，見於太后，其日即皇帝位於太極前殿。』

三國志魏志卷四正元二年注引魏氏春秋『二月丙辰，帝宴羣臣於太極東堂。』

晉初則爲聽政之地，與大朝太極殿倂稱，

晉書卷五孝懷帝紀『及即位，始遵舊制，臨太極殿，使尙書郞讀時令，又於東堂聽政。至於宴會，輒與羣官論衆務，考經籍，黃門侍郞傅宣嘆曰：今日復見武帝之世矣。』

晉書卷二十八五行志『趙王倫簒位，有鶉入太極殿，雉集東堂。天戒若曰：太極東堂皆朝享聽政之所，而鶉雉同日集之者，趙王倫不當居此位也。』

凡召見羣臣，與頒令餞別，舉哀胥於是。惟當時記載，未及西堂，殊爲莫解。

晉書卷三十二孝武定王皇后傳『后性嗜酒驕妬，帝深患之，乃召蘊於東堂，具說后過狀。』

晉書卷四十賈充傳『帝聞充當詣闕預幸東堂以待之』。

晉書卷四十二王渾傳『又先帝時正會後東堂見征鎭長史司馬諸王國卿諸州別駕』。

晉書卷五十九趙王倫傳『迎帝幸東堂遂廢賈后爲庶人，幽之於建始殿』。

晉書卷五十二郤銑傳『累遷雍州刺史，武帝於東堂會送』。

晉書卷四十四鄭袤傳『九年薨時年八十五，帝於東堂發哀』。

永嘉亂後，晉室南遷，其制未廢。

晉書卷七成帝紀『咸和四年正月，峻子碩，攻臺城，又焚太極東堂祕閣皆盡』。

晉書卷八海西公紀『太和六年十一月巳酉，帝著白袷單衣步下西堂乘犢車出神獸門』。

成帝時依元帝中興故事，朔望聽政於東堂，

晉書卷七成帝紀『咸康六年七月乙卯，初依中興故事，朔望聽政於東堂』。

其後亦以餞別重臣，

晉書卷十安帝紀『義熙元年四月劉裕旋鎭京口，戊辰餞於東堂』。

西堂則爲舉哀，白事，宴會之所。

晉書卷十安帝紀『義熙元年三月戊戌舉章皇后哀三日，臨於西堂』。

晉書卷六十四武陵成王晞傳『太元六年晞卒於新安，……孝武帝三日臨於西堂』。

晉書卷六十四會稽文孝王道子傳『帝三日哭於西堂』。

晉書卷九簡文帝紀『咸安元年十一月辛亥，桓溫遣弟祕逼新蔡王晃詣西堂自列與太宰武陵王晞等謀反，帝對之流涕。』

晉書卷九十九桓玄傳『及小會西堂，設妓樂殿上，施絳綾帳，縷黃金爲顏，四角作金龍頭，銜五色羽葆旒蘇。』

而晉書紀明帝，簡文帝，安帝崩於東堂，

晉書卷六明帝紀『太寧三年閏八月戊子，帝崩於東堂』。

晉書卷九簡文帝紀『咸安二年七月乙未帝崩於東堂』。

晉書卷十安帝紀『義熙十四年十二月戊寅，帝崩於東堂』。

成帝，哀帝崩於西堂，

晉書卷七成帝紀『咸康八年六月癸巳，帝崩於西堂』。

晉書卷八哀帝紀『興寧三年二月，帝崩於西堂』。

似又兼爲寢宮。然沈約宋書謂晉世諸帝多處內房，與晉書所紀，前後岐異，未能決其孰是耳。

宋書卷九十二良吏傳『晉世諸帝多處內房，朝宴所臨東西二堂而已』。

其後劉宋時，改於西堂接羣下受奏事，與大婚後敘宴之用，

宋書卷六孝武帝紀『孝建三年二月乙丑，始制朔望臨西堂，接羣下，受奏事。』

宋書卷八明帝紀『事定，上未知所爲，建安王休仁便稱臣，奉引升西堂，登御座，召見諸大臣，於時事起倉卒，上失履，跣至西堂，猶著烏紗。』

宋書卷十四禮志『其月壬戌於太極殿西堂叙宴二宮隊主……諸二千石在都邑者豫會。』

聽訟簡將，則於東堂爲之，似其用途隨時變易，無一定之法。

宋書卷八明帝紀『泰始六年十月己酉，車駕幸東堂聽訟。』

宋書卷六十一江夏文獻王義恭傳『戰敗，使義恭於東堂簡將。』

蕭梁末，太極殿與東西堂焚於侯景之亂。

梁書卷五十六侯景傳『使王偉守武德殿，于子悅屯太極東堂，矯詔大赦天下。』

梁書卷四十五王僧辯傳『其夜軍人採梠失火燒太極殿及東西堂。』

陳高祖重建，以朝遠臣及賜宴，舉哀悉如魏晉故事。

陳書卷一高祖紀『太平二年（梁敬帝）正月壬寅，天子朝萬國於太極東堂。』

陳書卷二高祖紀『永定二年十二月丙寅，高祖於太極殿東堂宴羣臣，設金石之樂，以路寢告成也。……三年六月故司空周文育之柩至自建昌，壬寅，高祖素服哭於東堂，哀甚。』

由是而言，自魏迄陳三百餘年，東西二堂實爲處理政務之日朝，殆無疑義矣。　餘如前趙，

晉書卷一百三劉曜『大霜雨震曜父墓門屋，大風飄發其父寢堂於垣外五十餘步，曜避正殿，素服哭於東堂五日……司空劉均舉參軍臺產，曜親臨東堂，遣中黃門策問之，產極言其故，曜覽而嘉之，引見東堂。』

後趙，

晉書卷一百五石勒『勒下書曰，自今有疑難大事，八座及委丞郎齎詣東堂，詮詳平決。……暴風大雨，雷震建德殿端門，

「……慟正服於東堂以問徐光……」

前秦，

晉書卷一百十三苻堅「堅性仁友，與法訣於東堂，慟哀嘔血。」

晉書卷一百十四苻堅「車師前部王彌寘、鄯善王休密馱朝於堅，堅賜以朝服，引見西堂。……堅每日召嘉與道安於外殿，動靜諮問之。慕容暐入見東堂，稽首謝曰……」

後秦，

晉書卷百十七姚興「興每於聽政之暇，引龕等於東堂講論道藝，錯綜名理。……京兆韋華……等率襄鄧流人一萬叛晉奔於興，興引見東堂。……興於是練兵講武，大閱於城西，幹勇壯異者召入殿中，引見羣臣於東堂，大議伐魏。」又卷百十八姚興「興以大臣屢喪，令所司更詳臨赴之制，所司白興依故事東堂發哀，興不從，每大臣死，皆親臨之。」

後燕，

晉書卷一百二十三慕容垂「垂懼而東奔，及藍田，爲追騎所獲，堅引見東堂。」

晉書卷一百二十四慕容寶「寶引羣臣於東堂議之。」

晉書卷一百二十四慕容盛「又引中書令常忠……於東堂問曰……盛引見百僚於東堂，考詳器藝，超拔者十有二人。」

及北魏，

魏書卷四十八高允「給事中郭善明性多機巧，欲逞其能，勸高宗大起宮室，允諫曰……今建國已久，宮室已備，永安前殿足以朝會萬國，西堂溫室足以安御聖躬。」

水經注卷十三濕水條『太和十六年破太華安昌諸殿，造太極殿東西堂及朝堂，夾建魏象乾元中陽端門，東西二掖門，雲龍神虎中華諸門，皆飾以觀閣，東堂東接太和殿。』

魏書卷九十四王遇傳『遇性巧彊於部分，北都方山靈泉道俗居宇及文明太后陵廟，洛京東郊馬射壇殿，修廣文昭太后墓園，太極殿及東西兩堂內外諸門制度，皆遇監作。』

東魏，

北齊書卷二神武紀『五年正月朔，崩於晉陽，時年五十二，祕不發喪，六月壬午，魏帝於東堂舉哀三日。』 所云五年，指東魏孝靜帝武定五年言也。

北齊等，

北齊書卷十七斛律金傳『天統三年薨，年八十，世祖舉哀西堂。』

雖皆割據一隅，乃亦有東西堂，與魏晉無殊，足覘當時此制之普及已。 至於二堂位置，文獻殘缺，無由徵實，祗有存而不論。 但諸書每與大朝太極殿併稱，似其間不無連帶關係。 意者二堂以太極爲中軸，在其左右，故曰東堂西堂。 而二者又互爲朝謁聽政之所，依宮殿建築之常理測度，應與太極殿同爲南向，而非後世東西向之配殿可知也。 其後隋文帝於長安東南另營新都，遠紹禮經，以承天門爲大朝，太極兩儀二殿爲常朝日朝，

宋宋敏求長安志六『西內承天門……元正冬至陳樂設宴會，赦宥罪，除舊布新，當萬國朝貢使者四夷賓客，則御承天

門以聽政焉……其內正殿曰太極殿，朔望視朝，則登此殿，……曰兩儀殿，在太極殿後，常日聽政視事，則臨此殿。」

於是東西堂之名幾絕於紀載；同時大朝日朝之平面配置，亦易橫爲縱，不能不謂爲我國宮殿配列之一變遷。但大業初煬帝於東都乾陽殿左右，建文成武安二殿，或尙存二堂之餘意。

大業雜記「則天門兩重觀，上曰紫微觀，左右連闕，……門內四十步有永泰門……永泰門內四十步有乾陽門，並重樓，……門內一二十步有乾陽殿，殿基高九尺，從地至鴟尾高一百七十尺，又十三間二十九架。……乾陽殿東有東上閤，閤東二十步又兩行六十步有東華門，門東四十步道北有文成門，門內有文成殿，……乾陽殿西有西上閤，閤西二十步又南行六十步有西華門，出門西三十步，道北有武安門，門內有武安殿，……大業文成武安二殿御坐見朝臣，則宿衛隨入於其內。」

而現存冀晉二省遼金舊剎，如大同善化寺與易縣開元寺，胥橫列三殿，居中者體制較崇，豈其遺裔歟？至若唐東內含元宣德紫宸三殿，及宋之大慶文德紫宸，明之奉天華蓋謹身，清之太和中和保和諸殿，雖俱云取法周制，然周之三朝，紛紜千載，靡由案證，已如前述，勿甯謂爲以隋制爲範，較爲適當。故自兩漢以來，歷代外庭之配列，約略可知者凡三變；一爲兩漢之前殿與東西廂，次爲晉魏南北朝之太極殿及東西二堂，自隋以後，始爲三殿重疊之法，而遼金元異族不預焉。因東西堂史料之蒐錄，並略箸其變遷如此。

圖版壹

明初社稷異壇圖式〔大明集禮〕

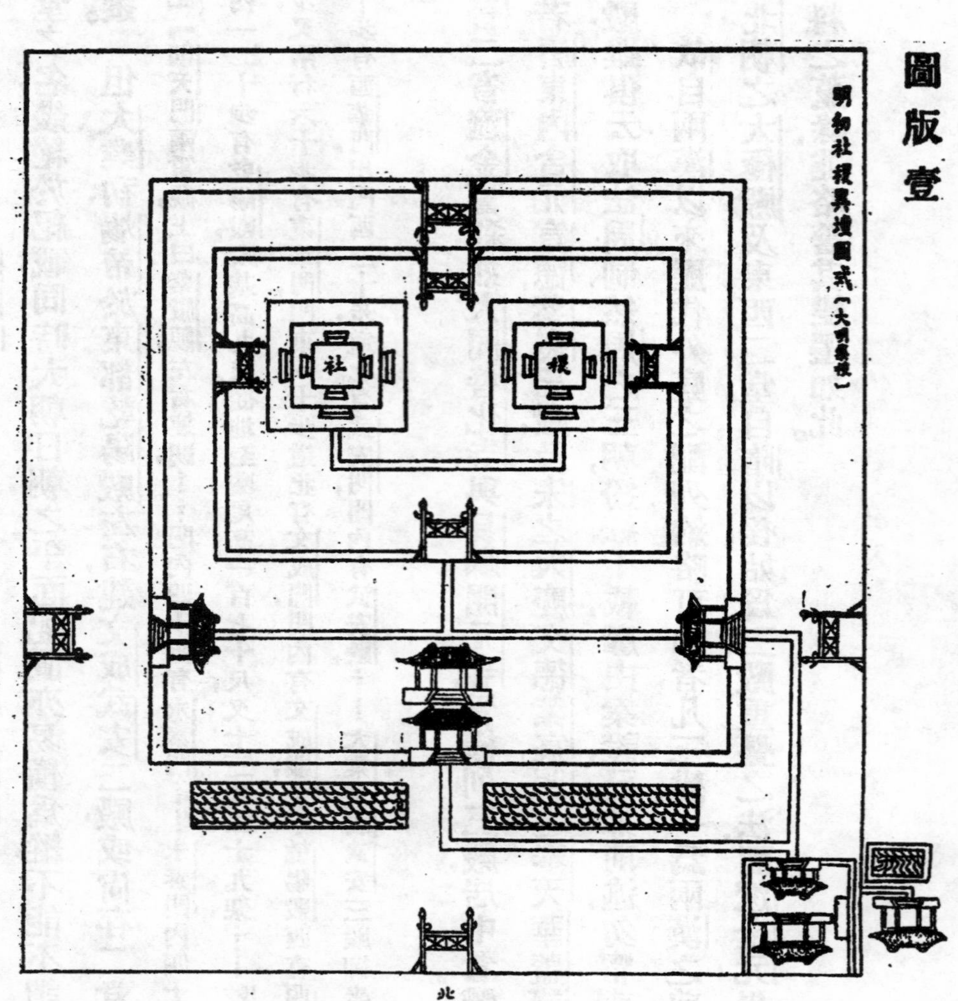

圖版貳

（甲） 社稷同壇圖式（明會典）

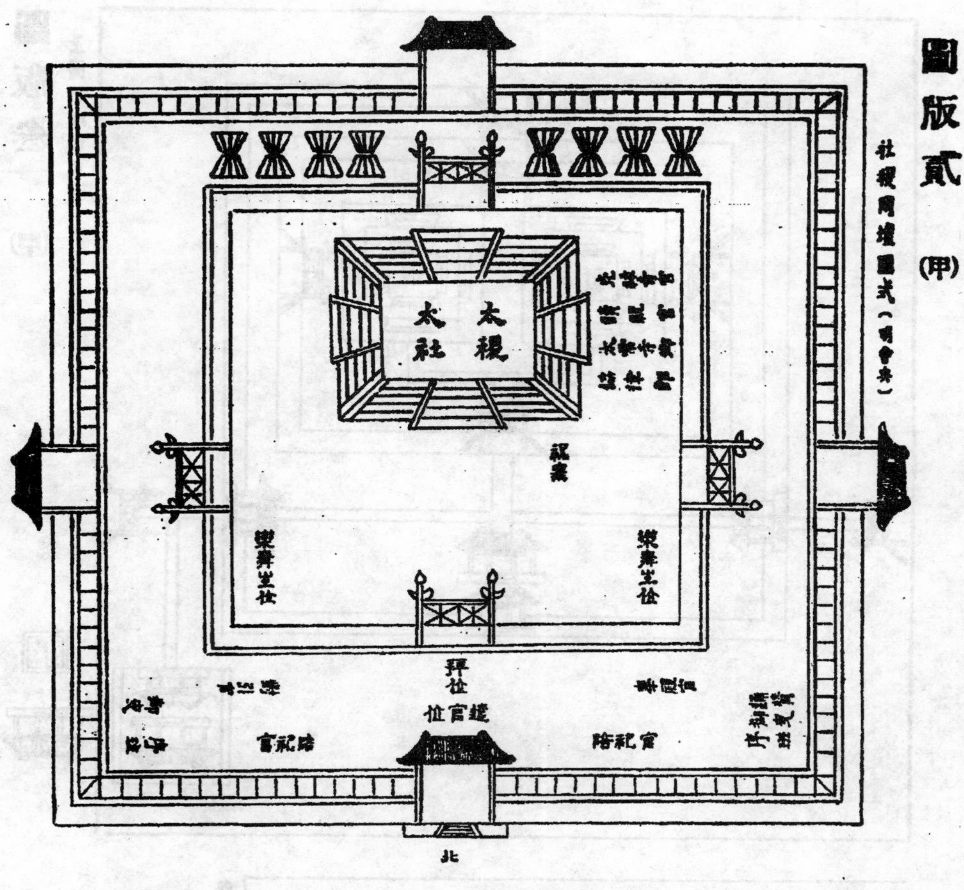

（乙） 帝社帝稷壇圖式（明會典）

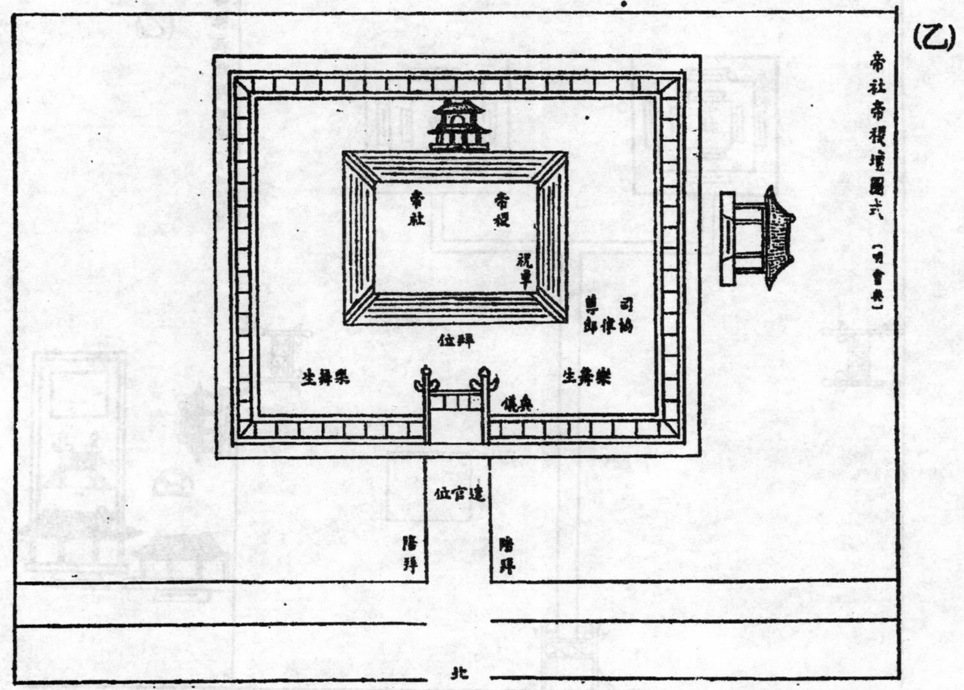

圖版叁

(甲)

王國社稷壇圖式(大明集禮)

(乙)

郡縣社稷壇圖式(大明集禮)

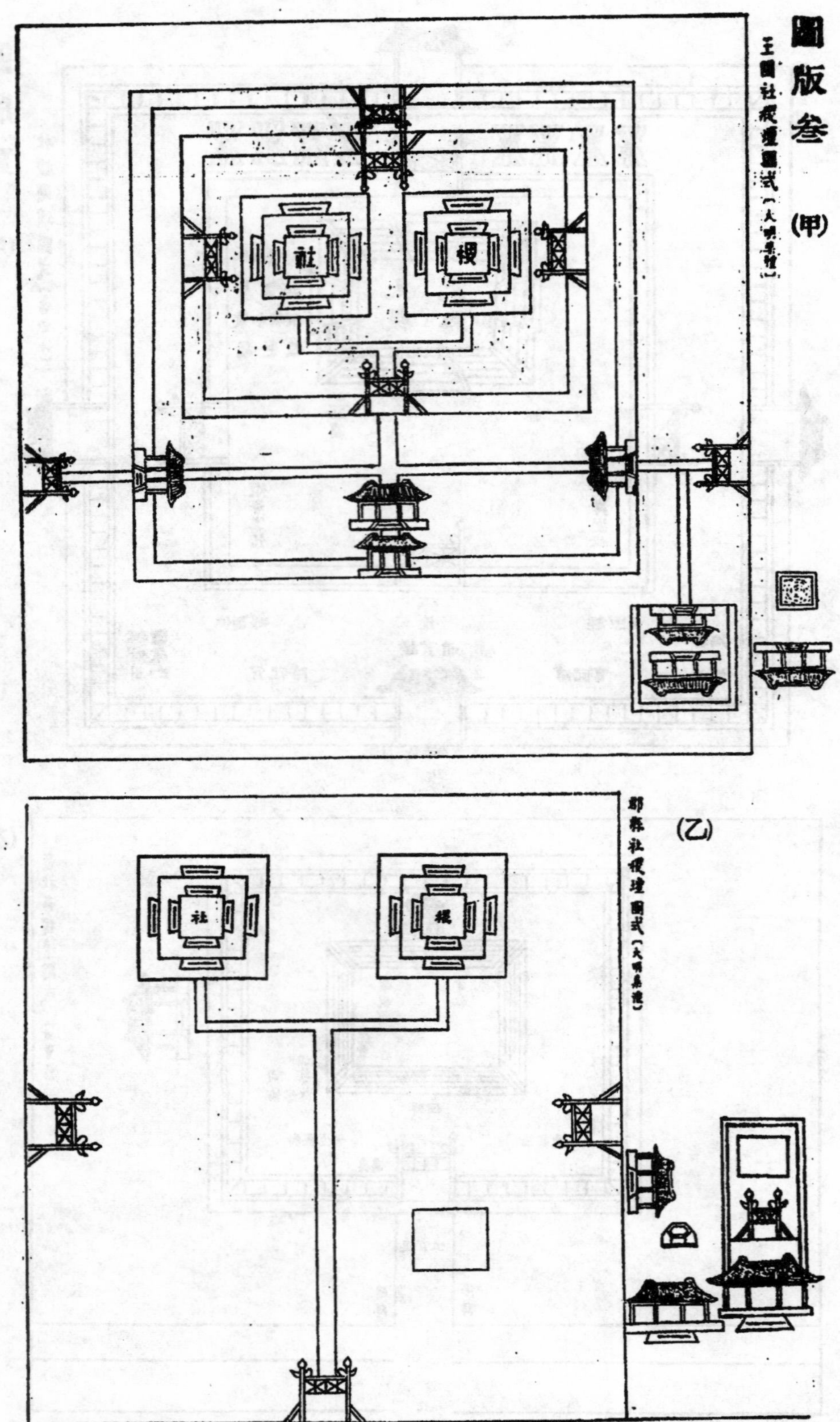

明代營造史料(續)

單士元

明代社稷壇

社稷之禮，肇自殷周，社以祭五土，稷以祭五穀，有國者皆設壇定規，列爲郊祀之一，修史者將其規制載於禮志。但其祀典雖屬於禮，其壇制則關係營造，因是本文乃捨禮文而專論壇制。現本社對於明宮殿考之作，草創已備，補訂闕漏，正在進行，關於社稷壇之史料，蒐集略備，茲區爲三節。

(一)首建時期及其規制。

(二)改建時期。

(三)建享殿拜殿。

34915

附 帝社帝稷。 王國社稷。 郡縣社稷。

(一)首建時期及其規制

明代社稷壇首建時期，各書所載詳略不同，所獲史料，彙錄於下：

明史禮志：社稷之祀，自京師以及王國皆有之，其壇在宮城西南者，曰太社稷，明初建太社在東，太稷在西。

明會典：國初以春秋仲月上戊日祭太社太稷，異壇同壝，太社以后土句龍氏配，太稷以后稷氏配。

明會要：吳元年八月癸丑，建社稷於宮城西南，北向，異壇同壝。

續通志：明太祖洪武元年，建社稷壇於宮城西南，太社在東，太稷在西，壇皆北向。

續通典：明太祖洪武元年建社稷壇於宮城西南，太社在東，太稷在西，壇皆北向，壇高五尺，闊五丈，四出陛，陛五級，二壇同一壝。

續通考：明太祖吳元年八月，社稷壇成，壇在宮城西南，社東稷西，皆北向，廣五丈，高五尺，四出陛，陛五級，二壇同一壝。

明集禮：……國朝二壇，坐南向北，社壇在東，稷壇在西，各闊五丈，高五尺，四出陛，五級，壇用五色土築，各依方位，上以黃土覆之。二壇同一壝，壝方廣三十丈，高五尺，用磚砌，四方開門，各闊一丈，東門飾以靑，西門飾以白，南門飾以紅，北門飾以黑，周圍築以墻，仍開四門，南爲靈星門，北爲戟門五間，東西戟門各三間，皆列戟二十四。

明太祖實錄：吳元年八月癸丑，圜丘方丘及社稷壇成……社稷壇在宮城之西南，皆北向，社東稷西，各廣五丈，高五尺，四出陛，每陛五級，壇用五色土，色各隨其方，上以黃土覆之，壇相去五丈，壇南各栽松樹，二壇同一壝，壝方廣三十丈，高五尺，甃以磚，四方有門，各廣一丈，東飾以靑，西飾以白，南飾以赤，北飾以黑，瘞坎在稷壇西南，用磚砌之，廣深各四尺，周圍築牆，開四門，南爲靈星門三，北戟門五，東西戟門各三，東西戟門皆列二十四戟，神廚三間，在牆外西北方，宰牲池在神廚西，社主用石，高五尺，闊二尺，上微銳，立於壇上，半在土中，近南北向，稷不用主。

合上輯各史料觀之，則明代首建社稷壇時期，明史書明初，實錄會要通考皆書吳元年；通志，通典皆書洪武元年。吾人依歷史之判斷，則以吳元年爲是，何則？蓋太祖自建都南京稱吳元年以後，一切帝制燦然大備，製禮樂營宮室同時並進。社稷既視爲國祭，則吳元年太祖定各制時，社稷之禮自不致闕而不備，矧實錄中所記極爲詳盡乎，明史之所以書明初而不書吳元年者，乃中國修史者之史法，原明太祖於洪武元年八月始破元都，舊史家於八月以後，始承認明代國家，宜乎於洪武紀元前史實約略言之矣，但吾人所研究者，乃當日之史實，非修史者之史法也，因從實錄之說。（圖版壹）

（一）改建時期

明初社稷異壇，已見上錄各史料；洪武十年，太祖以國初所建未盡合禮，因命禮部詳議改建之制，其事見明史，明會典，通典，通考，通志諸書，太祖實錄記載尤詳，茲分別擇錄於後。

明會典：洪武十年，改建社稷壇於午門之右，先是社主用石，高五尺，闊二尺，上微尖，立於社壇，半埋土中，近南北向，稷不用主，至是埋石主於社稷之正中，微露其尖，仍用木為神牌，而丹漆之，祭則設於壇上，祭畢，貯奉壇設太社神牌居東，太稷神牌居西，俱北向，奉仁祖神牌配，神西向，而罷句龍后稷配，自奠帛至終獻，皆同時行禮。

續通典：……十年，上以太社太稷分祭配祀，皆因前代制，欲更建為一代之典，遂下禮部議，尚書張籌歷引禮經及漢唐以來之制，請改建於午門之右，社稷共為一壇合祭，設木主，而丹漆之，祭則設於壇上，祭畢，收藏，仍用石主埋社中，罷句龍與棄配位，奉仁祖配，以成一代之典，以明社尊而親之義，上善其奏，遂定合祭之禮，十月，新建社稷壇成，升爲太祀。

續通考：十年八月改建社稷壇。帝既改建太廟，以社稷國初所建因前代之制分祭配祀皆未當，下禮官議，尚書張籌言：請社稷同壇，罷句龍棄配位，奉仁祖配享，帝善之，遂命改建於午門之右，其制社稷共一壇，壇二成，上廣五丈，下廣五丈三尺，崇五尺，四出陛，築以五色土，覆以黃土，如舊制，四面甃以瓦石，主崇五尺，埋壇中，微露其末，外壝崇五尺，四面各十九丈二尺五寸，爲四門，門壝各飾以方色，外垣東西廣六十六丈七尺五寸，南北廣八十六丈六尺五寸，皆飾以紅，覆黃琉璃瓦，垣北三門，門外爲殿，凡六楹，深五丈九尺五寸，連延十九丈九尺五寸，外復爲三門，垣東西南門各一，西門內近南神廚六楹，神庫六楹，門外宰牲房四楹，中滌牲池一，井一。

太祖實錄：洪武十年八月癸丑，命改建社稷壇。先是上既改建太廟於雉闕之左，而以社稷明初所建未盡合禮，又以太社太稷分祭配祀皆因前代之制，遂命中書省下禮部詳議，至是禮部尚書張籌奏曰：……上覽奏稱善，遂命改作社稷壇於午門之右，其制社稷爲一壇，二城，上廣五尺，下如上之數而加三尺，崇五尺，四出陛，築以五色土，色各如其方，而覆以黃土，壇四面皆甃以甓，石主崇五尺，埋壇之中，微露其末，外壝墻崇五尺，東西十九丈二尺五寸，南北如之，設靈星門於四面，壝墻各飾以方色，東青西白南赤北黑，外為周垣，東西廣六十六丈七尺五寸，南北八十六丈六尺五寸，垣皆飾以紅，覆以黃琉璃瓦，垣之北向設靈星門三，門之外為祭殿，以虞風雨，凡六楹，深五丈九尺五寸，連延十丈九尺五寸，祭殿之北為拜殿，六楹，深三丈九尺五寸，連延十丈九尺五寸，拜殿之外，復設靈星門三，垣之東西南三面，設靈星門各一，西靈星門之內近南，為神廚，六楹，深二丈九尺五寸，連延七丈五尺九寸，又其南為神庫，六楹，深廣如神廚，西靈星門之外為宰牲房四楹，中為滌牲池一，井一，十月新建社稷壇成。

國朝典彙：洪武十年八月，上既更建太廟於雉闕之左，以社稷國初所建，未盡合禮，又以太社太稷分祭配祀，皆因前代之制，欲更服之為一代之典，遂命中書下禮部詳議，尚書張籌奏擬社稷合祭共為一壇……上覽奏稱善，遂命改建社稷壇於午門之右，其制社稷共一壇，壇二成，上廣五丈，下如上加三尺，崇五尺，陛四出，築以五色土，色如其方，而覆以黃土，四面皆甃以甓，石主崇五尺，埋壇中，微露其末，外壝牆崇五尺，設靈星門於四面，壝牆各飾以色如其方，外為周垣，飾以丹，覆以黃瓦，初社稷列中祀，臨祭或具通天冠絳紗袍，或以皮弁行禮，制未有定，今仿唐制，升為上祀，具冕服以祭，按五方土，命應天河南進黃土，浙江福建兩廣進赤土，江西湖廣陝西進白土，山東進青土，北平進黑土，天下郡縣計三百餘處，每土百斤爲率，仍取之名山高爽之地，十月新建社稷成，上行奉安禮，冕服乘輅，百官具祭服詣舊壇，以遷主告。（圖版貳甲）

（三）建享殿拜殿

洪武二年八月，太祖以社稷等祭，皆有定期，恐遇風雨，因諭禮官考求前代有於壇爲殿屋蔽風雨之事。禮部尙書崔亮奏：『考宋祥符九年，議南郊壇祀昊天上帝，或値雨雪，則就大尉齋廳望祭。元經世大典載：社稷壇壝外垣之內，北垣之下，亦嘗建屋七間，南望二壇，以備風雨。請依此於圜丘方丘皆建殿九間，社稷壇北建殿七間，爲望祭之所，遇風雨則於此望祭焉。上從之。』見明太祖實錄。惟按明史禮志社稷之祀載：『……初帝命中書省翰林院議創屋備風雨，學士陶安言天子太社必受風雨霜露，亡國之社則屋之，不受天陽也。建屋非宜，若遇風雨，則請於齋宮望祭，從之。三年，於壇北建望祭殿五間，又北建拜殿五間。』又明會典亦載：『洪武三年，於壇北建享殿，又北建拜殿各五間，以備風雨。』是明史會典二說相合，則實錄所記太祖從禮部尙書崔亮採元經世大典，於壇北建享殿七間之事，實應研究。因檢明史陶安崔亮本傳，以爲質覈；陶安傳未記其言社稷壇建屋事，崔亮傳中云：『……二年，帝慮郊社祭壇而不屋，或驟雨沾服，亮引宋祥

34921

符九年，南郊遇雨，於大尉廳望祭，及元經世大典壇垣內外建屋事，遂詔建殿於壇南，遇雨則望祭，」此節與太祖實錄所記相合，惜未言明間數，不過又將建屋於壇北，亮傳誤爲壇南耳。由此以言，明史禮志說採會典，崔亮傳則採實錄或其他載籍，總言之，一與會典合，一與實錄合，準此則明史本身立說，似覺矛盾，其或因志傳非成於一人之手，致有此現像歟？然吾人對此兩說，必從其一，實錄會典皆屬重要載籍，究應何從？吾人在此取捨之間，當然取準於會典，何以言之？蓋會典本屬憲法文字，其記典章制度，爲傳統之法規，纂輯成書，頒諸天下者也，所書所記，必爲事實，此可信也；至於實錄則爲散漫記事册，且原本已亡，今日所見者乃遂錄之副本，又輾轉傳鈔，容有訛奪（改建時期所引實錄且有六楹之說）據此理由而證明明代社稷壇北有享殿五間，又北有拜殿五間爲確。

帝社帝稷

帝社稷之由來，乃原於洪武十年，太祖改壇制，罷句龍與后稷配位，以仁祖配，升爲大祀，惠帝建文元年祭社稷，奉太祖配，撤仁祖位，仁宗洪熙元年二月祭社稷，奉太祖太宗並配，命禮部永爲定式。此爲明初社稷配位之演變，見明會典及續通典。至世宗嘉靖九年，改正社稷配位，仍以句龍后稷配，十年立帝社帝稷壇於西苑豳風亭西，以仲春秋次戊日上躬行祈報禮，如次戊在望後，則以上巳日，壇址高六尺，方廣二丈五尺，繚以土垣，神位以木爲之。穆宗隆慶元年，禮部言社

稷之名，自古所無，嫌於煩數，宜罷從之，見續通典。（圖版貳乙）

王國社稷

明代藩封稱王國，亦營建社稷，大明集禮王國社稷序曰：『周制諸侯爲百姓立社曰國社，自爲立社曰侯社，國社在公宮之右，侯社在藉田，又周禮凡封其國設其社稷之壝，令社稷之職，小司徒，凡建邦國立其社稷，其壇制半於天子，廣二丈五尺，受土各以其方之色，冒以黃，爲壇，皆立樹以表其處，又別爲石主，以象神，牲用少牢，皆黝色，用黑幣，此諸侯祭社稷之禮見於經傳者也，漢封諸侯王，見於史者，若武帝立子閎爲齊王，策曰，受茲青社，旦爲燕王，策曰，受茲玄社，胥爲廣陵王，策曰，受茲赤社，褚少孫曰，諸侯始封，必受土於天子之社，歸立之，以爲國社，以歲時祀之，天子之社五色，諸侯封於東方者取青土，封於南方者取赤土，封於上方者取黃土，各取其色物，裹以白茅，封以爲社，自唐至宋元，封建不行，故闕其制』按以下明制，略規式而詳禮儀，其或仿周制而半于天子歟，（圖版叁甲）

郡縣社稷

洪武元年，頒社稷壇制度於天下郡邑，太祖實錄，大明集禮，皆著載：

太祖實錄：「洪武元年十二月己丑，頒社稷壇制於天下郡邑，壇俱設於城西北，右社左稷，壇各方二丈五尺，高三尺，四出陛三級，社以石爲主，其形如鐘，長二尺五寸，方一尺一寸，剡其上，培其下之半，在壇之南方，壇周圍築牆，四各二十五步，祭用春秋二仲月上戊日，各壇正配位各用籩豆四，豆四，簠簋二，登鉶各一，俎二，牲正配位共用羊豕各一。」

明集禮：「國朝郡縣祭社稷有司俱於本城土西北設壇致祭，壇高三尺，四出陛三級，方二丈五寸，從東至西二丈五尺，從南至北二丈五尺，右社左稷，社以石爲主，其形如鐘，長二尺五寸，方一尺一寸，剡其上培其下半，在壇之南方，壇外築墻周圍一百步，四面各廿五步。」（圖版叁乙）

以上各壇制皆爲明南京所定，明代立國北京時間雖較久，其宮殿廟社一切制度，大都遵循太祖法規。當永樂帝決計遷都時，北京之營建，據太宗實錄云：「永樂十八年十二月癸丑，初營建北京，凡郊廟社稷壇場宮殿門闕規制，悉如南京」。又續通考社稷壇條載：「永樂十九年正月，北京社稷壇成，時北京郊社宗廟成，是月帝躬詣太廟奉安祖宗神主，命皇太子詣南郊奉安上帝地祇神位，社稷壇遣太孫行事，其制祀禮一如其舊。」續通志載：「永樂十九年建北京社稷壇，壇制祀禮一如南京舊制。」

通典所載亦同。吾人可斷定明北京社稷壇，其規制當卽如洪武十年改建之式。又今日所見清代社稷壇，其規模與南京明代所留社稷壇之遺蹟多同，卽其靈星門形式雕斵亦相合。吾人更可假定淸代之社稷壇，卽襲明代之舊，亦可他日當實地測繪之，必可得確切證明也。

本社紀事

(一)清式營造則例出版

本社法式主任梁思成君所述清式營造則例，爲國內外介紹清代官式建築唯一之箸作，自去歲十一月付印以來，已於本年六月底出版。

(二)計畫修理故宮景山諸亭

二十三年二月，故宮博物院以景山上萬春緝芳周賞觀秋富覽五亭年久失修，託本社代擬修理計畫。由邵力工麥儼曾二君勘查實物，繪製圖表，并由梁思成劉敦楨二君擬就修葺計畫大綱，函復該院，供實施之參考。

(三)供給中國建築參考材料

本年度內本社前後接受國立北洋工學院，國立交通大學唐山工學院，天津中國工程司，丹麥加爾斯堡研究院等處委託監製中國建築模型多種，供講授及學術上參考之用。又代上海華蓋建築事務所監製清式綵畫標本多種。

(四)函請中華教育文化基金董事會繼續補助本社經費

逕啟者敝社自受
貴會補助以來五載於茲在我國營造學古籍及文獻之整理與遼宋以來遺物之研究自問尚無忝於
貴會之補助歷來工作狀況已迭次報告在案工作成績之一部分亦經數次展覽並在本社刊物陸續發表藉查敝社目前常年開支約三萬元除半數由

貴會補助外其餘半數係由 啓鈐 個人籌募惟 啓鈐 年事日增際此國內實業萬般蕭索之際東塗西抹所獲實屬有限每際年終即不知明年之能否繼續工作工作人員亦因前途不定而生疑慮之心竊念敝社爲我國學術界研究中國建築唯一之機關數年來對於中國建築界亦有相當之貢獻而歐美考古專家引爲同調者發疑問難及探索材料交換刋物莫不認本社爲標的假使一旦停閉則非但使國內青年研究斯學者感覺參考材料之斷絶而且使國際上自詡包辦東方文化者所快意此敝社同人所惴惴不甘者也用敢請求

貴會按每年經常實用範圍暫補助三萬元爲數既屬無多在

貴會似亦輕而易舉如蒙

惠准則豈唯敝社得以繼續工作即中國建築界之前途亦將永拜其賜若前項請求暫難辦到應如何繼續

給予補助俾不致絃歌立輟是 啓鈐 所企禱者也此致

中華教育文化基金董事會

中國營造學社社長朱啟鈐啟

民國二十三年四月十三日

附中華教育文化基金董事會覆函

逕啟者查

貴社前向敝會繼續聲請補助一案茲經第十次董事年會議決補助國幣壹萬伍千元以爲研究中國建築學之用期限

一年等因相應函達並檢付敝會印就之空白預算書兩紙即希

查收按照補助費數目塡寫寄會以便審核發款爲荷此致

中華教育文化基金董事會啟　民國二十三年七月十三日

中國營造學社

（五）函請管理中英庚欵董事會補助本社經費

敬啟者敝社於民國二十一年三月爲設立建築學研究所及編製營造圖籍二項計畫曾請求貴會補助在案茲因事隔二載前所請求事項業經局部實施不得不另提修正案敬祈貴會仍予援助竊敝社同人以國內建築隨時勢要求日就繁興而營造方式迄無融貫中西發皇民族固有文化之途徑故數載以來不揣棉薄以闡明我國建築藝術爲唯一職責所有工作首重調查遺蹟次及蒐集文獻整理舊籍並計畫修葺古物及爲國內外學術團體供給參考資料其已測繪之古建築計有

清趙縣大石橋

遼薊縣獨樂寺寶坻縣廣濟寺大同華嚴寺善化寺應縣佛宮寺

宋正定龍興寺陽和樓天寧寺開元寺正定縣文廟

金正定臨濟寺應縣淨土寺

元正定府文廟

明大同鼓樓城樓北平智化寺趙州栢林寺

大小建築三十所研究成績與整理舊籍之出版者有

營造彙刊一卷至四卷

清式營造則例

營造算例

元大都宮苑圖考

哲匠錄

牌樓算例

園冶

梓人遺制

工段營造錄

一家言居室器玩部

燕几蝶几匡几圖考

編製與整理中者有

清欽定工部工程做法補圖

宋營造法式新釋

明北京城及宮苑考

營造法源

其參預各機關團體計畫修理之古建築物有

薊縣遼獨樂寺

應縣遼佛宮寺塔

北平故宮南薰殿角樓景山亭及內城東南角樓鼓樓等處此外供給國內外學術團體及私人參考材料則有

國立中央大學講授用中國建築模型及彩畫標本

國立北洋工學院講授用中國建築模型

國立交通大學唐山土木工程學院講授用中國建築模型

上海華蓋建築事務所彩畫標本

丹麥加爾斯堡研究院中國建築模型

諸項惟敝社經費年支約四萬元數年來除受中華敎育文化基金會每年補助一萬五千元外餘數概歸自籌第際此國事蜩沸百業凋零集欵極屬不易行見此略有生機之絕學受經濟打擊不能遂其充分之發展而國內青年學子研究斯學者亦將受其影響用特請求

貴會每年酌量給予補助俾敝社研究工作得以賡續進行則中國建築界之前途亦將永拜其賜也此致

管理中英庚欵董事會

中國營造學社啟

民國二十三年五月一日

附管理中英庚欵董事會覆函

查本會自成立以來，所接各方請欵函件業經敎育組依照呈准行政院備案之息金支配標準逐案詳加審查，並已彙報第二十四次董事會議分別決定。祇以此次審查案件多至一百二十餘起，請欵總額達五千六百萬元以上；而息金收入可供支配者，截至本年度止，僅有一百三十三萬七千餘元。其中除甲類中央博物圖書兩館補助費，丙類留學經費，丁類小學教科書獎勵金及戊類農村教育經費等外，所餘乙類項下可供各高等教育及研究機關之補助者，更不過四十二萬元。況此次各方所請，又以乙類爲數特多。故欲普遍支配，既恐數目分散，各無裨益；欲集中補助，復慮記此遺彼，有失輕重。所以爲折衷之計，一面唯有就需要最切者，作比較集中補助；一面仍予可能範圍以內，力求普遍。例如所請之欵在兩種以上者，則斟酌情形，擇一補助，補助建築費者不復補助設備之費，補助設備費者不復補助建築之費。貴社前請補助六十萬元設立建築學研究所一案，亦經彙案審查，議決補助編製圖籍費國幣貳萬元，分兩年平均撥給。本會對

貴社計畫，極表同情，雖補助之費，未能如數撥給，然在前述困難情形之下，實覺已盡棉薄，區區此衷，當荷

諒察。茲特檢附請欵規則及本屆領受補助金應請注意事項各一份，敬希

查照，迅就所定補助數範圍以內，將擬編圖籍種類，連同費用估計，詳細開送過會，俾憑審查，是爲至感。此致

中國營造學社。

管理中英庚欵董事會董事長朱家驊

民國二十三年六月二十五日

(六)本社經濟狀況報告

本社廿二年度仍由中華教育文化基金董事會補助經費一萬五千元作甲項經常費用，其乙項編輯出版調查等費，經本社社長朱桂辛先生捐募一萬元，不足之數，在廿三年度捐欵內提用一千七百元，茲值本年度終了之際，合將甲乙兩項收支狀況列表於左

民國廿二年度甲項收支表（中華教育文化基金董事會補助費）

收入

上年度結餘	二六五・五一元
本年度補助費	一五〇〇〇・〇〇元
銀行存款利息	六〇・八六元
以上合計洋壹萬伍千叁百貳拾陸元叁角柒分	

支出

辦公費	一一七二・四九元
薪水夫馬費	一一七一〇・〇〇元
購置專用品	五六六・五一元
雜項	五八五・五九元
未列預算	九三一・〇〇元
以上合計洋壹萬肆千玖百陸拾伍元伍角玖分	
結餘洋叁百陸拾元零柒角捌分	

民國廿二年度乙項收支表（本社經募捐款）

收入

上年度結餘	一二・六八元
經募捐款	一一七〇〇・〇〇元
刊物售價	五九四・〇六元
銀行存款利息	二四・六九元
以上合計洋壹萬貳千叁百叁拾壹元肆角叁分	

支出

旅行調查費	一五九三・六九元
出版費	三五六五・一五元
編輯費	二五〇五・〇〇元
繙譯費	二〇・〇〇元
繪圖材料	二五三・八五元
僱用匠作	一二七四・〇〇元
參考品	九三〇・三〇元
遷移─設備	三四五・九〇元
雜支	四三一・一五元
墊支清式營造則例	一〇〇〇・〇〇元
以上合計洋壹萬壹千捌百拾玖元〇肆分	
結存洋陸百玖拾貳元叁角玖分	

茲將本社自本年四月起至六月底止受贈各界圖籍臚列於左敬表謝忱

國立清華大學	清華學報九卷二期一冊
安徽省立圖書館	學風第四卷三期至五期三冊
山西公立圖書館	目錄初編一冊
河北第一博物院	河北第一博物院畫刊第六十一期至六十七期各二份
人文編輯所	人文五卷二、三、四期三冊
國風社	國風四卷八期一冊
文史叢刊社	文史一卷一號一冊
道路月刊社	道路月刊四十三卷二，三號四十四卷一號三冊
中國牛頓社	工業第三卷三、四期二冊
中美工程師協會	中美工程師協會月刊十五卷三號一冊
中國工程師學會	工程九卷二、三號二冊
上海市建築協會	建築月刊第二卷三、五期二冊
河北省工程師學會	河北省工程師學會月刊第二卷一、二期合刊一冊
中國水利工程學會	水利六卷四期一冊
揚子江水道整理委員會	揚子江季刊一卷全卷二卷一、二期六冊
黃河水利委員會	第一次會議彙編一冊
	黃河水利月刊一卷一期一冊
華北水利委員會	華北水利月刊七卷三、四期合刊一冊
陝西省水利局	陝西水利月刊二卷一期一冊
建設委員會	建設十五期一冊
浙江省建設廳	浙江省建設月刊七卷七期至十一期五冊
河北省建設廳	建設公報第六卷三、五期二冊
山東省建設廳	整理山東小淸河工程計劃大綱一冊
	建設月刊第四卷一、二期二冊

國立中央研究院歷史語言研究所	集刊三本三分　一冊
中華科學社	科學第十八卷二期至五期　四冊
社會調查所	社會科學雜誌第四卷四號第五卷一號　二冊
中山文化教育館	時事類編第二卷九期至十七期　九冊
山西省立民衆教育館	山西民衆教育館月刊一卷一、二期　二冊
宋桂辛先生轉贈	中國建築第二卷二、三、四、期　三冊
國際建築協會	國際建築十卷四、五號　二冊
建築學會	昭和九年度大會論文集　一冊
	建築雜誌十八輯五八三、五八五、五八六　三冊
日本建築士會	日本建築士十四卷三、四、五號　三冊
滿洲建築協會	滿洲建築協會誌十四卷三、四・五號　三冊
滿洲技術協會	滿洲技術協會誌十一卷六十一至六十三期　三冊
美術研究所	美術建築第三卷三、四、五號　三冊
東方文化學院東京研究所	東方學報第二期　一冊
東方文化學院京都研究所	遼金時代建築及其佛像上編　一冊
	國語索引　一冊
	支那山水畫史　一冊附圖一函
廣島文理科大學廣島史學會	史學研究五卷三號　一冊
小杉一雄先生	仁壽舍利塔之樣式考　一冊
	六朝佛塔及佛舍利之安置考　一冊
史克門先生	照片五十八張
艾克先生	福建寺塔照片全份

中國營造學社彙刊

婉漪題

第五卷 第三期

投稿簡章

(一)凡討論我國營造學之著作，除譯稿外，均表歡迎。文體不拘白話或文言。

(二)稿件能否登出，概不退還，但附寄郵費聲明退還者，不在此例。

(三)稿件如經採用，每千字酬貲五元以上。插圖像片係投稿人自製而非轉載他人者，每幅另奉酬貲，數目臨時酌定。

(四)却酬稿件，文責自負。受酬者，本社有酌量修改之權。

(五)社員論文及報告，文責由作者自負，受酬與否，希預事聲明。

(六)受酬稿件自揭載後，其著作權即完全歸本社所有，不得再於他處發表。

(七)稿件須用墨筆繕寫清楚，加標點符號，如能依本刊行款（每面十五行每行三十八字）繕鈔尤佳。

(八)插圖須用墨線，俾易製版。像片宜清晰，凡帶磁面。

(九)投稿人須開列詳細住址，並簽字蓋章。

(十)稿件登出後，本社按照投稿人住址，奉寄稿費。如登出一月後尚未收到者，祈賜緘查詢。但以登出後六個月為限，逾期本社不負責任。

(十一)凡通信討論某事項，經本社認為有發表價值者，仍照投稿例酌奉稿費。

本社出版書籍

書名	著者	價目
(一)彙刊第一卷至第三卷		(絕版)
彙刊第四卷一二三四期(二期絕版)		每期八角
彙刊第五卷一二三期		每期八角
(二)工段營造錄	李斗著	四角
(三)一家言居室器玩部	李笠翁著	三角
(四)元大都宮苑圖考		(絕版)
(五)營造算例	梁思成編訂	一元
(六)梓人遺制	朱啓鈐校刊	(絕版)
(七)牌樓算例	劉敦楨編訂	(絕版)
(八)園冶	明計成著	甲種一元八角 乙種一元
(九)正定古建築調查紀略	梁思成著	五角
(十)清式營造則例	梁思成著	甲種八元五角 乙種(絕版)
(十一)岐陽王世家文物圖像册		甲種五元 乙種四元
(十二)岐陽王世家文物考述		八角
(十三)三几圖(蝶几燕几匡几)		一元八角
(十四)大同古建築調查報告	梁思成 劉敦楨編	甲種一元六角 乙種(絕版)
(十五)同治重修圓明園史料	劉敦楨著	六角
(十六)雲岡石窟中所表現的北魏建築	梁思成 林徽音 劉敦楨著	(絕版)
(十七)漢代的建築式樣與裝飾	劉敦楨 鮑鼎 梁思成著	四角
(十八)定興縣北齊石柱	劉敦楨著	四角

中國營造學社彙刊第五卷第三期目錄

杭州開化寺六和塔復原狀圖

圖版壹

（甲）六合塔現狀

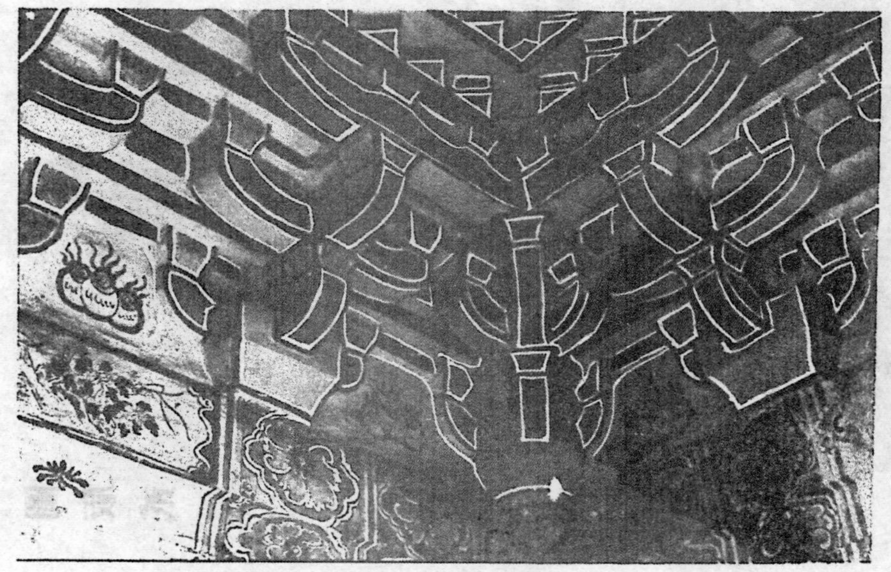

（乙）六和塔內部斗栱

圖版貳

塔峰雷湖西 (甲)

塔俶保湖西 (乙)

34940

圖版叁

（甲）寧波阿育王塔

（乙）寧波天封寺塔

圖版肆

（甲）杭州靈隱寺石塔

（乙）杭州閘口白塔

34942

圖版伍

（甲）山西應縣佛宮寺木塔

（乙）河北正定天寧寺木塔

34943

六和塔復原狀圖 立面

34944

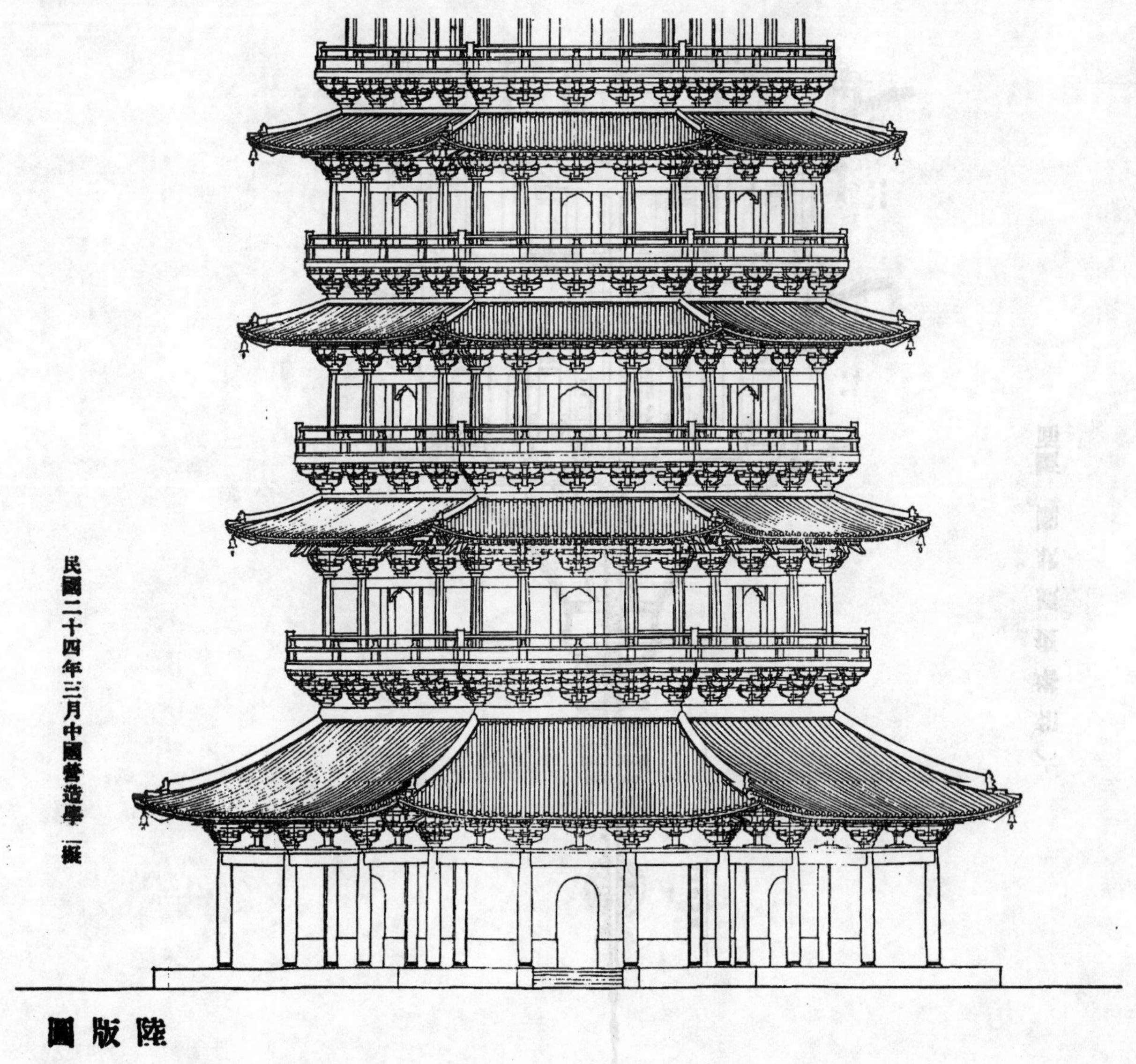

圖版陸

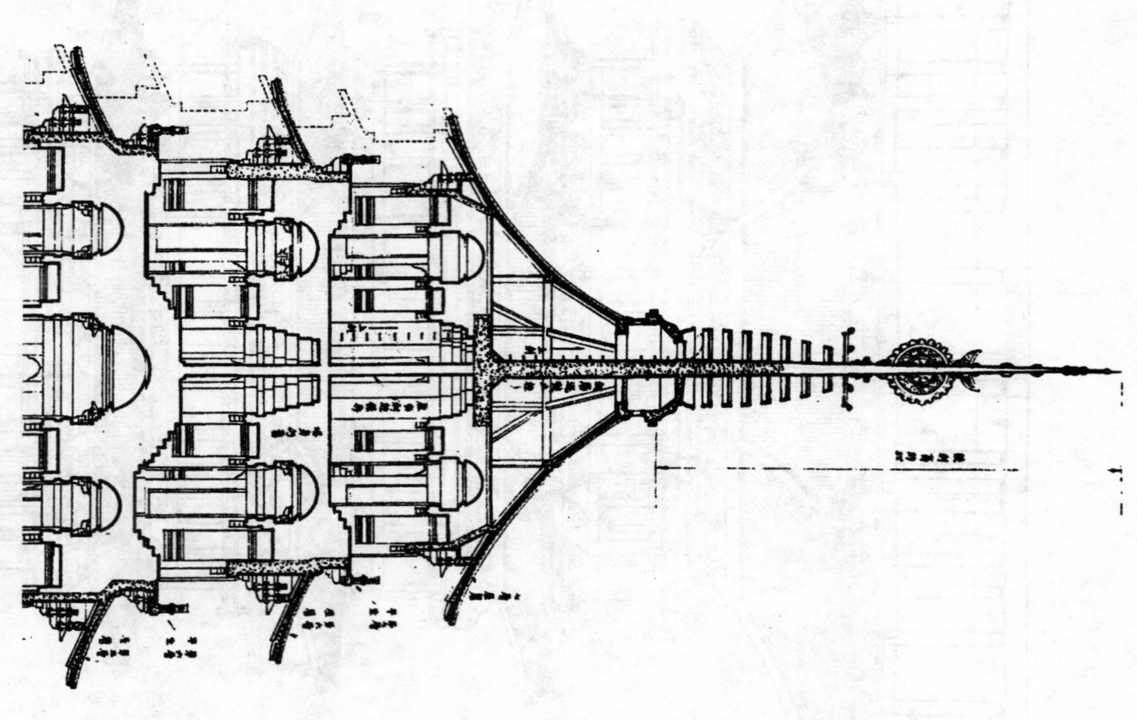

六和塔復原狀圖　斷面

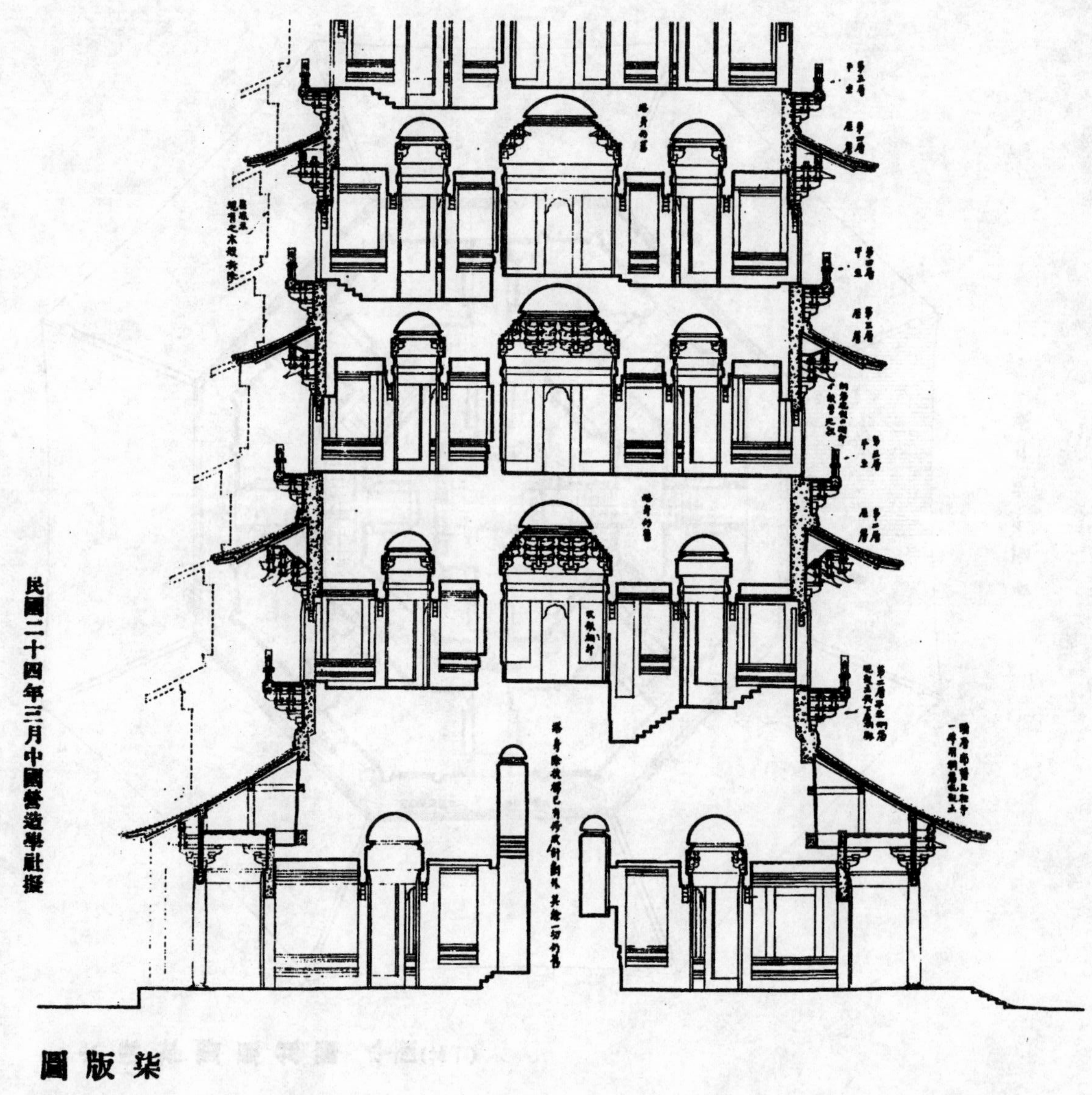

民國二十四年三月中國營造學社擬

圖版柒

六和塔復原狀圖 平面（其一）

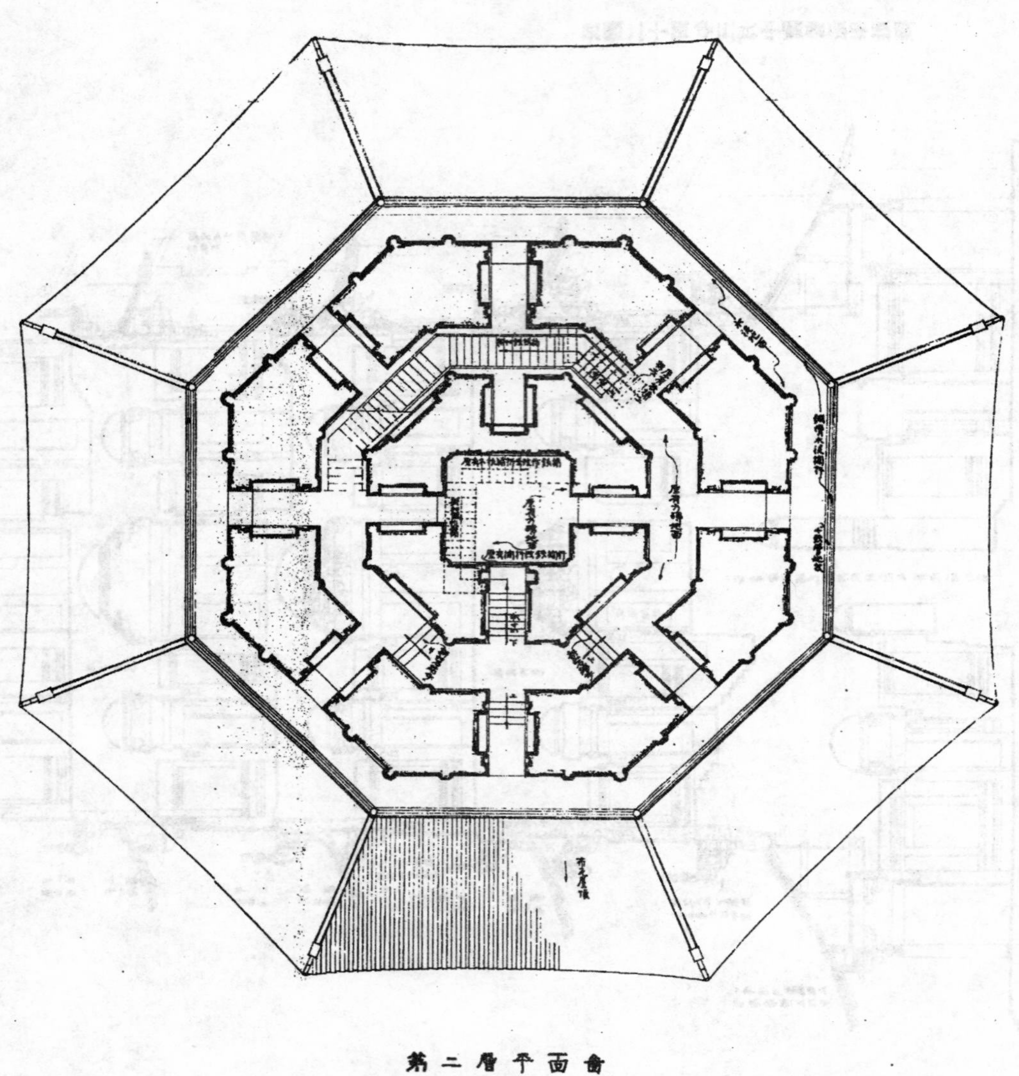

第二層平面圖

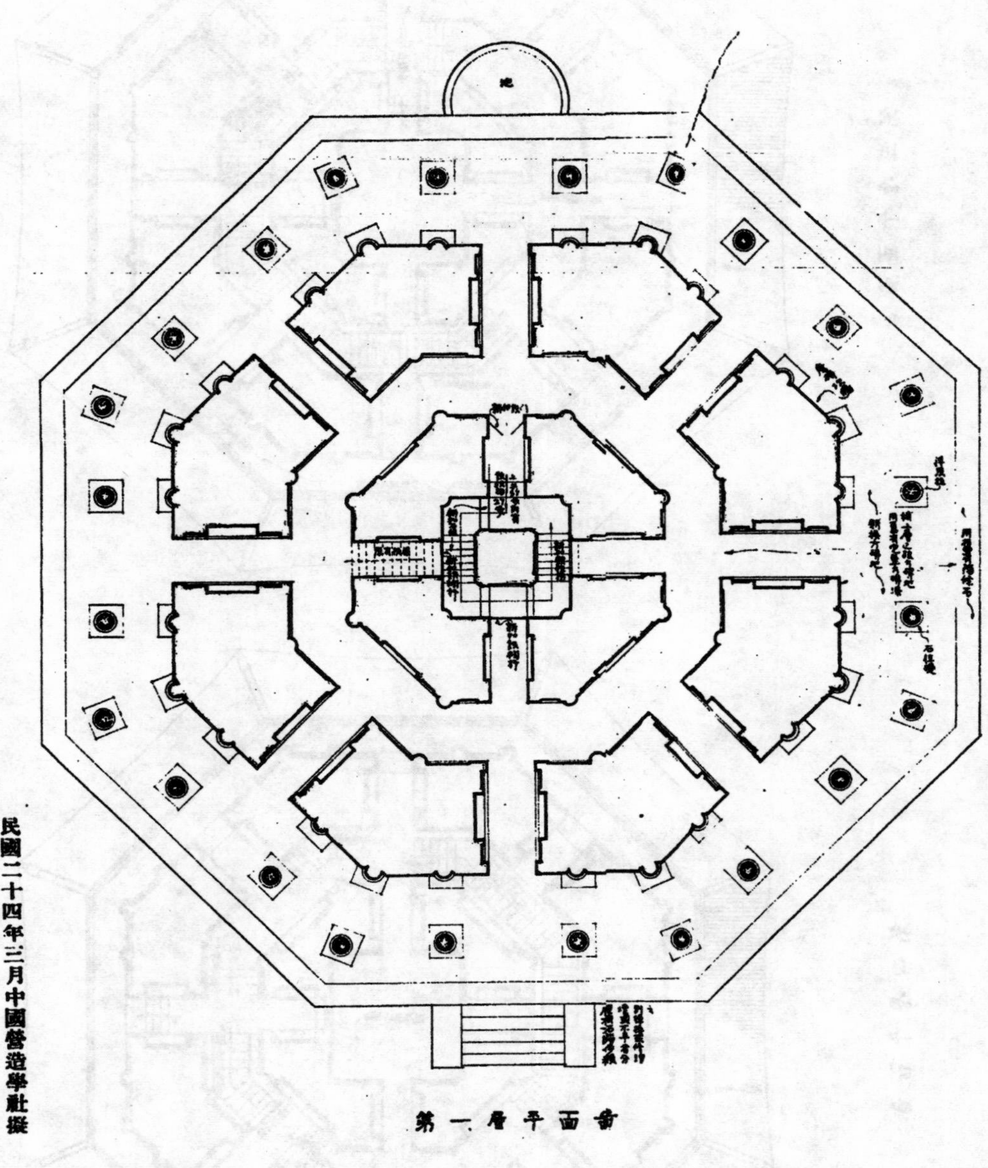

第一層平面圖

民國二十四年三月中國營造學社擬

圖版捌

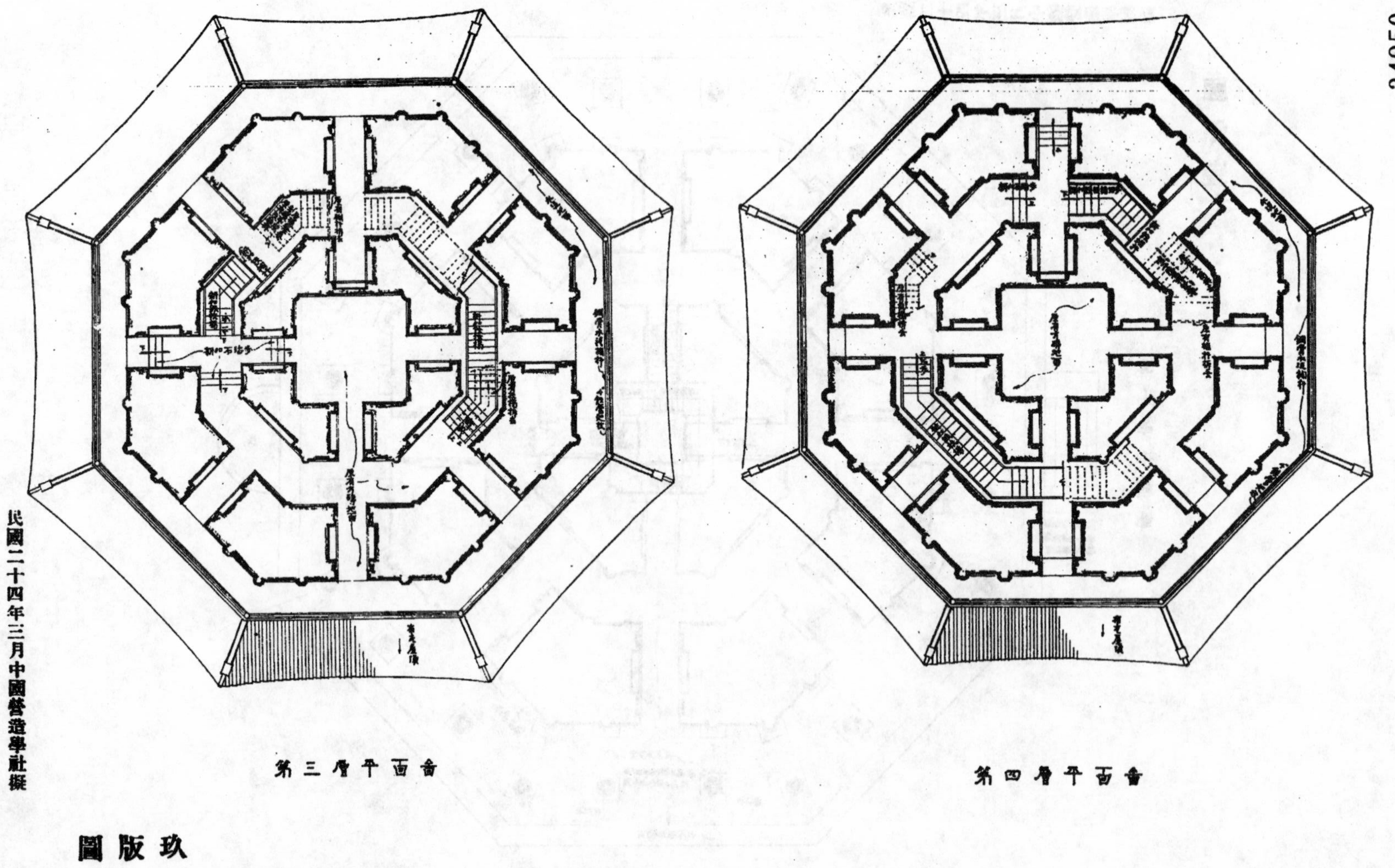

第三層平面圖

第四層平面圖

民國二十四年三月中國營造學社繪

圖版玖

34950

六和塔復原狀圖 平面(其二)

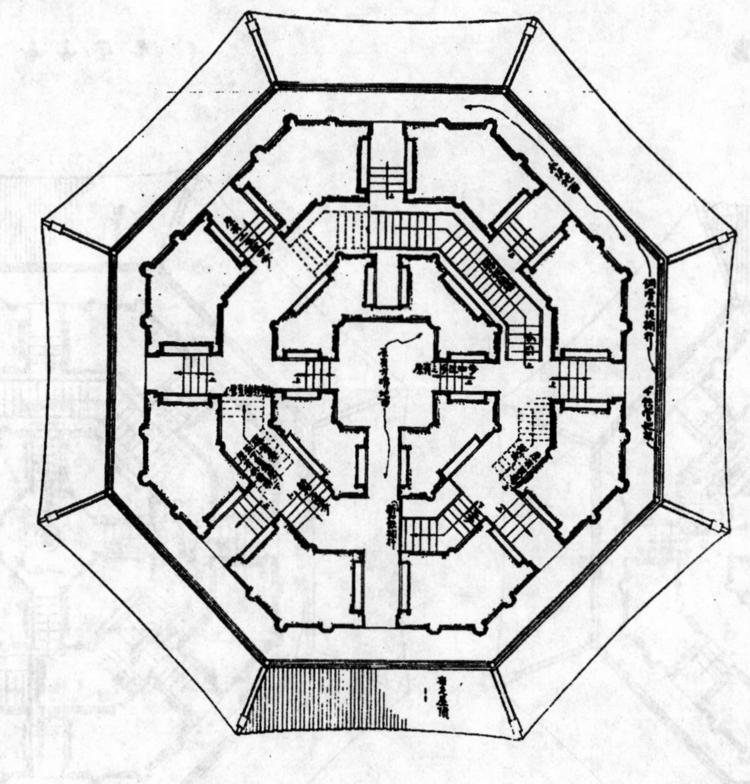

第五層平面

民國二十四年三月中國營造學社擬

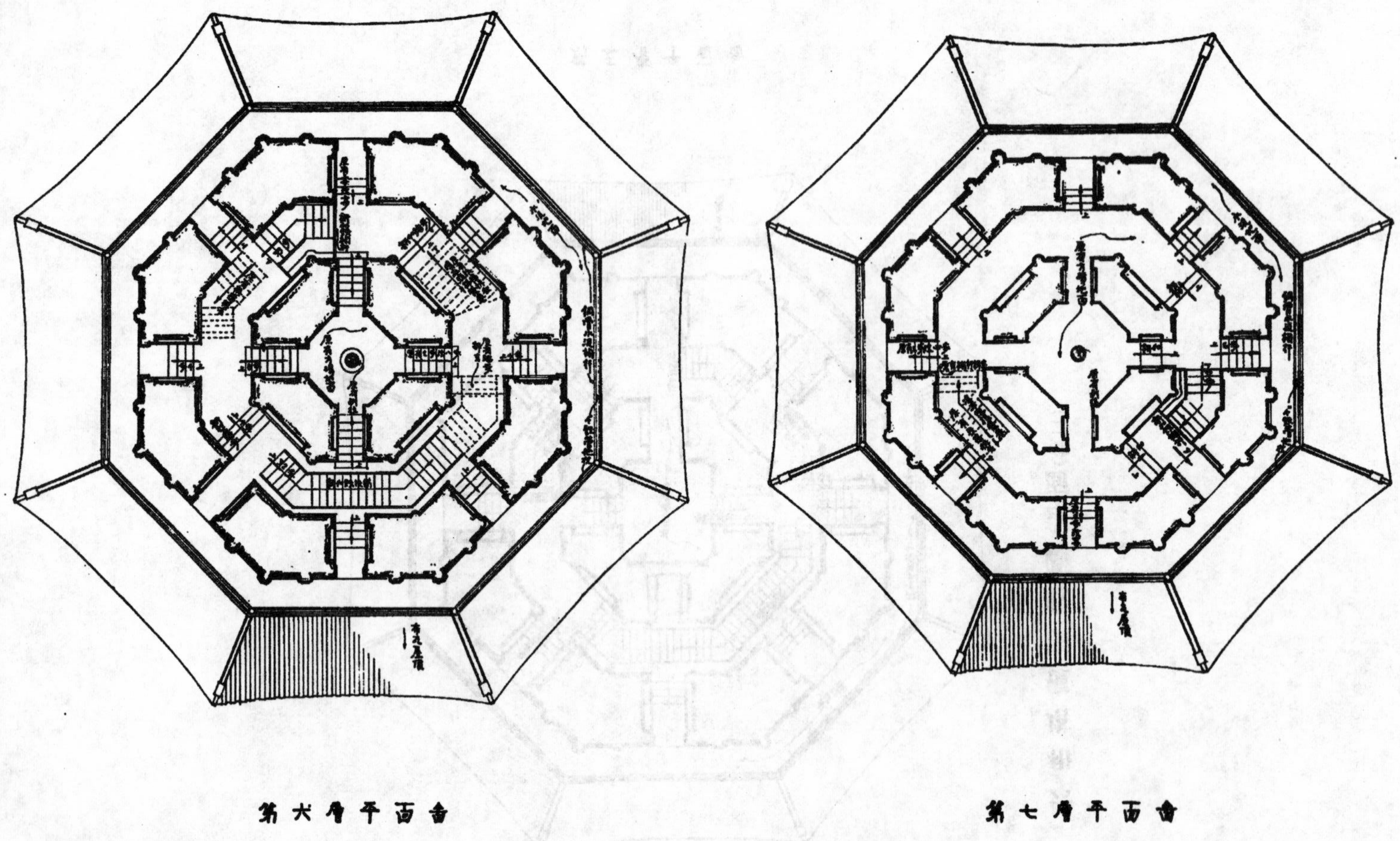

第六層平面畫

第七層平面畫

圖版拾

34952

六和塔復原狀圖　平面(其三)

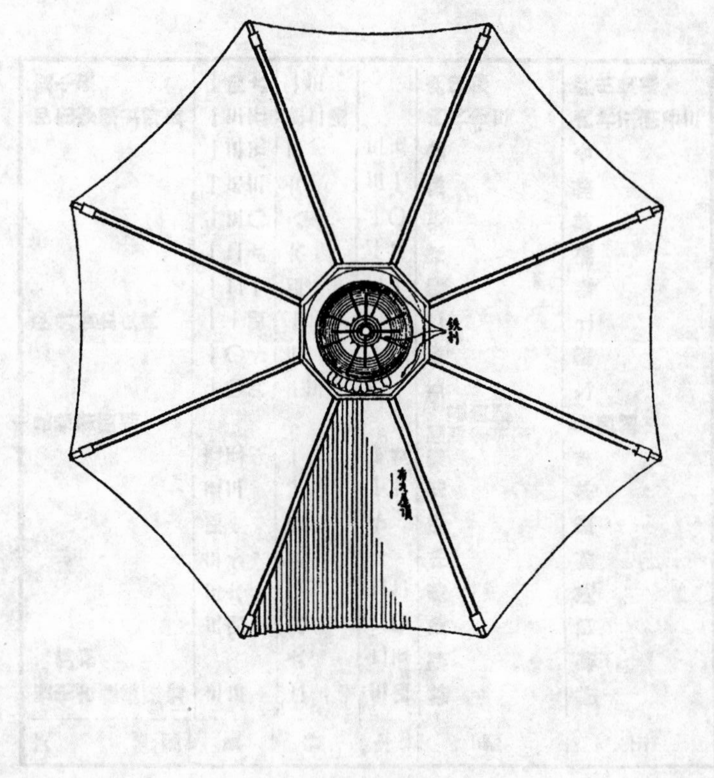

屋頂平面圖

中國營造學社彙刊第五卷第三期勘誤表

文題	頁	行	字	誤	正
晉汾古建築預查紀略	三三	二	三四	楷	楷
		九	二五	榑	榑
	三四	九	二〇	項	項
	三六	三	二三	模	摸
	三七	八	十	梢	稍
	四一	七	七	蜓	蜓
	五三	一二	一五	稍	梢
	五五	一	一七	重	里
易縣清西陵				圖版叁拾(乙)昌西殿	昌西陵
	一〇四	一三	八	其	之
	一〇七	三	一三	欂	欂
明代營造史料	一一四	一二	三三	二	上
	一二一	四	三一	穀	穀
	一二九	六	一二	旂	旋
	一三〇	八	一〇	按	接
	一三三	六	三一	結	推
	一三五	三	三五	會	合
明清壇殿比較表	一三五	第二欄		內外各三	內外正南各三
識小錄	一四九	一三		突似斂	突出似斂

杭州六和塔復原狀計劃

梁思成

民國廿三年十月，應浙江省建設廳廳長曾養甫先生之約，到杭州商討六和塔重修計劃。在杭州小住十日，在開化寺觀摩多次的結果，覺得六和塔的現狀實在是名塔莫大的委曲；使塔而有知，能不自慚形穢？且錢江鐵橋北岸橋頭就在塔下里許，將來過江來杭的旅客，對這岸所得第一個印象就是這塔，其關係杭州風景古蹟至爲重要。所以我以爲不修六和塔則已，若修則必須恢復塔初建時的原狀，方對得住這錢塘江上的名蹟。曾先生對於我的建議很贊同。北返之後，收集材料，得成復原狀重修計劃，謹在彙刊公表，望海內賢哲不吝賜正。

一 略史

開化寺在閘口江邊山坡之上，杭州府志稱其地爲龍山月輪峯。寺以塔爲主故開化寺實祇六和塔的塔院而已。開化寺原址本來是梁開平間 公元九〇七至九一〇即吳越王天寶間，吳越王所建大錢寺入宋寺廢光緒杭州府志引咸淳志謂即舊寧壽觀。開寶三年 公元九七〇，吳越王就南果園建寺造六和塔，內藏舍利以鎭江潮主其事者智覺禪師。『塔高九級五十餘丈撐空突兀跨陸俯川』『海船夜泊者以塔燈爲指南』。宣和間燬於兵。『紹興壬申廿二年公元一一五二命僧智曇自癸酉二十三年公元一一五三仲春鳩工至癸未孝宗隆興元年公元一一六三之春五層告成，是歲晚則七級就緒。內則躋道以登。環壁刊金剛經，列於上下又塑五十三善知識……約用二百萬緡，錢二十萬』『嘉靖三年 公元一五二四燬萬曆間 公元一五七三至一六二〇袾宏重修。雍正十三年八月三十日奉旨令織造隆昇動支內庫銀兩重建（修？）七層……。』『道光三十年 公元一五八〇燬（於太平天國之亂）光緒廿六年朱智重修』。

二　現狀

現在在錢塘江邊，或自江上遠遠就可以望見肥矮十三層簷全部木身的六和塔圖版壹（甲）；其在國人心目中印象之深，竟成爲一分印花稅票的票心，這全國人所習見的塔影，就是淸光緒二十六年朱智重修的結果。

我們所看見的十三層木簷，其實是個外殼，最下層爲敞廊，上十二層有板壁遮蓋，裏面包着磚造的塔身。塔身完好，內部有踏道可以登臨，計高七層，與外表上所見的十三層不符；所以外面木轂十三層之中，有『七明六暗』，『六暗』是人走不進去的。

磚質塔身平面圖版捌玖拾，作八角形，每層中心有小室，內供佛像，小室的四週有廊子，昇降踏道所在。從這廊子，在塔之八面，皆闢有栱門，可達外部木轂的簷下。

小室與廊子內，用磚砌成木構架的形狀，每角有柱，上有闌額斗栱圖版壹（乙），磚身的外面在上面六層明層上，倘有八角形倚柱之形，赫然古制。國人所習見的六和塔，竟是個裏外不符的虛僞品，尤其委曲寃枉的是內部雄偉的形制，爲光緒年間無智識的重修所蒙蔽。

由略史及現狀看來，我們可以斷定現存的塔身，乃紹興重建的七級，吳越王的九級塔已於宣和間燬了。志雖謂雍正十三年重「建」但內部斗栱卻完全是宋式，絕非清代所能做，故爲紹興重建無疑。我們所要恢復的就是紹興二十三年重修的原狀。

三 原狀之推測

以我們現在對於古代建築的智識，要推測六和塔的原形，尚不算是很難的事。先就塔的現狀着眼；若將光緒重修木殼脫去則露出一座與雷峯保俶極相似的塔身：八角形，分爲七層，愈向上有愈甚的收分。每層在外牆上有八角的倚柱（engaged column）。在每層的八面均有火焰形的栱門。在每層地板與下一層柱之間，正在柱中線上有多數的爲隆在磚牆面上，原來安插木斗栱簷椽的分位。

在斗栱簷椽沒有脫落以前，六和塔雷峯塔保俶塔的外表，無疑都是極相類似的。這種磚身木簷的宋代（或五代）塔雖已無一座完整的存在，（西湖雷峯塔的磚身更於數年前塌倒）我們只能憑我們所知，去臆造原形。但我以爲以六和塔本身內部的斗栱柱額爲根據，再按法式去推求，更參以與六和塔同時類似的實物爲考證，則六和塔原形之恢復，並不是很難的問題。

塔內部磚砌斗栱，尙完整如新。由下層至頂各層所用材均爲一七×二三公分，各栱長短，因地而異，但與營造法式所規定相差無幾。大斗散斗，各層大致相同。出跳則第二跳爲四四或四五公分，第二跳爲三九公分。在斗栱的形狀上，一切可徵，無甚難題。至於各門洞內磚壁下須彌座浮彫圖案，與營造法式所載，如出一模，是最好旁證。

現在我們若將各地約略同時，約略同形的實物及術書搜集，大約可得下列數種：

（一）只存塔身，簷椽平坐已毀者，如西湖雷峰塔及保俶塔圖版貳（甲）及（乙）。雖然雷峰已於數年前崩塌，保俶亦受了無智識的重修，但前幾年的照片，尙可供我們的研究參考。此外尙有紹興應天塔，寧波阿育王塔圖版叁（甲），鎮蟒塔，天封塔圖版叁（乙）等等，雖較六和塔規模小得多，但在形制上極相似，而且年代地域都相近，都是極可貴的參考資料。

（二）與六和塔同地，約略同時，外表相似的石塔，如杭州閘口白塔及靈隱寺兩石塔圖版肆（甲）及（乙）。這兩處三石塔，實際上雖只是以刻經爲主要目的底石質塔模型，但它們對於每個建築的部分，都極忠實的表現出來，而且許多部分都與六和塔內部現存的各部完全符合；要找六和塔外表的模特兒，沒有比這三座塔再合適的了。

（三）現存遼宋木塔，如山西應縣佛宮寺木塔，河北省正定天寧寺木塔圖版伍（甲）及（乙）。雖地理上與六和塔相距甚遠，但時代上相去不過百餘年。雖然是以木爲主要材料，但是六和塔是以磚做木的，我們找着了作者原先所根據的藍本，於我們問題的解決實在補益匪淺。

（四）除上述諸實物而外，使我對於六和塔原形最有把握的，厥惟宋李誡營造法式一書。按李誡哲宗徽宗朝爲將作少監，紹聖四年奉勅修編營造法式，於元符三年成書，崇寧二年刊行，爲我們建築史上惟一可貴的術書。而今存之六和塔身，乃建於紹興二十三年至隆興元年之間，相距僅五十年，而且『命僧智曇……興建』，是一座『官式』建築。根據營造法式來重修六和塔，是再合適沒有的了。有以上許多的把握，我所以纔敢試擬六和塔外表的原形。

根據上述許多材料，現在將六和塔外表作成復原狀圖（卷首圖及圖版陸柒）。塔身分爲七層，最下層有週圍廊，塔的現狀及應縣佛宮寺塔皆是如此做法；只是在廊的深度上較現在的須稍減。

但在柱的形狀上，我將它改成梭形柱，柱下用櫍及覆蓮柱礎，以符法式之規定。除去這層而外，以上各層的寬度都是根據塔身現在的肥瘦，型成了圖中的輪廓，與原形當不致有過甚的不同。

下層週圍廊以上，尚有六層，每層都下有平坐，上有椽簷。平坐的結構根據法式卷五：『減上屋一跳或二跳。』第二層平坐用『重栱逐跳計心造作』，以上各層則用單栱。平坐四週的雁翅版，亦求其與宋式符合；清式過闊的『滴珠板』，將平坐斗栱遮掩，實在是不合理的做法。

平坐的寬度約爲一公尺强，上層略減。其週圍繞以欄干。欄干的做法，是根據法式卷八小木作勾欄之制小註中所謂『斗子蜀柱勾欄』，再參以應縣佛宮寺塔及薊縣獨樂寺觀音閣內簷所見做成斗子蜀柱勾欄，角上用望柱欄版之內擬用L丨合成的紋樣。

各層平坐以上，塔身的表面每面有四柱，雷峰保俶的表面尙有那種遺蹟，應縣木塔也是這種做法，更不必說六和塔的本身更是如此。所以我們惟一問題，便是定柱身之高。這問題並不困難。在塔四正面每面的正中，都有蓮瓣形的栱門，蓮瓣的頂尖正在闌額之下；闌額之高以內部斗栱之材，按一材一絜計算，定闌額上皮便得柱之高。闌額之上，並沒有用普拍枋，因爲法式規定只在平坐上用之，雖然元明以後普拍枋已成爲闌額上必不可少的一部分。

塔每面四柱作爲每面三間的形式；每面的當心間闢門，其形式大小一仍其舊。

柱額以上，是斗栱的位置。在每柱頭之上，施柱頭鋪作一朵，在每面當心間，施補間鋪作一朵，照情形看來，是最合理的分配法。斗栱材絜之大小，各栱之長短及卷殺，各斗之高低廣狹，一律按照內部斗栱定。最下層的圍廊，乃法式所謂『副階』，故用簡單之斗栱，應縣木塔也是如此。第二層簷用單抄雙下昂六鋪作重栱造，第三層用單抄單下昂五鋪作重栱造，第四五六三層則均雙抄重栱五鋪作，頂層只用極簡單的單抄四鋪作。

各層簷上，鋪蓋青瓦，與塔之原形似當最近。瓦用筒瓦，每層用垂脊八道，垂脊之上，擬不用蹲獸而代以較簡單之立瓦。最頂層屋蓋取八角攢尖形，尖頂上爲簡單之須彌座，上置仰覆蓮座以承鐵剎。剎高約五十尺，計有相輪七層，其上更加一層用鐵練八道引剎向塔八角。剎之上段用鐵板鏤空花做圓光及仰月更上爲寶珠。

外面柱及平坐欄干全用墨紅色，闌額斗栱畫宋式彩畫，塔壁用米色，當不致離原形太遠。

四 施工概略

六和塔原構簷部及平坐之所以毀壞，最顯而易見的原因自然是因爲簷及平坐皆以木構成，而木是「非永久」材料，對於水火自然缺抵抗力。次要的原因乃在木簷平坐與磚身間缺乏堅固的聯絡，以致木部脫離。至於塔內磚身經過久遠的年代，是否微有走動，以致木部脫離，也是値得考慮的。以我們今日的智識及技能對於上述之點加以補救，實在是一件輕而易舉的事。用鋼骨水泥以代木材，是最的當的替身。在材料的壽命上自然用不着贅述；而且若將簷及平坐做成整圈的箍子，纏繞塔身，則不惟簷及平坐有不可分離的聯絡，而且可以緊束磚身，使不能向外傾散；三個難題，因材料之改換便完全解決了。不惟如是，且以鋼骨水泥摹仿木構，在權衡大小上最易適中。所以由結構及外表雙方着眼，以鋼骨水泥作重修六和塔的主要材料，實在是最適當的選擇。

施工的第一步，首在拆除光緒重修木殼，拆除時須特別注意，不要損壞塔身。拆除完畢，在原有的塔身上將塗抹的灰皮等等鏟剔乾淨，露出磚身，然後加建斗栱簷廊。

下層周圍廊，較現有圍廊進深略減。八面每面用四柱，柱用鋼骨水泥做成梭形。柱下用石質柱礎及櫍，柱上用闌額及普拍枋聯絡。柱額之上，施鋼骨水泥斗栱。簷柱與塔身之間，亦用鋼骨水泥乳栿（梁）聯絡。其上望板簷椽飛子等等，亦一律用鋼骨水泥。廊頂一面坡屋頂與塔身相接處之博脊，及其上之平坐及斗栱，皆用鋼骨水泥製爲整箍，緊纏塔身之上。以上每層簷部斗栱椽子望板以及其上之平坐及斗栱，均爲整個的鋼骨水泥箍子，如層層腰帶緊繞塔身，使磚身永無向外崩倒之虞。最上層頂，亦用鋼骨水泥製成八角形尖頂，尖頂爲空心須彌座。在磚身第七層頂上，做鋼骨水泥塔心柱及柱脚版，上端伸出須彌座以上，以穿鐵剎。須彌座之上，用鐵版製成仰覆蓮座。其上鐵剎及承露金盤，則穿在剎心柱之上。至於第六第七兩層內現有的剎柱，則擬保存，以引起遊人歷史的興趣。

各層平坐上欄杆，擬用鋼骨水泥製爲望柱欄板蜀柱諸部，而其上尋杖，則用三寸或三寸半鐵管。

各層簷水泥望板，須按水泥成分加八分之一防水粉。爲永久計，防水不宜用油毡，因毡壽不過二十年，非千百年之計也。望板之上，用二成水泥八成煤渣混合物宽瓦。用水泥煤渣既可減輕荷載，又可防止瓦上生草，實屬一舉兩得。

外面全部顏色的配合，亦擬用宋代原式。外柱深紅色，闌額斗栱用青綠綵畫。柱色宜用顏色水泥，庶免油色晒退之弊。斗栱闌額，或用顏色水泥製成簡單化的宋式綵畫，或用油色綵畫，均可。兩者各有利害：水泥不易變色，但不能製精細花紋；油色則正相反，且有剝脫之虞。兩者宜試驗後，擇用其一。外壁全部宜用米色「史得可」(Stucco)以代原來純白色石灰牆，因白灰經相當年月之後，仍變米灰色，不如開始卽用米色，而水泥「史得可」較抹石灰堅固耐久。

塔內登高踏道，本甚兜峻不易行；去歲曾經劉福泰先生擬成改道圖樣，使踏道緩和，至爲得當。擬大致按劉先生計劃更改，但鐵梯上所用欄杆，則宜作成宋代形式，以求一貫。自第七層內部，更擬添安鐵條梯，沿內牆升上水泥刹柱，直達仰蓮之上，不惟可供遊人登眺，且便於修理屋頂之用。

塔內黑暗處宜安電燈，以便遊人，各層壁間亦可安置「萬年燈」。鐵刹之上，更可安燈，塔上之號燈一盞，使每夜長明，則宋代「海船夜泊者以塔燈爲指南」，亦隨塔形而恢復。

塔身高聳山頭，宜有避雷設備，其銅線可用缸瓦管保護，砌入牆內直達地下，以策安全。

塔之四周及東部，曾經劉福泰先生擬作庭園布置計劃，亦可部分採用施行。

晉汾古建築預查紀略

晉汾古建築預查紀略

林徽因
梁思成

去夏乘暑假之便，作晉汾之遊。汾陽城外峪道河，為山右絕好消夏的去處；地據白彪山麓，因神頭有「馬跑神泉」，自從宋太宗的駿騎蹄下踢出甘泉，救了乾渴的三軍，這泉水便沒有停流過，千年來為沿溪數十家磨坊供給原動力，直至電氣磨機在平遙創立了山西麵粉業的中心，這源源清流始閑散的單剩曲折的畫意。轆轆輪聲既然消寂下來，而空靜的磨坊便也成了許多洋人避暑的別墅。

說起來中國人避暑的地方，那一處不是洋人開的天地，北戴河，牯嶺，莫干山，……所以峪道河也不是例外。其實去年在峪道河避暑的，除去一位娶英籍太太的教授和我們外，全體都是山西內地傳教的洋人，還不能說是中國人避暑的地方呢。在那短短的十幾天，令人大有一人何

圖版壹

(甲) 汾陽龍天廟

(丙) 龍天廟正殿前檐柱及斗栱

(乙) 龍天廟獻食棚及牌樓

(丁) 龍天廟正殿斗栱

(戊) 龍天廟正殿元匾

圖版貳

（甲）汾陽大相村崇勝寺天王門

（乙）崇勝寺天王門斗栱

（丁）天王門後檐斗栱

（丙）崇勝寺天王門前檐斗栱後尾

（戊）崇勝寺鐘樓

圖版叁

崇勝寺天王殿（甲）

崇勝寺前殿（乙）

崇勝寺前殿斗栱（丙）

崇勝寺前殿東配殿斗栱（丁）

圖版肆

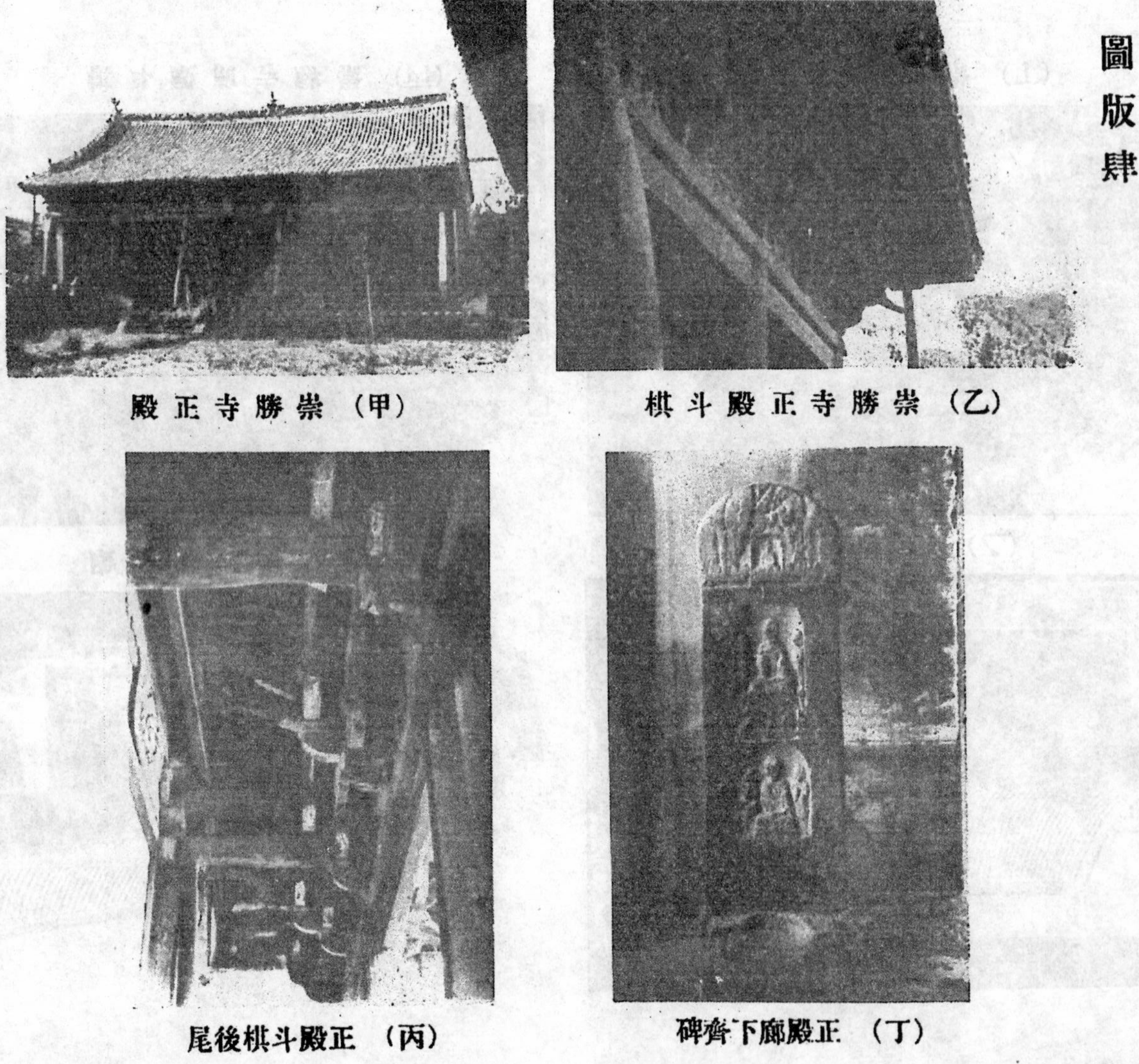

崇勝寺正殿（甲）

崇勝寺正殿斗栱（乙）

正殿斗栱後尾（丙）

正殿廊下齊碑（丁）

圖版伍

（甲）崇勝寺後殿

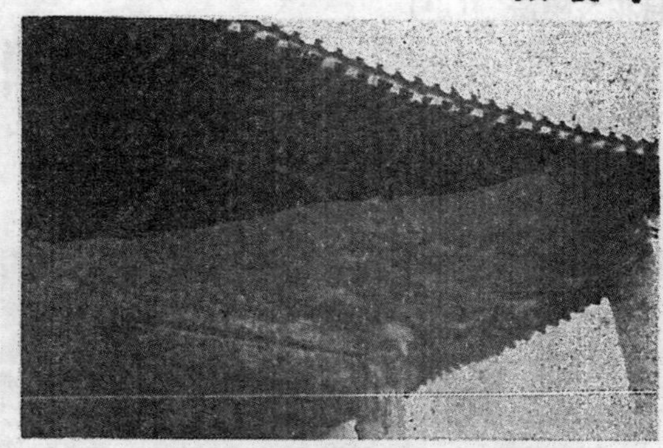

（乙）後殿外檐斗栱

（丙）後殿內額及斗栱

（丁）後殿格扇

（戊）後殿脊飾

圖版陸

（甲）汾陽杏花村國寧寺正殿斗栱

（乙）國寧寺正殿梁架

（丙）文水開柵鎮聖母廟正殿

（丁）聖母廟正殿斗栱

（戊）聖母廟正殿歇山結構

圖版柒

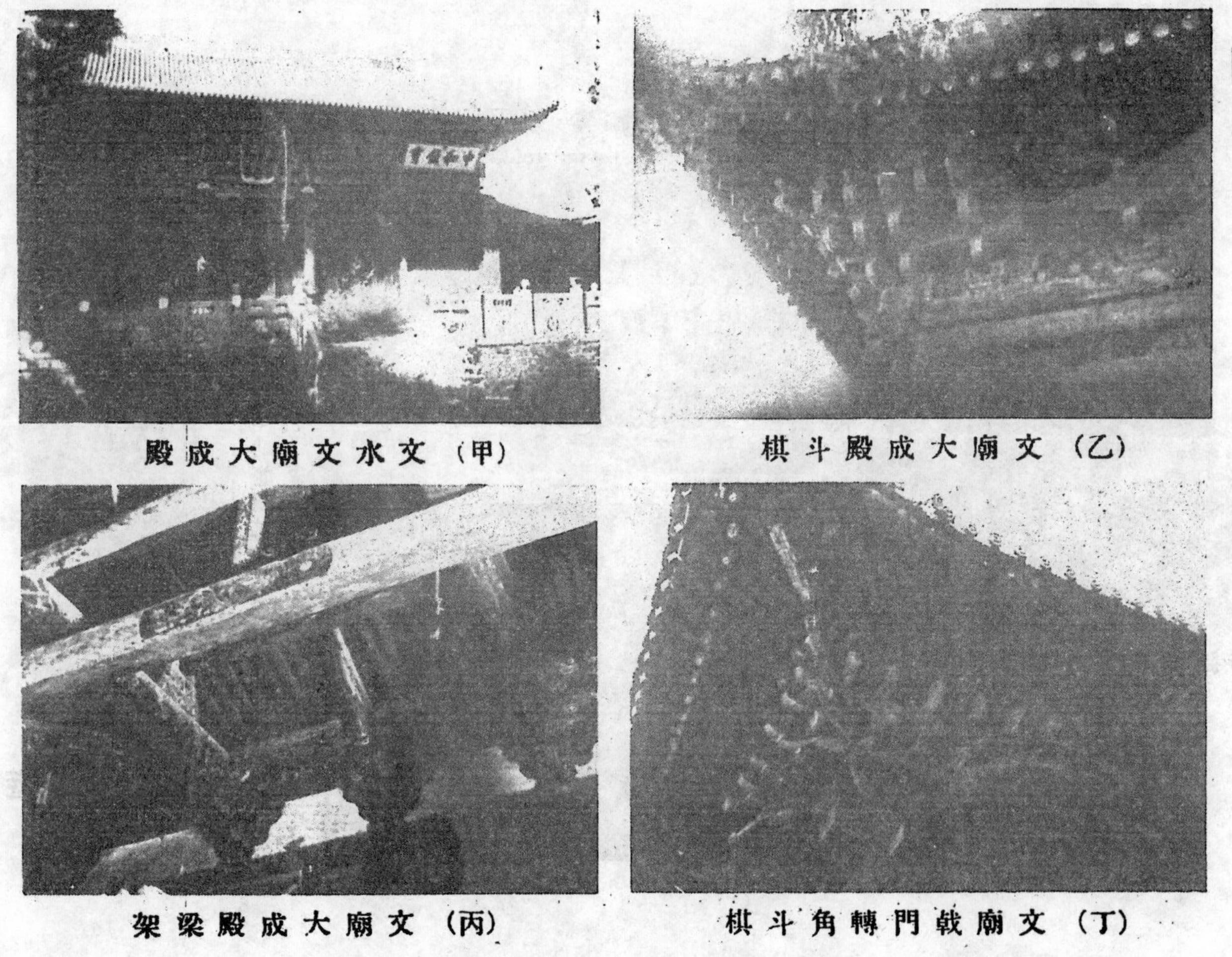

殿成大廟文水文（甲）

栱斗殿成大廟文（乙）

架梁殿成大廟文（丙）

栱斗角轉門戟廟文（丁）

圖版捌

（甲）汾陽小相村靈岩寺正殿址及鐵佛像

（乙）靈岩寺正殿東側鐵佛像

（丙）靈岩寺前殿佛像

（丁）靈岩寺西部殘窟券壁

圖版玖

(甲) 靈岩寺磚塔

(乙) 靈岩寺水陸樓

(丙) 孝義吳屯村東嶽廟正殿

(丁) 霍縣太清觀正殿

(戊) 太清觀正殿斗栱

34975

圖版拾

（甲）霍縣文廟大成門

（乙）文廟太成門斗棋

（丙）文廟大成殿

（丁）文廟大成殿斗棋

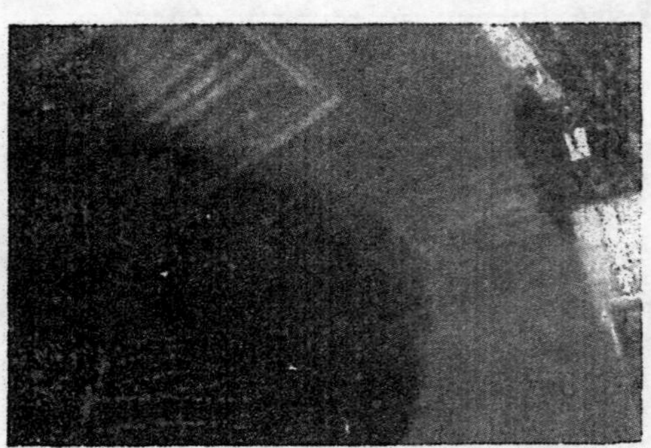

（戊）文廟大成殿斗棋後尾及梁架

圖版拾壹

(丙) 東福昌寺魏造像殘石

(甲) 霍縣東福昌寺正殿

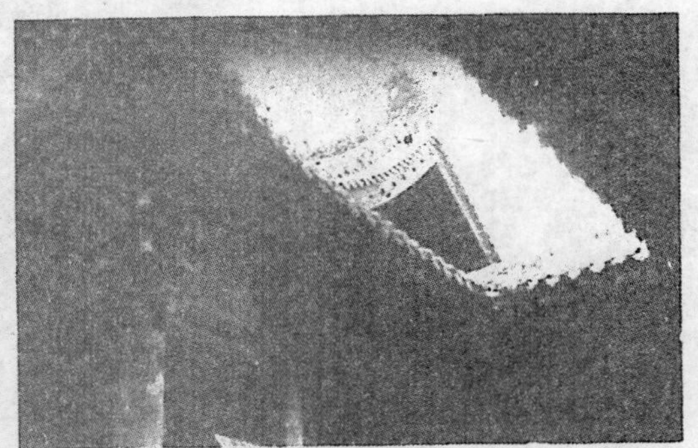

(乙) 東福昌寺正殿東側圍廊檐部

(丁) 西福昌寺正殿

圖版拾貳

（丙）火星聖母廟琉璃獅子

（甲）霍縣火星聖母廟大門內廂房

（丁）霍縣縣政府大堂抱廈及斗栱

（乙）火星聖母廟正殿

（戊）縣政府大堂柱礎

圖版拾叁

霍縣北門外石橋（甲）

石橋欄杆（乙）

石橋鐵牛（丙）

趙城縣侯村媧皇廟正殿（丁）

圖版拾肆

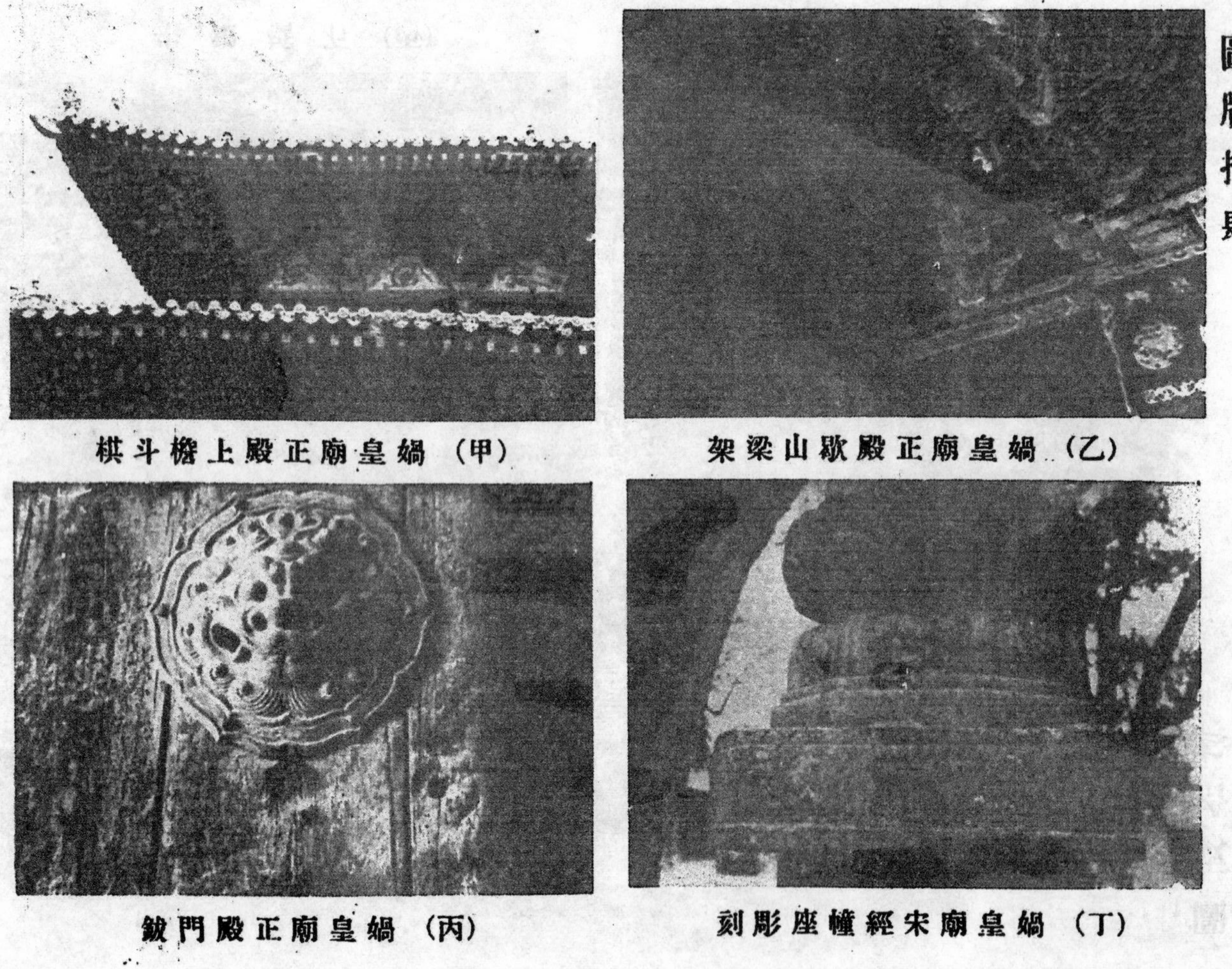

（甲）媧皇廟正殿上檐斗栱

（乙）媧皇廟正殿歇山梁架

（丙）媧皇廟正殿門鈸

（丁）媧皇廟宋經幢座彫刻

圖版拾伍

(甲) 趙城縣廣勝寺下寺山門

(乙) 廣勝寺下寺山門下檐

(丙) 廣勝寺下寺前殿前面

(丁) 廣勝寺下寺前殿斗栱

圖版拾陸

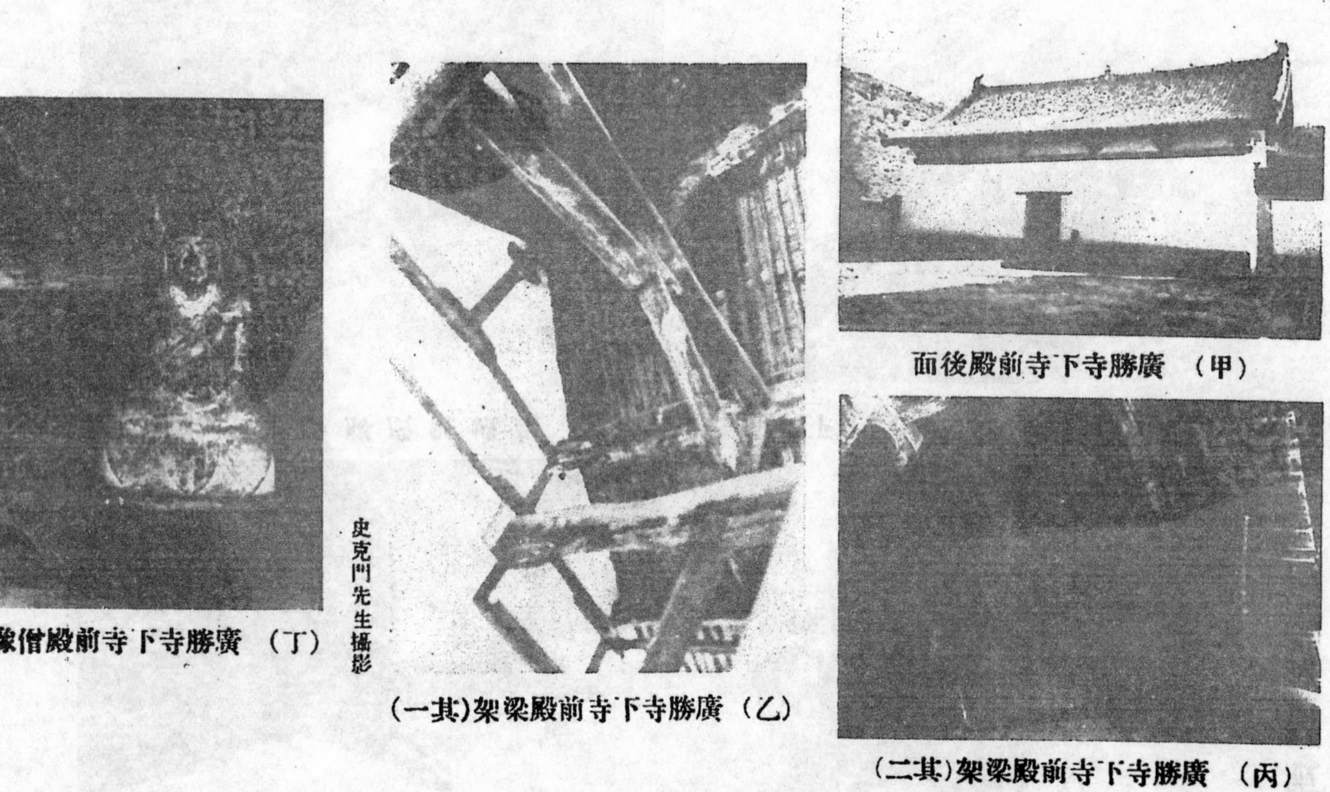

（甲）廣勝寺下寺前殿後面

（乙）廣勝寺下寺前殿梁架（其一）

（丙）廣勝寺下寺前殿梁架（其二）

（丁）廣勝寺下寺前殿僧像

史克門先生攝影

圖版拾柒

廣勝寺下寺正殿（甲）

斗栱廣勝寺下寺正殿（乙）

廣勝寺下寺正殿梁架（丙）

史克門先生攝影

廣勝寺下寺正殿菩薩（丁）

廣勝寺下寺朶殿（戊）

34983

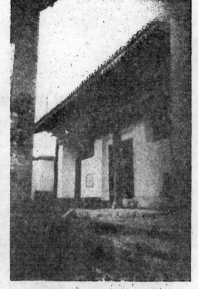

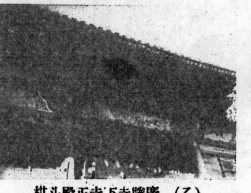

圖版拾捌

（甲）廣勝寺上寺飛虹塔

（乙）廣勝寺上寺飛虹塔琉璃彫飾

史克門先生攝影

（丙）廣勝寺上寺前殿

（丁）廣勝寺上寺前殿斗栱

（戊）廣勝寺上寺前殿佛像

圖版拾玖

廣勝寺上寺正殿（甲）

廣勝寺上寺正殿斗栱（乙）

史克門先生攝影

廣勝寺上寺正殿菩薩（丙）

廣勝寺上寺正殿佛像雕飾（丁）

圖版貳拾

(丙) 廣勝寺上寺後殿格扇

(丁) 廣勝寺上寺後殿佛像

史克門先生攝影

(甲) 廣勝寺上寺後殿

(乙) 廣勝寺上寺後殿斗栱

圖版貳拾壹

（甲）廣勝寺龍王廟明應王殿

（乙）廣勝寺龍王廟明應王殿斗栱

（丙）趙城縣霍山中鎮廟斗栱

圖版貳拾貳

（甲）太原縣晉祠聖母廟正殿

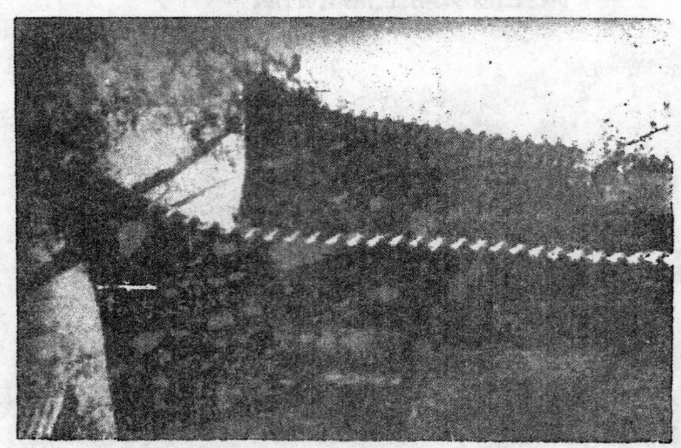

（乙）晉祠聖母廟正殿斗栱

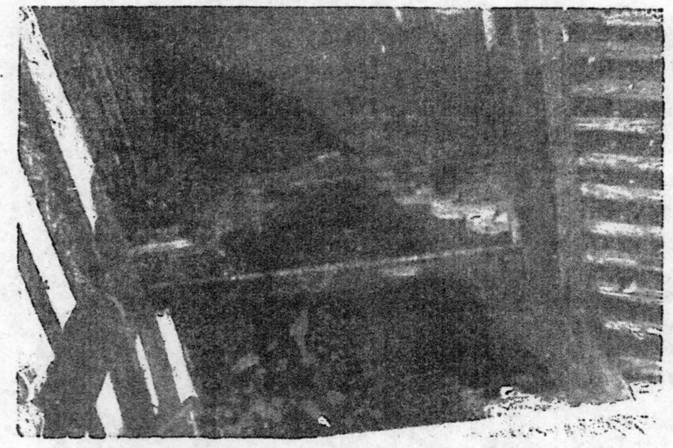

（丙）晉祠聖母廟正殿外槽梁架

圖版貳拾叁

（甲）晉祠聖母廟獻殿

（乙）晉祠聖母廟獻殿斗栱

（丙）晉祠聖母廟獻殿梁架及斗栱後尾

（丁）晉祠聖母廟獻殿前宋鐵獅

圖版貳拾肆

（甲）晉祠聖母廟飛梁及柱斗栱

（乙）晉祠宋金人

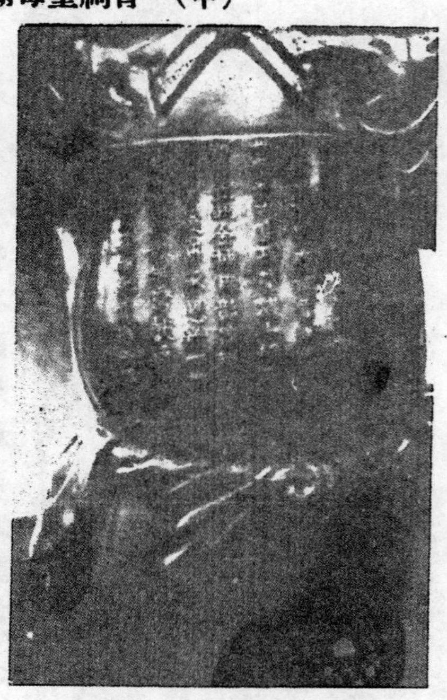

（丙）晉祠宋金人鑄字

圖版貳拾伍

(甲) 山西村落門樓

(乙) 山西民居土窰(其一)

(丙) 山西民居土窰(其二)

(丁) 山西民居土窰(其三)

(戊) 山西民居庭院

圖版貳拾陸

(甲) 山西民居磚窰

(乙) 山西民居磚窰頂上

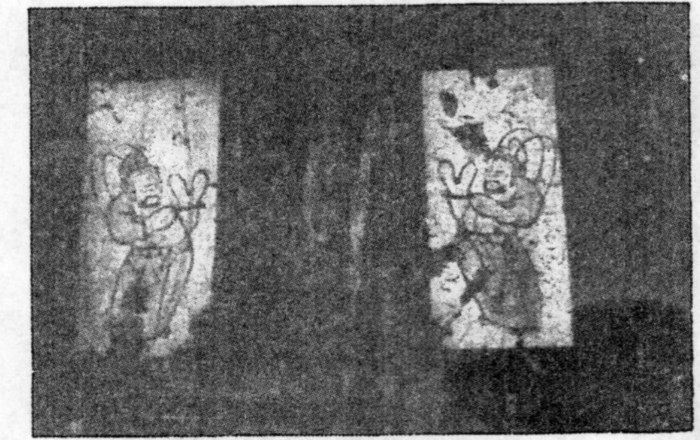

(丁) 霍山某民居門神

(丙) 建築中之土坯磚窰

圖版貳拾柒

景外坊磨河道峪（甲）

(一其)院內坊磨河道峪（乙）

(二其)院內坊磨河道峪（丙）

牆外居民村鄉西山（丁）

寥落」之感。

以汾陽峪道河爲根據，我們曾向鄰近諸縣作了多次的旅行，計停留過八縣地方，爲太原，文水，汾陽，孝義，介休，靈石，霍縣，趙城，其中介休至趙城間三百餘里，因同蒲鐵路正在炸山興築，公路多段被毁，故大半竟至徒步，滋味尤爲濃厚。餐風宿雨，兩週間艱苦簡陋的生活，與尋常都市相較，至少有兩世紀的分别。我們所參詣的古構，不下三四十處，元明遺物，隨地遇見，現在僅擇要紀述。

汾陽縣　峪道河　龍天廟

在我們住處，峪道河的兩壁山巖上，有幾處小小廟宇。東巖上的實際寺，以風景幽勝著名。神頭的龍王廟，因馬跑泉亭受了千年的烟火，正殿前有拓黑了的宋碑，爲這年代的保證，這碑也就是這廟裏惟一的『古物』。西巖上南頭有一座關帝廟，幾經修建，式樣混雜，别有趣味。北頭一座龍天廟，雖然在年代或結構上，並無可以驚人之處，但秀整不俗，我們却可以當它作山西南部小廟宇的代表作品。

龍天廟在西巖上，廟南向，其東邊立面，廂廡後背，鐘樓及圍牆，成一長線，剪影隔溪，居高臨下，隱約白楊間。在斜陽掩映之中最能引起沿溪行人的興趣。山西廟宇的遠景，無論大小都有兩個特徵，一是立體的組織，權衡俊美各部參差高下，大小相依附，從任何觀點望去均恰到好處；一是在山西磚築或石砌物，斑彩淳和，多帶紅黃色，在日光裏與山岡原野同醉，濃艷奪人，尤其是在夕陽西下時，磚石如染，遠近殷紅映照，綺麗特甚。在這兩點上，龍天廟亦非例外。谷中外人三十年來不識其名，但據這種印象，稱這廟做「落日廟」並非無因的。

廟週圍土坡上下有盤旋小路，坡孤立如島，遠距村落人家。廟前本有一片松柏，現時只剩一老松，孤傲聳立，緘默如同守衛將士。廟門鎮日閉鎖，少有開時，苟遇一老人耕作門外，則可暫借銹鑰，隨意出入。本來這一帶地方多是道不拾遺，夜不閉戶的，所謂鎖鑰，亦只餘一條鐵釘及一種形式上的保管手續而已。這現象竟亦可代表山西內地其他許多大小廟宇的保管情形。

廟中空無一人，蔓草晚照，伴着殿廡石級，靜穆神秘，如在畫中。兩廂為「窰」，上平頂，有磚級可登。天晴日美時，週圍風景全可入覽。此帶山勢和緩平趨，連接汾河東西區域，遠望綿山峯巒，竟似天外烟霞，但傍晚時，默立高處，實不竟古原夕陽之感。近山各處全是赤土山，級層層平削，像是出自人工，農民多闢洞「穴居」，耕種其上。麥黍赤土，紅綠相間成橫層，每級土崖上所闢各穴，遠望似平列橋洞，景物自成一種特殊風趣。沿溪白楊叢中點綴土築平屋小院及磨坊，更錯落可愛。

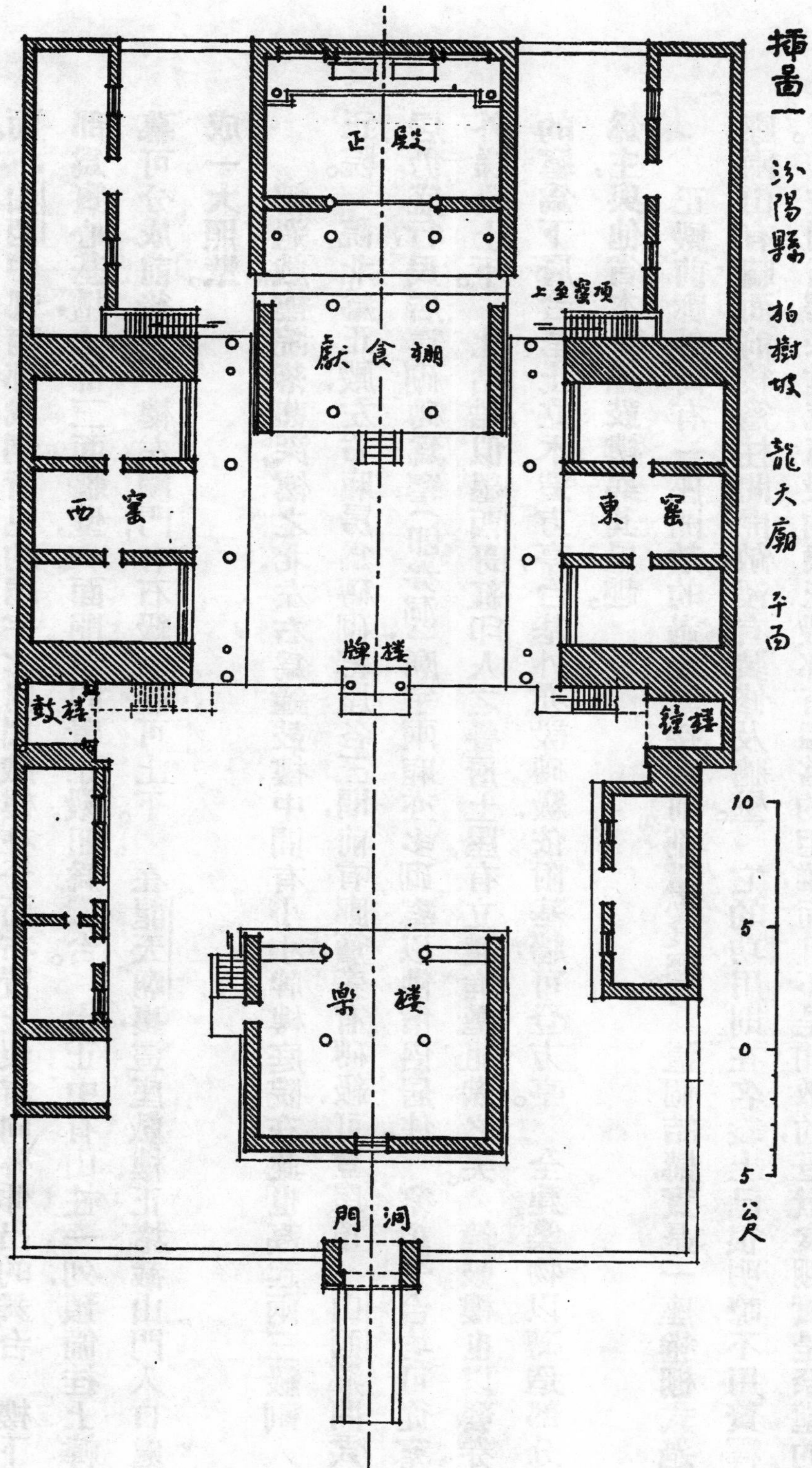

插圖一 汾陽縣柏樹坡龍天廟平面

龍天廟的平面布置（插圖一）南北中線甚長，南面圍牆上闢山門。門內無照壁，却爲戲樓背面。山西中部南部我們所見的廟宇多附屬戲樓，在平面布置上沒有向外伸出的舞台。樓下部爲實心基壇，上部三面牆壁，一面開敞向着正殿，卽爲戲台。台正中有山柱一列，預備挂上幃幕可分成前後台。樓左闢門，有石級十餘可上下。在龍天廟裏這座戲樓正堵截山門入口處成一大照壁。

轉過戲樓，院落甚深，樓之北，左右爲鐘鼓樓，中間有小小牌樓，庭院在此也高起兩三級，劃入正院。院北爲正殿，左右廂房爲磚砌窰屋各三間，前有廊簷，旁有磚級可登屋頂。山西鄉間穴居仍盛行，民居喜砌磚爲窰（卽劵洞），廟宇兩廂亦多砌窰以供僧侶居住。窰頂平台均可從窰外梯級上下。此點酷似墨西哥紅印人之疊層土屋，有立體堆壘組織之美。鐘鼓樓也以發劵的窰爲下層台基，上立木造方亭，台基外亦設磚級，依附基牆可登方亭。全建築物以磚造部分爲主，與他省木架鐘鼓樓異其風趣。

正殿前廊外尙有一座開敞的過廳，緊接廊前，稱「獻食棚」。這個結構實是一座捲棚式過廊，兩山有牆而前後簷柱間開敞，沒有裝修及牆壁。它的功用則在名義上已很明瞭，不用贅釋了。在別省稱祭堂或前殿的，與正殿都有相當的距離，而且不是開敞的，這獻食棚實是祭堂的另一種有趣的做法。

龍天廟裏的主要建築物爲正殿。殿三間，前出廊，內供龍天及夫人像。按廊下清乾隆十二年碑說：

> 龍天者，介休令賈侯也。公諱渾，晉惠帝永興元年，劉元海……攻陷介休，公……死而守節，不愧青天。……後人……故建廟崇祀，……像神立祠，蓋自此始矣。……

這座小小正殿，「前廊後無廊」本爲山西常見的做法，前廊簷下用碩大的斗栱，後簷却用極小乃至不用斗栱，將前後不均齊的配置完全表現在外面，是河北省所不經見的，尤其是在旁面看其所呈現象，頗爲奇特。

至於這殿，按乾隆十二年「重增修龍天廟碑記」說：

> 按正殿上樑所誌係元季丁亥（元順帝至正七年公元一三四七）重建。正殿三小間，獻食棚一間，東西廈窰二眼，殿旁兩小房二間，樂樓三間。……鳩工改修，計正殿三大間，獻食棚三間，東西窰六眼，殿旁東西房六間，大門洞一座，……零餘銀備異日牌樓鐘鼓樓之費。

所以我們知道龍天廟的建築，雖然曾經重建於元季，但是現在所見，竟全是乾嘉增修的新構。

> 殿的構架，由大木上說，是懸山造，因爲各檁頭皆伸出到柱中線以外甚遠，但是由外表上看，……

却似硬山造，因爲山牆不在山柱中線上，而向外移出，以封護檁頭。這種做法亦爲清代官式建築所無。

這殿前簷的斗栱圖版壹(乙)權衡甚大，斗栱之高約及柱高之四分之一；斗栱之布置亦極疎朗，當心間用補間鋪作一朵，次間不用。當心間左右兩柱頭並補間鋪作均用四十五度斜栱。柱身微有卷殺，闌額爲月梁式，普拍枋寬過闌額。這許多特徵在河北省內惟在宋元以前建築乃得見，但在山西明末清初比比皆是，但細查各栱頭的雕飾圖版壹(丙)則光怪陸離，絕無古代沈靜的氣味；兩平柱上的丁頭栱清稱雀替且刻成龍頭象頭等形狀。

殿內梁架所用梁的斷面亦較小於清代官式的規定，且所用駝峯，替木，叉手等等結構部分，都保留下古代的作法，而在清式中所不見的。

全殿最古的部分，是正殿匾牌圖版壹(丁)，匾文說：

龍 天 廟
施碑人當里四鄉〇〇〇任〇〇男任智孫男 任選 任達
不敢〇〇〇〇〇周橋且邑張元景
至元二年三月十二日粄建 太正〇〇〇
大木都料汾陽〇從識男〇〇忠 〇〇成

這牌的牌首，牌帶，牌舌，皆極奇特，與古今定制都不同，不知是否原物，雖然牌面的年代是確無可

蹺的。

汾陽縣　大相村　崇勝寺

由太原至汾陽公路上，將到汾陽時便可望見路東南百餘公尺處聳起一座龐大的殿宇，出檐深遠，四角用磚築立柱支着，引人注意。由大殿之東，進村之北門，沿寺東牆外南行，繞遠始到寺門。寺規模宏敞，連山門一共六進。山門之內為天王門，天王門內左右為鐘鼓樓，後為天王殿，天王殿之後為前殿，正殿（毘盧殿）及後殿（七佛殿）。除去第一進院之外，每院都有左右廂，在平面布置上完全是明清以後的式樣，而在構架上則差不多各進都有不同的特徵，明初至清末各種的式樣都有代表『列席』。在建築本身以外，正殿廊前放着一造像碑，為北齊天保三年物。

天王殿正中弘治元年公元一四八八碑說：

大相里橫枕卜山之下……古來舍刹，稽自大齊天保三年，公元五五二大元延祐四年公元一三一七，……奉勅建立後殿，增飾慈尊，額題崇勝禪寺，於是而漸成規模……大明宣德庚戌五年公元一四三〇，功豎中殿，廊廡翼如，週植樹千本。……大明成化乙未十一年公元一四七五，……構造天王殿，伽藍宇祠，堂室俱備。……

按現在情形看天王殿與中殿之間，尚有前殿，天王殿前尚有鐘樓鼓樓，爲碑文中所未及。而所「植樹千本」，則一根也不存在了。

山門三間，最平淡無奇；簷下用一斗三升斗栱，權衡甚小，但布置尚疎朗。

天王門三間，左右挾以斜照壁及掖門（圖版貳（甲））。斗栱權衡頗大，布置亦疎朗，每間用補間鋪作二朶，角柱微生起，乍看確有古風。但是各栱昂頭上過甚的雕飾（圖版貳（乙））立刻表示其較晚的年代。天王門內部梁架都用月梁。但因前後廊子均異常的淺隘，故前後簷部斗栱的布置都有特別的結構，成爲一個有趣的斷面；前面用兩列斗栱，高下不同，上下亦不相列（圖版貳（丙）），後簷却用垂蓮柱（圖版貳（丁））使簷部伸出牆外。

鐘鼓樓，天王門之後，左右爲鐘鼓樓，其中鐘樓結構精巧，前有抱廈，頂用十字脊，山花向前，甚爲奇特（圖版貳（戊））。

天王殿五間（圖版叄（甲）），即成化十一年所建，弘治元年碑就立在殿之正中，天王像四尊，坐在東西梢間內。斗栱頗大，當心間用補間鋪作兩朶，次梢間用一朶，雄壯有古風。

前殿五間（圖版叄（乙）），大概是崇勝寺最新的建築物，斗栱用品字式，上交托角替墊栱板，前羅列着全副博古雕工，精細異常，不惟是太瑣碎了，而且是違反一切好建築上結構及雕飾兩方面的常矩的圖叁（丙）。

前殿的東西配殿各三間，亦有幾處值得注意之點。在橫斷面上，前後是不均齊的；如峪道河龍天廟正殿一樣，『前廊後無廊』，而前廊用極大的斗栱，後廊用小斗栱，使側面呈不均齊象。斗栱布置圖版叁（丁）亦疎朗，每間用補間鋪作一朵。出跳雖只一跳，在昂下及泥道栱下，却用替木式的短栱實拍承托，如大同華嚴寺海會殿及應縣木塔頂層所見；但在此短栱栱頭，又以極薄小之翼形栱相交，都是他處所未見。最奇特的乃在闌額與柱頭的聯接法，將闌額兩端斫去一部，使額之上部托在柱頭之上，下部與柱相交，是以一構材而兼闌額及普拍枋兩者的功用的。闌額之下，托以較小的枋，長盡梢間，而在當心間挿出柱頭作角替，也許是營造法式卷五所謂「綽幕方」一類的東西。

正殿（毘盧殿）圖版肆（甲） 大概是崇勝寺內最古的結構，明弘治元年碑所載建於宣德庚戌五年公元一三四〇，的中殿，卽指此。殿是硬山造，『前廊後無廊』，前簷用碩大的斗栱，前後亦不均齊。斗栱布置圖版肆（乙）每間只用補間鋪作一朵。前後各出兩跳，單抄單下昂，重栱造，昂尾斜上，以承上一縫槫圖版肆（丙）。當心間補間鋪作用四十五度斜栱。闌額甚小，上有很寬的普拍枋，一切尚如古制。當心間兩柱，八角形，這種柱常見於六朝隋唐的磚塔及石刻，但用木的，這是我們所得見惟一的例。簷出頗遠，但只用椽而無飛椽，在這種大的建築物上還是初見。

前廊西端立北齊天保三年任敬志等造像碑圖版肆(丁)，碑陽造像兩層各刻一佛二菩薩，額亦刻佛一尊。上層龕左右刻天王，略像龍門兩大天王。座下刻獅子二，碑頭刻蟠龍，都是極品，底下刻字則更勁古可愛。可惜佛面已毀，碑陰字跡亦見剝落了。清初顧亭林到汾訪此碑，見先生金石文字記。

最後為七佛殿七間，是寺內最大的建築物，在公路上可以望見圖版伍(甲)。按明萬曆二十年增修崇勝寺記碑乃「以萬曆十二年動工至二十年落成」，無疑的這座晚明結構已替換了「大元元祐四年」的原建，在全部權衡上，這座明建尚保存着許多古代的美德；例如斗栱疏朗，出簷深遠，尚表現一些雄壯氣概。但各部本身則盡雕飾之能事。外簷斗栱圖版伍(乙)上昂嘴特多彎曲已甚，要頭上雕飾細巧；替木兩端的花紋盤纏；闌額下更有龍形的角替；且金柱內額上斗栱坐斗之剔空花圖版伍(丙)，竟將荷載之集中點(主要的建築部分)作成脆弱的纖巧的花樣；匠人弄巧，害及好建築，以至如此，實令人悵然。雖然在雕工上看來，這些都是精妙絕倫的技藝，可惜太不得其道，以建築物作賣技之場，結果因小失大，這巍峨大殿在美術上竟要永遠蒙恥低頭。

七佛殿格扇上花心精巧異常，為一種菱花與毬紋混合的花樣，在裝飾圖案上實是登峯造極的圖版伍(丁)。殿頂的脊飾，是山西所常見的普通做法圖版伍(戊)。

汾陽縣　杏花村　國寧寺

杏花村是做汾酒的古村，離汾陽甚近。國寧寺大殿由公路上可以望見。殿重簷，上簷簷椽毀頹一部，露出橑簷枋及闌額，遠望似唐代刻畫中所見雙層額枋的建築，故引起我們絕大的興趣及希望。及到近前才知道是一片極大的寺址中僅剩的一座極不規矩的正殿，前簷傾圮，簷檁暴落，竟給人以奢侈的誤會。廊下乾隆二十八年碑說「敕賜於唐貞觀，重建於宋，歷修於明代。」現存建築大約是明時重建的。

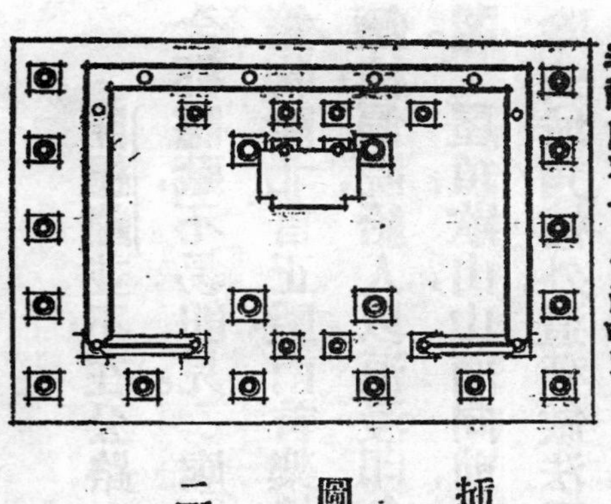

插圖二

在山西明代建築甚多，形形色色，式樣各異，斗栱布置或仍占制，或變換纖巧，陸離光怪，幾不若以建築規制論之。大殿的平面布置幾成方形，（插圖二）重簷金柱的分間，與外簷柱及內柱不相排列。而在結構方面，此殿做法很奇特，內部梁架兩山將採步金梁經過複雜勾結的斗栱，放在順梁上，而採步金上又承托兩山順扒梁。（或大昂尾）法式新異，未見於他處（圖版陸（乙））。

至於下簷前面的斗栱（圖版陸（甲）），不安在柱頭上，致使柱上空虛，做法錯謬，大大違反結構原則，在老建築上是甚少有的。

35005

文水縣　開栅鎮　聖母廟

開栅鎮並不在公路上，由大路東轉沿着山勢，微微向下曲折，因爲有溪流，有大樹，廟宇村巷全都隱藏，不易卽見。廟門規模甚大，丹靑剝落。院內古樹合抱，濃蔭四佈，氣味嚴肅之極。建築物除北首正殿，南首樂樓，巍峨對峙外，尙有東西兩堂，皆南向，與正殿並列，雅有古風；廊廡碑碣鐘樓偏院，給人以渾漫印象，較他廟爲深，尤其是因正殿屋頂歇山向前，玲瓏古制，如展看畫裏樓閣。屋頂歇山山面向前，是宋代極普通的式制，在日本至今還用得很普偏，然在中國，由明以後，除去城角樓外，這種做法已不多見。正定隆興寺摩尼殿，是這種做法的，且由其他結構部分看去，我們知道它是宋初物。據我們所見過其他建築歇山向前的，共有元代廟宇兩處，均在正定。此外卽在文水開栅鎮聖母廟正殿又得見之（圖版陸(丙)）。

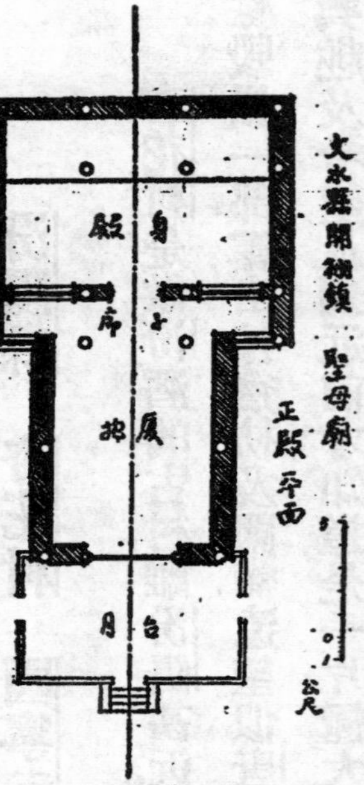

殿平面作凸字形（插圖三），後部爲正方形殿三間，屋頂懸山造；前有抱厦，進深與後部同，面闊則較之稍狹，屋頂歇山造，山面向前。

文水縣開栅鎮　聖母廟　正殿平面

殿身　抱厦　月台　公尺

插圖三

後部斗栱，單昂出一跳，抱厦則重昂出兩跳，布置極疎朗，補間僅一朵。昂並沒有挑起的後尾，但斗栱在結構上還是有絕對的機能。耍頭之上，撑頭木伸出刻略如蔴葉雲頭，這可說是後來清式挑尖梁頭之開始。前面歇山部分的構架，圖版陸(戊)槫枋全承在斗栱之上，結構精密堪稱上品。正定陽和樓前關帝廟的構架和斗栱與此多有相同的特徵。但此處內部木料非常粗糙，呈簡陋印像。

抱厦正面驟見雖似三間，但實祇一間，有角柱而無平柱，而代之以槏柱(或稱抱框)，額枋是長同通面闊的。額枋的用法正面與側面略異，亦是應注意之點，側面額枋之上用普拍枋，而正面則不用；正面額枋之高度與側面額枋及普拍枋之總高度相同，這也是少見的做法。

至於這殿的年代，在正面梢間壁上有元至元二十年公元一二八三嵌石，刻文說：

「夫廟者元近西溪，未知何代，……後於此方要修其廟，……梁書萬歲大漢之時天會十年季春之月，……今者石匠張瑩嗟歲月之彌深，覩棟梁之抽換，……恐後無聞，發願刻碑。……」

刻石如是。由形制上看來，殿宇必建於明以前，且因與正定關帝廟相同之點甚多，當可斷定其爲元代物。

聖母廟在平面布置上有一特殊值得注意之點。在正殿之東西各有殿三間，南向，與正殿並列，尙存魏晉六朝東西堂之制。關於此點，劉敦楨先生在本刊五卷二期已申論得很清楚，不必在此贅述了。

文水縣　文廟

文水縣，縣城週整，文廟建築亦宏大出人意外。院正中泮池，兩邊廊廡碑石欄杆，圍襯大成門及後殿，壯麗較之都邑文廟有過無不及；但建築本身分析起來，頗多弱點，僅爲山西中部淸以後虛有其表的代表作之一種。廟裏最古的碑記有宋元符三年的縣學進士碑，元明歷代重修碑也不少。就形制看來，現存殿宇大概都是淸以後所重建。

正殿（圖版柒（甲）），開間狹而柱高，外觀似欠舒適。柱頭上用闌額和由額，二者之間用由額墊板，間以「荷葉墩」。闌額之上又用肥厚的普拍枋（圖版柒（乙））。這四層構材本來闌額爲主，其他爲輔，但此處則全一樣大小，使賓主不分，極不合結構原則。斗栱不甚大，每間只用補間鋪作一朵。坐斗下面托以「皿板」，刻作古玩座形，當亦是當地匠人纖細弄巧做法之一種表現。斗栱外出兩跳華栱，無昂，但後尾卻有挑杆，大概是由耍頭及撐頭木引上。兩山柱頭鋪作承托順扒梁外端，內端坦然放在大梁上，却倒率直（圖版柒（丙））。

戟門三間，大略與大成殿同時。　斗栱前出兩跳，單抄單下昂，正心用重栱，第一跳單栱上施替木承羅漢枋，第二跳不用栱，跳頭直接承托替木以承挑簷枋及簷桁，也是少見的做法。　轉角鋪作不用由昂，也不用角神或寶瓶，只用多跳的實拍栱（或鞾楔）層層伸出以承角梁，這做法不止新穎，且較其他常見的尚爲合理（圖版柒（丁））。

汾陽縣　小相村　靈巖寺

小相村與大相村一樣在汾陽文水之間的公路旁，但大相村在路東，而小相村卻在路西，且離汾陽亦較遠。　靈巖寺在山坡上，遠在村後，一塔秀挺，樓閣巍然，殿瓦琉璃，輝映閃爍，夕陽中望去，易知爲明清物，但景物婉麗可人，不容過路人棄置不採。

離開公路，沿土路行可四五里，達村前門樓。　樓跨土城上，底下圓券洞門，一如其他山西所見村落。　村內一路貫全村前後，雨後泥濘崎嶇，難同入蜀，愈行愈疲，愈覺靈巖寺之遠，始悟汾陽一帶平原，樓閣遠望轉近，不易用印象來計算距離的。　及到寺前，殘破中雖僅存山門券洞，但寺址之大，一望而知。

進門只見瓦礫土邱，滿目荒凉，中間天王殿遺址，隆起如冢，氣象堂皇。　道中所見磚塔及重樓，尚落後甚遠更進又一土邱，當爲原來前殿——中間露天趺坐兩鐵佛，中挾一無像大蓮座；斜陽一瞥，奇趣動人，行人倦旅，至此幾頓生妙悟，進入新境。再後當爲正殿址圖版捌（甲），背景裏樓塔愈迫近，更有鐵佛三尊趺坐慈靜如前，東首一尊且低頭前傴，現憫惻垂注之情圖版捌（乙）。此時遠山晚晴，天空如宇，兩址反不殿而殿，嚴肅麗都，不藉梁棟丹青，朝拜者亦更沈默虔敬，不由自主了。

鐵像有明正德年號，鑄工極精，前殿正中一尊已傾欹坐地下，半埋入土，塑工清秀，在明代佛像中可稱上品圖版捌（丙）。

靈巖寺各殿本皆發券窰洞建築，磚砌券洞，繁複相接，如古羅馬遺建，由斷牆土邱上邊下望，正殿偏西殘窰多眼尚存。更像隧道密室相關連，有陰森之氣，微覺可怕，中間多停棺柩，外砌磚槨，印象亦略如羅馬石棺在木造建築的中國裏探訪遺蹟，極少有此經驗的。券洞中一處，尚存券底畫壁圖版捌（丁），顏色鮮好，畫工精美，當爲明代遺物。

磚塔在正殿之後，建於明嘉靖二十八年。這塔可作晉冀兩省一種晚明磚塔的代表。

磚塔之後，有磚砌小城，由旁面小門入方城內，別有天地，樓閣廊舍，尚極完整，但闃無人聲，院內荒蕪，野草叢生，幽靜如夢；與「城」以外的堂皇殘址，露坐鐵佛，風味迥殊。

這院內左右配殿各窰五眼，窰築鞏固，背面向外，即爲所見小城牆。殿中各餘明刻木像一尊。北面有基窰七眼上建樓殿七大間圖版玖(乙)即遠望巍然有琉璃瓦者。兩旁更有簃樓，石級露臺曲折可從窰外登小閣轉入正樓。夕陽落漠，淡影隨人轉移，處處是詩情畫趣，一時記憶幾不及於建築結構形狀。

下樓徘徊在東西配殿廊下看讀碑文，在荆棘擁護之中，得朱之俊崇禎年間碑，碑文敍述水陸樓的建造原始甚詳。

朱之俊自述『夜宿寺中，俄夢散步院落，仰視左右有樓翼然，赫輝壯觀若新成形……覺而異焉，質明擧似曾門師，師爲余言水陸閣像，頗與夢合。余因徵水陸緣起，慨然首事……』各處尙存碑碣多座，敍述寺已往的盛史。惟有現在破爛的情形，及其原因，在碑上是找不出來的。

正在留戀中，老村人好事進來，打斷我們的沉思，開始問答，告訴我們這寺最後的一頁慘史。據說是光緒二十六年替換村長時，新舊兩長各豎一幟，慫恿村人械鬥，將寺折毁。數日間竟成一片瓦礫之場，觸目傷心；現在全寺只餘此一院樓廂及院外一塔而已。

孝義縣　吳屯村　東嶽廟

由汾陽出發南行，本來可僱教會汽車到介休，由介休改乘公共汽車到霍州趙城等縣。但大雨之後，道路泥濘，且同蒲路正在炸山築路，公共汽車道多段已拆毀不能通行，沿途跋涉露宿，大部竟以徒步得達。

我們曾因道阻留於孝義城外吳屯村，夜宿村東門東嶽廟正殿廊下；廟本甚小，僅餘一殿，正殿結構奇特，屋頂的繁複做法，是我們在山西所見的廟宇中最已甚的。小殿向着東門，在田野中間鎭座，好像鄉間新娘，滿頭花鈿，正要回門的神氣。

廟院平鋪磚塊，墳築甚高，圍牆矮短如欄杆，因牆外地窪，用不着高牆圍護；三面風景，一面城樓，地方亦極別緻。廟廂已作鄉間學校，但僅在日中授課，頑童日出即到，落暮始散。夜裏僅一老人看守，聞說日間亦是教員，薪金每年得二十金而已。

院略爲方形，殿在院正中，平面則爲正方形，前加淺隘的抱廈。兩旁有斜照壁，殿身屋頂是歇山造，抱廈亦然，但山面向前，與開柵聖母廟正殿極相似，但因前爲抱廈，全頂呈繁亂狀，加以裝飾物，愈富縟不堪設想。這殿的斗栱甚爲奇特，其全朶的權衡，爲普通斗栱所不常有，因爲橫栱——尤其是泥道栱及其慢栱——甚短，以致斗栱的輪廓聳峻，呈高瘦狀。殿深一間，用補間斗栱三朶。抱廈較殿身稍狹，用補間鋪作一朶，各層出四十五度斜昂。昂嘴纖弱，嵷入頗深。各斗栱上的耍頭，厚只及材之半，刻作霸王拳，劣匠弄巧的弊病，在在可見。

35012

側面闌額之下，在柱頭外用角替而不用由額，這角替外一頭伸出柱外，托闌額頭下，方整無飾，這種做法無意中巧合力學原則，倒是罕貴的一例。 簷部用椽子一層並無飛椽，亦奇。 但建造年月不易斷定。 我們夜宿廊下，仰首靜觀簷底黑影，看涼月出沒雲底，星斗時現時隱，人工自然，悠然溶合入夢，滋味深長。

霍縣 太清觀

以上所記，除大相村崇勝寺規模宏大及聖母廟年代在明以前，結構適當外，其他建築都不甚重要。 霍州縣城甚大，廟觀多且傀偉，登城樓上望眺，城外景物和城內嵯峨的殿宇對照，堪稱壯觀。 以全城印像而論，我們所到各處，當無能出霍州右者。

霍縣太清觀在北門內，志稱宋天聖二年道人陶崇人建，元延祐三年道人陳泰師修。 觀建於土邱之上，高出兩旁地面甚多，而且愈往後愈高，最後部庭院與城牆頂平，全部布局頗饒趣味。 觀中現存建築，多明清以後物。 惟有前殿（圖版玖（丁））額曰『金闕玄元之殿』，最饒古趣。 殿三間，懸山頂，立在很高的階基上，前有月臺，高如階基。 斗栱雄大，重栱重昂，造當心間用補間鋪作兩朵，梢間用一朵。 柱頭鋪作（圖版玖（戊））上的耍頭已成桃尖梁頭形式，但昂的寬度卻仍早制，未曾加大。 想當是明初近乎官式的作品。 這殿的簷部，也是不用飛椽的。 最後一殿，歇山重簷造，由形制上看來恐是清中葉以後新建。

霍縣 文廟

霍縣文廟，建於元至元間，現在大門內還存元碑四座。 由結構上看來，大概有許多座殿宇，還是元代遺構。 在平面布置上，自大成門左右一直到後面，四週都有廊廡，顯然是古代的制度。 可惜現在全廟被劃分兩半，前半－大成殿以南－駐有軍隊，後半是一所小學校，前後並不通行，各分門戶，與我們視察上許多不便。

前後各主要殿宇，在結構法上是一貫的。 櫺星門以內，便是大成門（圖版拾(甲)），門三間，屋頂懸山造。 柱瘦高而額細，全部權衡頗高，尤其是因為柱之瘦長，頗類唐代壁畫中所常視的現象。 斗栱簡單（插圖四及圖版拾(乙)），單抄四鋪作，令栱上施替木以承橑檐槫。 華栱之上施耍頭，與令栱相交，耍頭後尾作楷頭，承托在梁下；梁頭也伸出到楷頭之上，至為妥當合理。 斗栱布置疎朗，每間

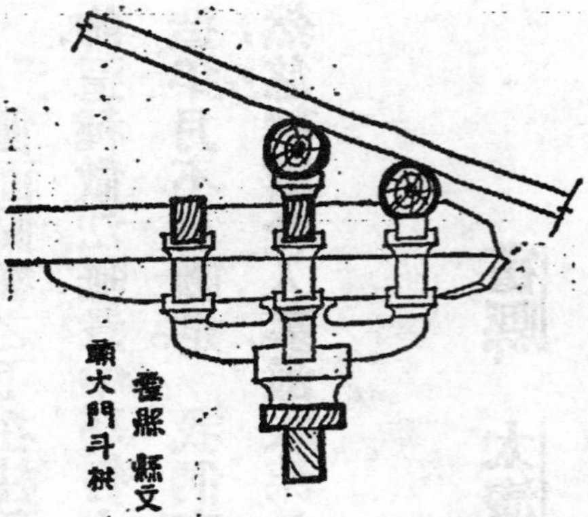

插圖四 霍縣文廟大門斗栱

祇用補間鋪作一朶放在細長的闌額及其厚闊的普柏枋上。普柏枋出柱頭處抹角斜割，與他處所見元代遺物刻海棠卷瓣者略同。中柱上亦用簡單的斗栱，華栱上一材，前後出楷頭以承大梁。左右兩中柱間，用柱頭枋一材在慢栱上相聯絡；這柱頭枋在左右中柱上向梢間出頭作螞蚱頭，並不通排山。大成門梁架用材輕爽經濟，將本身的重量減輕，是極妥善的做法。我們所見檐部只用圓椽，其上無飛檐椽的，這又是一例。

大成殿亦三間（圖版拾（丙）），規模並不大。殿立在比例高聳的階基上，前有月臺；上用磚砌欄杆，（這矮的月臺上本是用不着的。）殿頂歇山造。全部權衡也是峻聳狀。因柱子很高，故斗栱比例顯得很小。

斗栱（圖版拾（丁）），單下昂四鋪作出一跳，昂頭施令栱以承橑檐槫及枋。昂嘴斷勢圜和，但轉角鋪作角昂及由昂則較為纖長。昂尾單獨一根（圖版拾（戊））斜挑下平槫下，結構異常簡潔，也許稍嫌薄弱。斗栱布置疎朗，每門只用補間鋪作一朶，三角形的墊栱版在這裏竟成扁長形狀。

歇山部分的構架是用兩層的丁栿，將山部托住。下層丁栿與闌額平，其上托斗栱。上層丁栿外端托在外檐斗栱之上，內端在金柱上，上托山部構架。

霍縣　東福昌寺

祝聖寺原名東福昌寺，明萬曆間始改今名。唐貞觀四年，僧清宣奉敕建。元延祐四年，僧圓琳重建，後改爲霍山驛。明洪武十八年，仍建爲寺。現時因與西福昌寺關係，俗稱上寺下寺。就現存的建築看，大概還多是元代的遺物。

東福昌寺諸建築中最値得注意的，莫過於正殿。殿七檩，斗栱疎朗，尤其在昂嘴的𨻶勢上，富於元代的意味。殿頂結構，至爲奇特（圖版拾壹（甲））。乍見是歇山頂，但是殿本身屋頂與其下圍廊頂是不連續成一整片的。殿上蓋懸山頂，而在周圍廊上蓋一面坡頂（圍廊雖有轉角繞殿左右，但止及殿左右朶殿前面爲止）。上面懸山頂有它自己的勾滴，降一級將水洩到下面一面坡頂上。漢代遺物中瓦頂有這種兩坡做法，如高頤石闕及紐約博物館藏漢明器便是兩個例，其中一個是四阿頂，一個是歇山頂。日本奈良法隆寺玉蟲廚子也用同式的頂。這種古式的結構，不意在此得見其遺制，是我們所極高興的。關於這種屋頂，已在本刊五卷二期漢代建築式樣與裝飾一文中詳論，不必在此贅述。

在正殿左右爲朶殿。這朶殿與正殿殿身，正殿圍廊三部屋頂連接的結構法（圖版拾壹（乙）插圖五至爲妥善。在清式建築中已不見這種智巧靈活的做法，官式規制更守住某板辦法，刪除特種變化的結構，

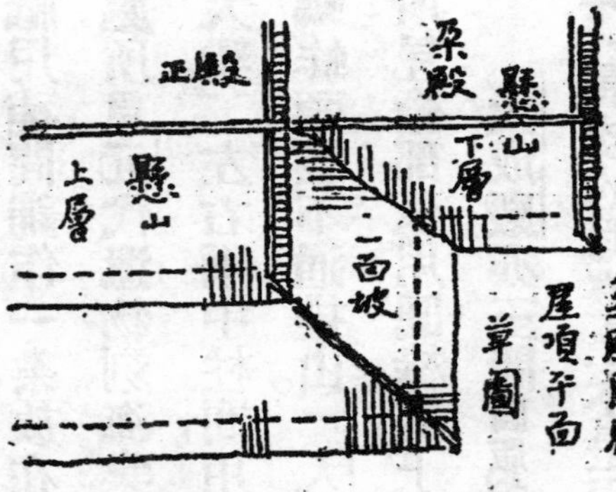

插圖五 霍縣東福昌寺正殿及朶殿圍廊屋頂平面草圖

殊可惜。

正殿階基頗高，前有月臺，階基及月臺角石上，均刻蟠龍，如營造法式石作之制；此例彫飾曾見於應縣佛宮寺塔月臺角石上。可見此處建築規制必早在遼明以前。

後殿由形制上看大概與正殿同時，當心間補間鋪作用斜栱斜昂，如大同善化寺金建三聖殿所見。

後殿前庭院正中尚有唐代經幢一柱存在，經幢之旁，有北魏造象殘石，用磚龕砌護圖版拾壹(丙)。石原爲五像，彌勒(?)正中坐，左右各二菩薩挾侍，惜殘破不堪；左面二菩薩且已缺毁不存。彌勒垂足交脛坐，與雲岡初期作品同，衣紋體態，無一非北魏初期的表徵，古拙可喜。

霍縣　西福昌寺

西福昌寺與東福昌寺在城內大街上東西相稱。按霍州志，貞觀四年敕尉遲恭監造。初名普濟寺。太宗以破宋老生於此，貞觀三年設建寺以樹福田濟營魄。乃命虞世南，李百藥，褚遂良，顏師古，岑文本，許敬宗，朱子奢等爲碑文。可惜現時許多碑石，一件也沒有存在的了。

現在正殿五間圖版拾壹(丁)。左右朶殿三間，當屬元明遺構。殿廊下金泰和二年碑，則稱

35017

寺創自太平興國三年。前廊檐柱尚有宋式覆盆柱礎。前殿三間歇山造，形制較古，門上用兩門簪也是遼宋之制。殿內塑像，頗似大同善化寺諸像。惜過遊時天色已晚，細雨不輟，未得攝影。但在殿中模索燃火在什物塵垢之中瞻望佛容而已。

全寺地勢前低後高。庭院層層高起，亦如太清觀，但跨院舊址尚廣，斷牆倒壁，老樹荒草中，雜以民居，破落已極。

霍縣　火星聖母廟

火星聖母廟在縣北門內。這廟並不古，卻頗有幾處值得注意之點。在大門之內，左右廂房各三間，當心間支出垂花雨罩，新穎可愛，足供新設計參考採用（圖版拾貳（甲））。正殿及獻食棚屋頂的結構，各部相互間的聯絡，在複雜中倒合理有趣。在平面的布置上，正殿三間，左右朶殿各一間，正殿前有廊三間，廊前為正方形獻食棚，左右廊子各一間（圖版拾貳

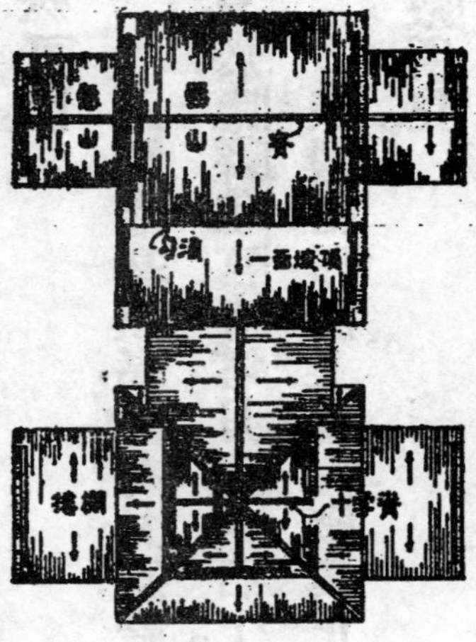

霍縣火星聖母廟平面簡圖

插圖六

（乙）這多數相連絡殿廊的屋頂插圖六；正殿及朵殿懸山造，殿廊一面坡頂，較正殿頂低一級，略如東福昌寺大殿的做法。獻食棚頂用十字脊，正面及左右歇山，後面脊延長，與一面坡相交；左右廊子則用捲棚懸山頂。全部聯絡法至爲靈巧，非北平官式建築物屋頂所能有。

獻食棚前琉璃獅子一對圖版拾貳（丙），塑工至精，紋路秀麗，神氣生猛，堪稱上品。

東廊下明清碑碣及嵌石頗多。

霍縣　縣政府大堂

在霍縣縣政府的大堂的結構上，我們得見到滑稽絕倫的建築獨例。大堂前有抱廈，面闊三間。當心間闊而梢間梢狹，四柱之上，以極小的闌額相聯絡，其上卻托着一整根極大的普拍枋，將中國建築傳統的構材權衡完全顛倒。這還不足爲奇；最荒謬的是這大普拍枋之上，承托斗栱七朵，朵與朵間都是等距離，而沒有一朵是放在任何柱頭之上圖版拾貳（丁）。作者竟將斗栱在結構上之原義，意完全忘却，隨便位置。斗栱位置不隨立柱安排，除此一例外，惟在以善於作中國式建築自命的慕菲氏所設計的南京金陵女子大學得又見之。

斗栱單昂四鋪作，令栱與耍頭相交，梁頭放在耍頭之上。補間鋪作則將撐頭木伸出於耍

35019

頭之上刻作蕨葉雲。令栱兩散斗特大，兩旁有卷耳，略如 Ionic 柱頭形。中部幾朶斗栱，大斗之下，用版塊墊起，但其作用與皿版並不相同。闌額兩端刻卷草紋花樣頗美。柱礎賓裝蓮瓣覆盆，祗分八瓣，雕工精到（圖版拾貳（戊））。

據壁上嵌石；元大德九年（公元一三〇五），某宗室「自明遠郡（現地名待考）朝覲往返，霍郡適當其衝，慮郡廨隘陋」所以增大重建。至於現存建築物的做法及權衡，古今所無，年代殊難斷定。縣府大門上斗栱（插圖七）華栱層層作卷瓣，也是違背常規的做法。

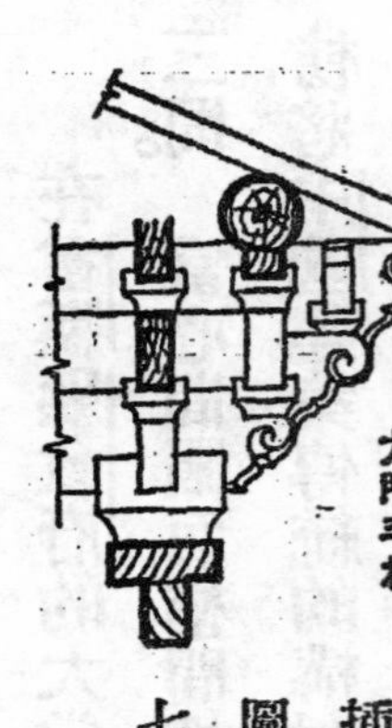
插圖七 霍縣縣政府大門斗栱

霍縣 北門外橋及鐵牛

北門橋上的鐵牛，算是霍州一景，其實牛很平常，橋上欄杆則在建築師的眼中不但可算一景，簡直可稱一齣喜劇。

橋五孔，是北方所常見的石橋，本無足怪（圖版拾叁（甲））。少見的是橋欄杆的雕刻，尤以望柱為甚。欄版的花紋，各個不同，或用蓮花如意萬字鐘鼓等等紋樣，刻工雖不精而布置倘可，可稱粗枝大葉的石刻。至於望柱柱頭上的雕飾則動植物博古幾何形，無所不有，個個不同，沒有重複，其中如猴子，人手，鼓，瓶，佛手，仙桃，葫蘆，十六角形塊，以及許多無名的怪形體，粗糙臚列，如同兒戲，無一不足令人發笑（圖版拾叁（乙））。

至於鐵牛（圖版拾叁（丙）），與我們曾見過無數的明代鐵牛一樣，笨蠢無生氣，雖然相傳爲尉遲恭鑄造，以制河保城的。牛日夜爲村童騎坐撫摸，古色光潤，自是當地一寶。

趙城縣　侯村　女媧廟

由趙城縣城上霍山，離城八里，路過侯村，離村三四里，已看見巍然高起的殿宇。女媧廟志稱唐構，訪謁時我們固是抱着很大的希望的。

廟的平面地面深廣，以正殿——媧皇殿——爲中心，四周爲廊屋，南面廊屋中部爲二門，二門之外，左右仍爲廊屋，南面爲牆，正中闢山門，這樣將廟分爲內外兩院。內院正殿居中，外院則有碑亭兩座，東西對立，印象宏大。這種是比較少見的平面布置。

按廟內宋開寶六年碑：『乃於平陽故都，得女媧原廟重修，……南北百丈，東西九筵；霧罩檐楹，香飛戶牖，……』但志稱天寶六年重修，也許是開寶六年之誤。次古的有元至元十四年重修碑，此外明清兩代重修或祀祭的碑碣無數。

現存的正殿五間（圖版拾叁（丁）），重檐歇山，額曰「媧皇殿」，柱高瘦而斗栱不甚大。上檐斗栱（圖版拾肆（甲）），重栱雙下昂造，每間用補間鋪作一朵；下檐單下昂，無補間鋪作。就上檐斗栱看，柱頭鋪作的下昂較補間鋪作者稍寬，其上有頗大的梁頭伸出，略具「桃尖」之形，下檐亦有梁頭，但較小。就這點上看來，這殿的年代，恐不能早過元末明初。現在正脊桁下且尚大書崇禎年間重修的字樣。

柱頭間聯絡的闌額甚細小，上承寬厚的普拍方。歇山部分的梁架，也似汾陽國寧寺所見，用斗栱在順梁（或額）上承托採步金梁，因順梁大小只同闌額，頗呈脆弱之狀（圖版拾肆（乙））。這殿的綵畫，尤其是內檐的，尚富古風，頗有營造法式綵畫的意味（圖版同上）。殿門上鐵鑄門鈸（圖版拾肆（丙）），門釘，鑄工極精俊。

二門內偏東宋石經幢，全部權衡雖不算十分優美，但是各部的浮雕精絕（圖版拾肆（丁）），如圖版裏下段（為須彌座之上枋）的佛蹟圖，正中刻城門，甚似燉煌壁畫中所繪，左右圖「太子」所見。中段覆盤，八面各刻獅象。上段仰蓮座，各瓣均有精美花紋，其上刻花蕊。除大相村天保造像外，這經幢當為此行所見石刻中之最上妙品。

趙城縣 廣勝寺下寺

一年多以前，趙城宋版藏經之發現，轟動了學術界，廣勝寺之名已傳徧全國了。國人只知藏經之可貴，而不知廣勝寺建築之珍奇。

廣勝寺距趙城縣城東南約四十里，據霍山南端。寺分上下兩院，俗稱「上寺」「下寺」。上寺在山上，下寺在山麓，相距里許，（但是照當地鄉人的說法，却是上山五里下山一里。）

由趙城縣出發，約經二十里平原，地勢始漸高，此二十里雖說是平原，但多黏土平頭小岡，路陷赤土谷中，蜿蜒出入，左右只見土崖及其上麥黍，頭上一線藍天，炎日當頂，極乏趣味。後二十里積漸坡斜，直上高岡，盤繞上下，既可前望山巒屏嶂，俯瞰田隴農舍，乃又穿行幾處山莊村落，中間小廟城樓，街巷里井，均極幽雅有畫意，樹亦漸多漸茂，古榦有合抱的，底下必供着樹神，留着香火的痕蹟。山中甘泉至此已成溪，所經地域，婦人童子多在濯菜浣衣，利用天然。泉清如琉璃，常可見底，見之使人頓覺清涼，風景是越前進越嫵媚可愛。

但快到廣勝寺時，却又走到一片平原上，這平原浩蕩遼闊，乃是最高一座山脚的乾河牀，滿地石片，幾乎不毛，不過霍山如屏，晚照斜陽，早已在望，氣象反開朗宏壯，現出北方風景的性格來。

因爲我們向着正東，恰好對着廣勝寺前行，可看其上下兩院殿宇及寶塔，附依着山側，在夕陽煊染中閃爍輝映直至日落。寺由山下望着雖近，我們卻在暮靄中乘程一時許，至人困騾乏，始趕到下寺門前。

下寺據在山坡上，前低後高，規模幷不甚大。前爲山門三間，由兜峻的甬道可上。山門之內爲前院，又上而達前殿。前殿五間，左右有鐘鼓樓，緊貼在山牆上，樓下劵洞可通行，卽爲前殿之左右掖門 圖版拾伍（丙）。前殿之後爲後院，正殿七間居後面正中，左右有東西配殿。

山門：山門外觀奇特，最饒古趣 圖版拾伍（甲）。屋蓋歇山造，柱高出檐遠，主檐之下，前後各有「垂花雨搭」，懸出檐柱以外 圖版拾伍（乙），故前後面爲重檐，側面爲單檐。主檐斗栱單抄單下昂造，重栱五鋪作，外出兩跳。下昂並不挑起。但側面小柱上則用雙抄。泥道重栱之上，只施柱頭枋一層，其上並無壓槽枋。外第一跳重栱，第二跳令栱之上施替木以承挑檐槫。耍頭斫作螞蚱頭形，斜面微鰤，如大同各寺所見。

雨搭由檐柱挑出，懸柱上施闌額，普拍枋，其上斗栱單抄四鋪作單栱造。懸柱下端截齊，並無雕飾。

殿身檐柱甚高，闌額纖細，普拍枋寬大，闌額出頭斫作螞蚱頭形。普拍枋則斜抹角。

內部中柱上用斗栱，承托六椽栿下，前後平椽縫下施替木及襻間。脊槫及上平槫，均用蜀柱直接立於四椽栿上。檐椽只一層，不施飛椽。

如山門這樣外表，尙爲我們初見；四椽栿上三蜀柱並立，可以省却一道平梁，也是少見的。

前殿 前殿五間，殿頂懸山造。殿之東西爲鐘鼓樓。階基高出前院約三公尺，前有月臺，月臺左右爲踏蹀甬道，通鐘鼓樓之下（圖版拾伍(丙)）。

前殿除當心間南面外，只有柱頭鋪作而沒有補間鋪作。斗栱（圖版拾伍(丁)）正心用泥道重栱，單昂出一跳，四鋪作，跳頭施令栱替木以承橑檐槫，甚古簡。令栱與梁頭相交，昂嘴顱勢甚彎。後面不用補間鋪作，更爲簡潔（圖版拾陸(甲)）。

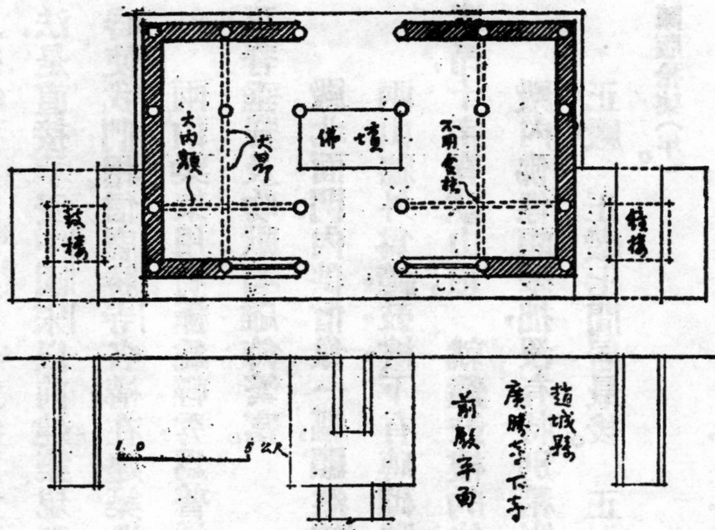

趙城縣廣勝寺下寺前殿平面

插圖八

在平面上南面左右第二縫金柱地位上不用柱（插圖八），却用極大的內額由內平柱直跨至山柱上，而將左右第二縫前後檐柱上的「乳栿」(?)尾特別伸長，斜向上挑起，中段放在上述內額之上，上端在平梁之下相接，承托着平梁之中部（圖版拾陸(乙)及(丙)）。這與斗栱的用昂，在原則上是相同的，可以說是一根極大的昂。廣勝寺上下兩院，都用與此相類的結構法。這種構架在我們歷年國內各地所見許多的遺物中，這還是第一個例。尤其重要的，是因日本的古建築，尤其是飛鳥靈樂等初期的遺構，都是用極大的昂，結構法與此相類，這個實例乃大可佐證建築家早就懷疑的問題，這問題便是日本這種結構法，是直接承受中國宋以前建築規制，並非自創，而此種規制在中國後代反倒失傳或罕見。同時使我們相信廣勝寺各構在建築遺物實例中的重要，遠超過於我們起初所想像的。

兩山梁架用材極爲輕秀，爲普通大建築物中所少見。前後出檐飛子極短，博風版狹而長。正脊垂脊及吻獸均雕飾繁富。

殿北面門內供僧像一軀，顯然埃及風味，煞是可怪。（圖版拾陸（丁））

兩山牆外爲鐘鼓樓，下有磚砌階基。下爲發券門道可以通行。階基立小小方亭。斗栱單昂，十字脊歇山頂。就鐘鼓樓的位置論，這也不是一個常見的布置法。

殿內佛像頗笨拙，沒有特別精彩處。

正殿　正殿七間居最後。正中三間闢門，門左右有很高的直櫺檻窗。殿頂也是懸山造圖版拾柒（甲）。

斗栱　圖版拾柒（乙）五鋪作，重栱，出兩跳，單抄單下昂，昂是明清所常見的假昂，乃將平置的華栱而加以昂嘴的。斗栱只施於柱頭，不用補間鋪作。令栱上施替木以承橑檐槫。泥道重栱之上，只施柱頭枋一層，其上相隔頗遠，方置壓槽枋。論到用斗栱之簡潔，我們所見到的古建築，以這兩處爲最難；然就斗栱與建築物本身的權衡比起來並不算特別大，而且在昂嘴及普拍枋出頭處等詳部似乎傾向較後的年代，但是就大體看，這寺的建築其古潔的確是超過現存所有中國古建築的。這個倒底是後代承襲較早的遺制，還是原來古構已含了後代的幾個特徵，却甚難說。

正殿的梁架結構，與前殿大致相同。在平面上左右縫內柱與檐柱不對中（插圖九），所以左右第一二三縫檐柱上的乳栿皆將後尾翹起，搭在大內額上（圖版拾柒（丙））但栿（或昂）尾只壓在四椽栿下，不似前殿之在平梁下正中相交。四椽栿以上侏儒柱及平梁均輕秀如前殿，這兩殿用材之經濟，雖尚未細測，只就肉眼觀察，較以前我們所看過的遼代建築尚過之。若與官式清代梁架比，眞可算中國建築物中梁架輕重之兩極端，就比例上計算這寺梁的橫斷面的面積，也許不

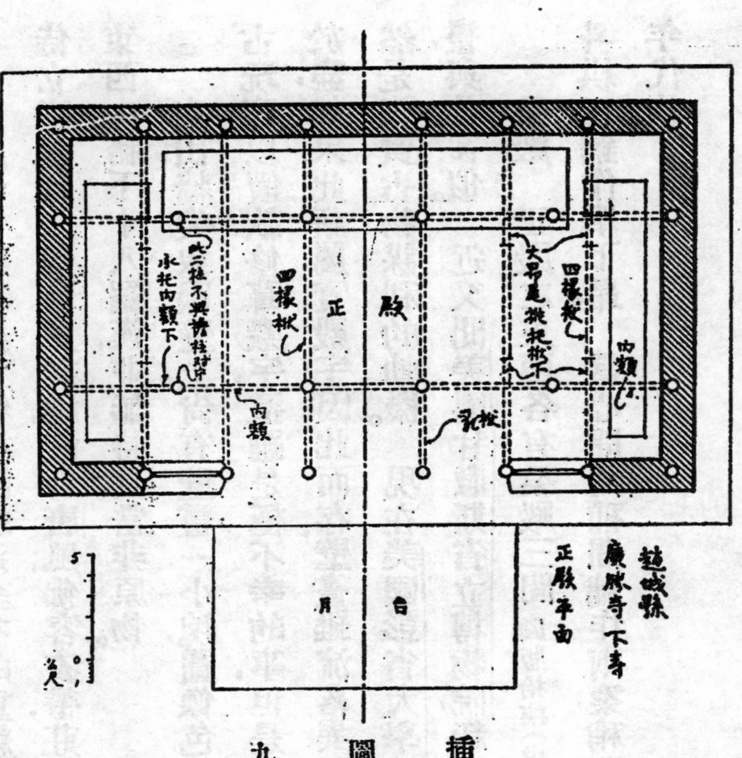

趙城縣廣勝寺下寺正殿平面

插圖九

到清式梁的橫斷面三分之一。

正殿佛像五尊，塑工精極，雖經過多次的重粧，還與大同華嚴寺薄伽教藏殿塑像多少相似。侍立諸菩薩尤爲俏麗有神，饒有唐風，佛容衣帶莊者莊，逸者逸，塑造技藝實臻絕頂（圖版拾柒（丁））。東西山牆下十八羅漢，並無特長，當非原物。

東山牆尖象眼壁上尙有壁畫一小塊，圖像色澤皆美。據說民十六寺僧將兩山壁畫賣與古玩商，以價款修葺殿宇，這雖是極不幸的事，但是據說當時殿宇傾頹，若不如此，便將殿畫同歸於盡，如果此語屬實，殿宇因此而存，壁畫雖流落異邦，但也算兩者均得其所。惟恐此種計劃仍然是盜賣古物謀利的動機。現在美國彭省大學博物院所陳列的一幅精美的稱爲「唐」的壁畫，與此甚似。近又聞美國甘撒斯省立博物院新近得壁畫，售者告以出處，卽云此寺。

朶殿。 正殿之東西各有朶殿三間（圖版拾柒（戊））。朶殿亦懸山造，柱瘦高，額細，普拍枋甚寬。斗栱四鋪作單下昂。當心間用補間鋪作兩朶，稍間一朶。全部與正殿前殿大致相似，當是同年代物。

趙城縣 廣勝寺上寺

上寺在霍山最南的低巒上。寺前的『琉璃寶塔』兀立山頭，由四五十里外望之已極清晰。由下寺到上寺的路頗兜峻盤石奇大但石皮極平潤，坡上點綴着山松風景如中國畫裏山水近景常見的佈局。巒頂却是一個小小的高原，由此望下，可看下寺鳥瞰全景；高原的南頭就是上寺山門所在。山門之內是空院，空院之北，與山門相對者爲垂花門。垂花門內在正中線上，立着『琉璃寶塔』。塔後爲前殿，著名的宋版藏經，就藏在這殿裏。前殿之後是個空敞的前院，左右爲廂房，北面爲正殿。正殿之後爲後殿，後殿左右亦有兩廂。此外在山坡上尚有兩三處附屬的小屋子。

琉璃寶塔　亦稱飛虹塔（圖版拾捌（甲））。就平面的位置上說，塔立在垂花門之內，前殿之前的正中線上，本是唐制。塔平面作八角形，高十三級，塔身磚砌，飾以琉璃瓦的角柱，斗栱，簷瓦佛象等等。最下層有木圍廊。這種做法，與熱河永庥寺舍利塔及北平香山靜宜園琉璃塔是一樣的。但這塔圍廊之上，南面尚出小抱廈一間，上交十字脊。

全部的權衡上看，這塔的收分特別的急速，最上層簷與最下層磚簷相較，其大小只及下者三分之一強。而且上下各層的塔簷輪廓成一直線，沒有卷殺（entasis）圓和之味。各層簷角也不翹起，全部呆板的直線，絕無尋常中國建築柔和的綫路。

塔之最下層供極大的釋迦坐像一尊，如應縣佛宮寺木塔之制。下層頂棚作穹窿式，飾以極繁細的琉璃斗栱。塔內有級可登其結構法之奇特，在我們尙屬初見。普通的磚塔內部，大半不可入，尤少可以攀登的。這塔却是個較罕的例外。塔內堦級每步高約六七十公分，寬約十餘公分，成一個約合六十度的兜峻的坡度。這極高極狹的踏步每段到了終點平常用「半樓板」Lanaing 的地方却不用 lanaing，竟忽然停止由這一段的最上一級反身却可跨過空的 lanaing 攀住背面牆上又一段踏步的最下一級（插圖十）；在梯的兩旁牆上留下小磚孔，可以容兩手攀扶及放燭火的地方。走上這沒有半絲光線的峻梯的人在戰慄之餘不由得不嘖嘆設計者心思之巧妙。

插圖十

關於這塔的年代，相傳建於北周，我們除在形制上可以斷定其爲明清規模外，在許多的琉璃上，我們得見正德十年的年號，所以現存塔身之型成年代很少可疑之點。底層木廊正檁下又有「天啟二年創建」字樣，就是廊子過大而不相稱的權衡看來，我們差不多可以斷定正德的原塔是沒有這廊子的。

雖然在建築的全部上看來，各種琉璃瓦飾用得繁縟不得當，如各朶斗栱的要頭，均塑作猙獰的鬼臉，尤爲滑稽；但就琉璃自身的質地及塑工說，可算無上精品（圖版拾捌（乙））。

前殿　前殿在塔之北，殿的前面及殿前不甚大的院子，整個被高大的塔擋住。殿面闊五間，進深四間，屋頂單簷歇山造（圖版拾捌（丙））。斗栱（圖版拾捌（丁）），重栱造，雙下昂，正面當心間用補間鋪作兩朵，次間一朵，稍間不用；這種的布置，實在是疎朗的，但因開間狹而柱高，故頗呈密擠之狀，驟看似晚代布置法。但在山面，却不用補間鋪作，這種正側兩面完全不同的布置，又是他處所未見。柱頭與柱頭間之聯絡，闌額較小，而普拍枋寬大，角柱上出頭處，闌額斫作楷頭，普拍枋頭斜抹角。我們以往所見兩普拍枋在柱頭相接處（即營造法式所謂「普拍枋間縫」）都項頭放置；但此殿所見，則如營造法式卷三十所見「勾頭搭掌」的做法，也許以前我們疏忽了，所以遲遲至今纔初次開眼。

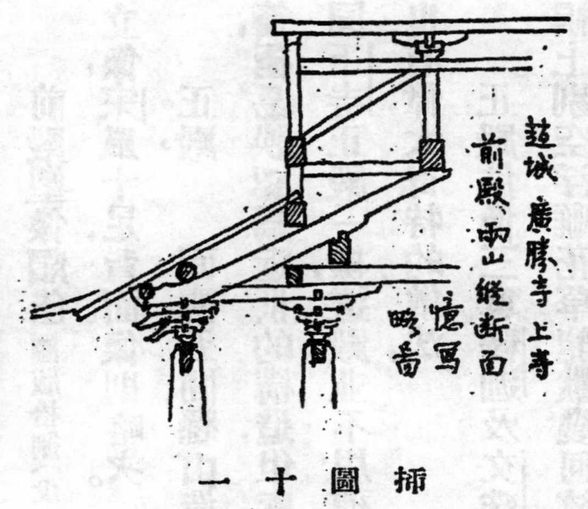

插圖十一

前殿的梁架，與下寺諸殿梁架亦有一個相同之點，就是大昂之應用。除去前後簷間的大昂外，兩山下的大昂（插圖十一）尤爲巧妙。可惜攝影失敗，只留得這幀不甚準確的速寫斷面圖。這大昂的下端承托在斗栱要頭之上，中部放在「採步金」梁之上，後尾高高翹起，挑着平梁的中段，這種做法與下寺所見者同一原則而用得尤爲得當。

前殿塑像頗佳圖版拾捌(戊)，雖已經過多次的重塑但尚保存原來清秀之氣。 佛像兩旁侍立像宋風十足背面像則略次。

正殿： 面闊五間懸山造圖版拾玖(甲)，前殿開敞的庭院與前殿隔院相望。 驟見殿前廊簷，極易誤認爲近世的構造但廊簷之內抱頭梁上赫然猶見單昂斗栱的原狀圖版拾玖(乙)。 如同下寺正殿一樣這殿並不用補間鋪作結構異常簡潔。 內部梁架因有頂棚故未得見但一定也有偉大奇特的做法。

正殿供像三尊釋迦及文殊普賢塑工極精富有宋風其中尤以菩薩爲美圖版拾玖(丙)。 佛帳上剔空浮雕花草龍獸幾何紋圖版拾玖(丁)，精美絕倫乃木雕中之無上好品。 兩山牆下列坐十八羅漢鐵像大概是明代所鑄。

後殿： 居寺之最後。 面闊五間，進深四間四阿頂圖版貳拾(甲)。 因面闊進深爲五與四之比，所以正脊長只及當心間之廣異常短促爲別處所未見。 內柱相距甚遠，與簷柱不並列。斗栱爲五鋪作雙下昂圖版貳拾(乙)。 當心間用補間鋪作兩朵次間梢間及兩山各用一朵。 柱頭鋪作兩下昂平置，托在梁下，補間鋪作則將第二層昂尾挑起。 柱瘦高額細長普拍枋較額略寬。 角柱上出頭處闌額斫作楷頭普拍枋抹角做法與前殿完全相同。 殿內梁架用材輕巧，可與前殿相埒。 山面中線上有大昂尾挑上平槫下。 內柱上無內額，四阿並不推山。 梁架一部分的彩畫，如幾道槫下紅地白綠色的寶相華（？）及斗栱上的細邊古織錦文，想都是原來色澤。

殿除南面當心間闢門外，四週全有厚壁。壁上畫像不見得十分古，也不見得十分好。當心間格扇花心用雕鏤拼鑲極精細的圜形相交花紋（圖版貳拾（丙）），略如營造法式卷三十二所見『挑白毬文格眼』，而精細過之。這格扇的格眼，乃由許多各個的梭形或箭形雕片鑲成，在做工上是極高的成就。在橫披上格扇紋樣與下面略異，而較近乎清式『菱花格扇』的圖案。

後殿佛像五尊，塑工甚劣，面貌肥俗，手臂無骨，衣褶圓而不垂，背光繁縟不堪，佛冠及髮全是密宗的做法，（圖版貳拾（丁））。侍立菩薩較清秀，但都不如正殿塑像遠甚。

廣勝寺上下兩院的主要殿宇，除琉璃寶塔而外，大概都屬於同一個時期，它們的結構法及作風都是一致的。

上下兩寺壁間嵌石頗多，碑碣也不少，其中敘述寺之起源者，有治平元年重刻的郭子儀奏碣。碣字體及花邊均甚古雅。文如下：

晉州趙城縣城東南三十里，霍山南脚上，古育王塔院一所。右河東口觀察使司徒口兼中書令汾陽郡王郭子儀奏；臣據口朔方左廂兵馬使開府儀同三司試太常卿五原郡王李光瓚狀稱；前　塔接山帶水，古跡見存，堪置伽藍，自願成立。伏乞奏置一寺，爲國崇益福口，仍請以阿育王爲額者。臣准狀牒州，勘責得者壽百姓陳仙童等狀，與挑瓚所請置寺爲廣勝。因伏乞　天恩，遂其誠願，如蒙　特命，賜以爲額，仍請於當州諸寺選僧住持灑掃。中書門下牒河東觀察使牒奉勅故牒。大曆四年五月二十七日牒。住寺闍梨僧□切見當寺石碣歲久隳壞年深今欲整新重標斯記。治平元年十一月二十九日。

由右碣文看來寺之創立甚古而在唐代宗朝就原有塔院建立伽藍敕名廣勝。至宋英宗時，伽藍想仍是唐代原建。但不知何時伽藍頹毀以致需要將下寺

計九殿自(金)皇統元年辛酉 公元一一四一 至貞元元年癸酉 公元一一五三 歷二十三年，無年不興工。……

卻是這樣大的工程據元延祐六年 公元一三一九 石，則

大德七年 公元一三〇三 地震古剎毀，大德九年修渠 按即下寺前水渠 木裝。延祐六年始修殿。

大德七年的地震一定很劇烈，以致「古剎毀」。現存的殿宇用大昂的梁架雖屬初次拜見，無由與其他梁架遺例比較。但就斗栱枋額看，如下昂嘴纖弱的卷殺，普拍枋出頭處之抹去方角，都與他處所見相似。至於瘦高的簷柱和細長的額枋又與霍縣文廟如出一手。其爲元代遺物，殆少可疑。不過梁架的做法極爲奇特，在近數年尋求所得，這還是惟一的一個孤例，極值得我

們研究的。

趙城縣　廣勝寺　明應王殿

廣勝寺在趙城一帶，以其泉水出名。在山麓下下寺之前，有無數的甘泉由石縫及地下湧出，供給趙城洪洞兩縣飲料及灌溉之用。凡是有水的地方都得有一位龍王，所以就有龍王廟。這一處龍王廟規模之大，遠在普通龍王廟之上，其正殿——明應王殿——竟是個五間正方重簷的大建築物　圖版貳拾壹（甲）。若是論到殿的年代，也是龍王廟中之極古者。

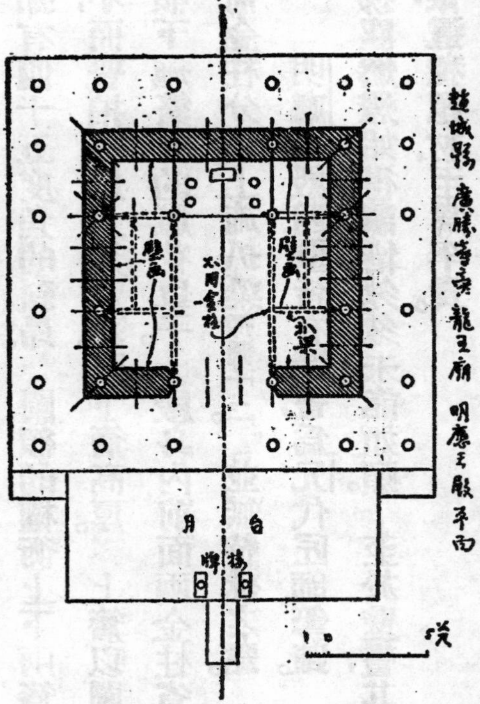

插圖十二

明應王殿平面五間正方形，其中三間正方為殿身，週以迴廊。上簷顯山頂，簷下施重栱雙下昂斗栱。當心間施補間鋪作兩朵，次間施一朵。斗栱　圖版貳拾壹（乙）　權衡頗為雄大，但兩下昂都是平置的華栱而加以昂嘴的。下簷只用單下昂，次間稍間不施補間鋪作，當心間只施一朵，而這一朵却有四十五度角的斜昂。闌額的權衡上下兩簷有顯著之異點，上簷闌額較高較薄，下簷則極小而普拍枋則上簷寬薄而下簷高厚。上簷以闌額爲主而輔以普拍枋，下簷與之正相反，且在額下施繁縟的雕花罩子。殿身內前面兩金柱省去而用大梁由前面重簷柱直達後金柱，而在前金柱分位上施扒梁（插圖十二）。並無特殊之點。

明應王殿四壁皆有壁畫，爲元代匠師筆蹟。據說正門之上有畫師的姓名及年月，須要梯拂塵燃燈始得讀，惜匆匆未能如願。至於壁畫其題材純爲非宗教的，現有古代壁畫大多爲佛像，這種題材至爲罕貴。

至於殿的年代，大概是元大德地震以後所建，與嵩山少林寺大德年間所建鼓樓有許多相似之點。

明應王殿的壁畫和上下寺的梁架，都是極罕貴的遺物，都是我們所未見過的獨例。由美術史上看來都是絕端重要的史料。我們預備再到趙城作較長時間的逗留，俾得對此數物作一個較精密的研究。目前只能作此簡略的記述而已。

趙城縣 霍山 中鎮廟

照縣志的說法，廣勝寺在縣城東南四十里霍山頂，興唐寺唐建，在城東三十里霍山中，所以我們認爲他們在同一相近的去處，同在霍山上，相去不過二十餘里，因而預定先到廣勝寺，再由山上繞至興唐寺去。却是事實乃有大謬不然者。到了廣勝寺始知到興唐寺還須下山繞到去城八里的侯村，再折回向東行再行入山，始能到達。我心想既稱唐建，又在山中，如果原構仍然完好，我們豈可憚煩，輕輕放過。

我們晨九時離開廣勝寺下山，等到折回又到了霍山時已走了十二小時！沿途風景較廣勝寺更佳，但近山時實已入夜，山路崎嶇，峯巒迫近如巨屏，谷中漸黑，涼風四起，只聽腳下泉聲奔湍，看山後一兩顆星點透出夜色。縣役俱疲，摸索難進，竟落後里許。我們本是一直徒步先行的，至此更得奮勇前進，不敢稍怠（怕夫役强主回頭在小村落裏住下）。入山深處，出手已不見掌，加以腳下危石錯落，松柏橫斜，行頗不易。喘息攀登約一小時，始見遠處一燈高懸，掩映松間，知已近廟，更急進敲門。

等到老道出來應對，始知原來我們仍還離着興唐寺三里多，這處爲霍岳山神之廟，亦稱中鎮廟。乃將錯就錯，在此住下。

我們到時已數小時未食，故第一事便到「香廚」裏去烹煮。廚在山坡上窰穴中，高踞廟後左角。廟址既大，高下不齊，廢園荒圃，在黑夜中更是神秘。當夜我們就在正殿塑像下秉燭洗臉，鋪床同時細察樑架，知其非近代物。這殿奇高，燭影之中，印象森然。

第二天起來忙到興唐寺去，一夜的希望頓成泡影。興唐寺雖在山中，却不知如何竟已全部折建，除却幾座清式的小殿外，還加洋式門面等等；新塑像極小，或罩以玻璃框，鄙俗無比，全廟無一樣值得紀錄的。

中鎭廟雖非我們初時所屬意，來後倒覺得可以略略研究一下。據山西古物古蹟調查表，謂廟之創建在隋開皇十四年，其實就形制上看來，恐最早不過元代。

殿身五間，週圍廊，重簷歇山頂。上檐施單抄單下昂五鋪作斗栱，下簷則僅單下昂。斗栱頗大，上下簷俱用補間鋪作一朵（圖版貳拾壹(丙)）。昂嘴細長而直；要頭前面微顱，而上部圓頭突起，至爲奇特。

太原縣 晉祠

晉祠離太原僅五十里，汽車一點多鐘可達，歷來爲出名的「名勝」，聞人名士由太原去遊覽的風氣自古盛行。我們在探訪古建的習慣中，多對「名勝」懷疑，因爲最是「名勝」容易遭「重修」，乃至於「重建」的大毀壞，原有建築故最難得保存。所以我們雖然知道晉祠離太原近在咫尺，且在太原至汾陽的公路上，我們亦未嘗預備去訪『勝』的。

直至赴汾的公共汽車上了一個小小山坡，繞着晉祠的背後過去時，忽然間我們才驚異的抓住車窗，望着那一角正殿的側影，愛不忍釋。相信晉祠雖成『名勝』，却仍爲『古蹟』無疑。那樣魁偉的殿頂，雄大的斗栱，深遠的出簷，到汽車過了對面山坡時，尚巍巍在望，非常醒目。晉祠全部的佈置，則因有樹木，看不清楚，但範圍不小，却也是一望可知。

我們慚愧不應因其列爲名勝，而卽定其不古，故相約一月後歸途至此下車，雖不能詳察或測量，至少亦得流覽攝影，略考其年代結構。

由汾回太原時，我們在山西已過了月餘的旅行生活，心力俱疲，還帶着種種行李什物，諸多不便，但因那一角殿宇，常在心目中，無論如何不肯失之交臂，所以到底停下來，預備作半日的勾留。如果錯過那末後一趟公共汽車回太原的話，也只好聽天由命，晚上再設法露宿或住店！

在那種不便的情形下，帶着一不做二不休的拚命心理，我們下了那擠到水洩不通的公共汽車，在大堆行李中檢出我們的『粗重細軟』——由杏花村的酒罎子到峪道河邊的蘭芝種子——累累贅贅的，背着掮着，到車站裏安頓時，我們幾乎埋怨到晉祠的建築太像樣——如果花花簇簇的來個乾隆重建，我們這些麻煩不全省了麼？

但是一進了晉祠大門，那一種說不出的美麗輝映的大花園，使我們驚喜愉悅，過於初時的期望。無以名之只得叫它做花園。其實晉祠佈置又像廟觀的院落，又像華麗的宮苑，全部兼有開敞堂皇的局面和曲折深邃的雅趣，大殿樓閣在古樹婆娑池流映帶之間，實像個放大的私家園亭。

所謂唐槐周柏，雖不能斷其爲原物，但枝幹奇偉，虬曲橫臥，煞是可觀。池水清碧，游魚閑逸，還有後山石級小徑樓觀石亭各種襯托。各殿雄壯巍然其間，使初進園時的印象感到俯仰堂皇左右秀媚，無所不適。雖然再進去，即發見近代名流所增建的中西合璧的醜怪小亭子等等，夾雜其間。聖母廟爲晉祠中間最大的一組建築；除正殿外，尚有前面「飛梁」（即十字木橋），獻殿及金人台牌樓等等插圖十三，今分述如下：

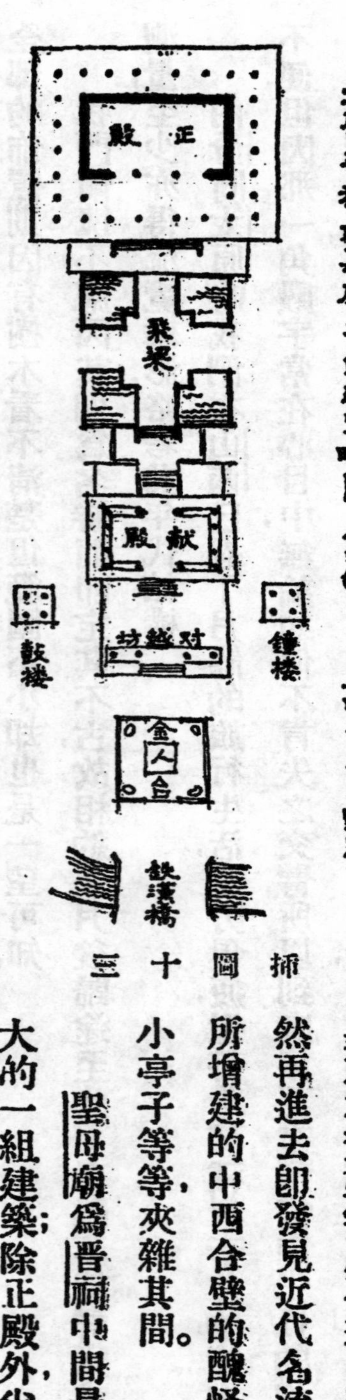

太原晉祠聖母廟平面速寫略圖（無縮尺）廿四年五月默寫

插圖十三

正殿　晉祠聖母廟大殿，圖版貳拾貳（甲）重簷歇山頂，面闊七間，進深六間，平面幾成方形，在佈置上，至爲奇特。殿身五間副階周帀。但是前廊之深爲兩間，內槽深三間，插圖十三故前廊異常空敞，在我們尚屬初見。

斗栱的分配，至爲疏朗（圖版貳拾貳（乙））。 在殿之正面，每間用補間鋪作一朵，側面則僅梢間用補間鋪作。 下簷斗栱五鋪作單栱出兩跳；柱頭出雙下昂，補間出單抄單下昂。 上簷斗栱六鋪作，單栱出三跳，柱頭出雙抄單下昂，補間出單抄雙下昂，第一跳偷心，但飾以翼形栱。 但是在下昂的形式及用法上，這裏又是一種曾未得見的奇例。 柱頭鋪作上極長大的昂嘴兩層，與地面完全平行，與柱成正角，下面平，上面斫𩑶，並未將昂嘴向下斜斫或斜插，亦不求其與補間鋪作的眞下昂平行，完全眞率的坦然放在那裏，誠然是大膽誠實的做法。 在補間鋪作上，第一層昂昂尾向上挑起，第二層則將與令栱相交的耍頭加長斫成昂嘴形，並不與眞昂平行的向外伸出。這種做法與正定龍興寺摩尼殿斗栱極相似，至於其豪放生動，似較之尤勝。 在轉角鋪作上，各層昂及由昂均水平的伸出，由下面望去，頗呈高爽之象。 山面除梢間外，均不用補間鋪作。 斗栱彩畫與營造法式卷三十四『五彩遍裝』者極相似。 雖屬後世重裝，當是古法。

這殿斗栱俱用單栱，泥道單栱上用柱頭枋四層，各層枋間用斗墊托。 闌額狹而高，上施薄而寬的普拍枋。 角柱上只普拍枋出頭，闌額不出。 平柱至角柱間有顯著的生起。 梁架爲普通平置的梁，殿內因黑暗，時間匆促，未得細查。 前殿內深兩間，故在四椽栿上立童柱，以承上簷童柱與相對之內柱間，除斗栱上之乳栿及劄牽外，柱頭上更用普拍枋一道以相固濟（圖版貳拾貳（丙））。

按衛聚賢晉祠指南稱聖母廟爲宋天聖年間建。由結構法及外形姿勢看來，較營造法式所訂的做法的確更古拙豪放，天聖之說當屬可靠。

獻殿　獻殿 圖版貳拾叁(甲) 在正殿之前，中隔放生池。殿三間，歇山頂。與正殿結構法手法完全是同一時代同一規制之下的。斗栱 圖版貳拾叁(乙) 單栱五鋪作，柱頭鋪作雙下昂，補間鋪作單抄單下昂，第一跳偸心，但飾以小小翼形栱。正面每間用補間鋪作一朶，山面惟正中間用補間鋪作。柱頭鋪作的雙下昂，完全平置，後尾承托梁下，昂嘴與地面平行，如正殿的昂。補間則下昂後尾挑起，耍頭與令栱相交，長長伸出，斫作昂嘴形。兩殿斗栱外面不同之點，惟在令栱之上，正殿用通長的挑簷枋，而獻殿則用替木。斗栱後尾惟下昂挑起，全部偸心，第二跳跳頭安梭形「栱」圖版貳拾叁(丙)，單獨的昂尾挑在平槫之下。至於柱額普拍枋，與正殿完全相同。

獻殿的梁架只是簡單的四椽栿上放一層平梁，梁身簡單輕巧，不弱不費，故能經久不壞。殿之四周均無牆壁，當心間前後闢門，其餘各間在堅厚的檻牆之上安直欞柵欄，如營造法式小木作中之义子，當心間門扇亦爲直欞柵欄門。

殿前階基上鐵獅子一對 圖版貳拾叁(丁)，極精美，筋肉眞實，靈動如生。左獅胸前文曰「太原文水弟子郭丑牛兒……政和八年四月二十六日」，座後文爲「靈石縣任章常仕任用，沒和定……，」右獅字不全，只餘「樂善」二字。

飛梁　正殿與獻殿之間有所謂「飛梁」者橫跨魚沼之上。在建築史上這「飛梁」是我們現在所知的惟一的孤例。本刊五卷一期中劉敦楨先生在石軸柱橋述要一文中對於石柱橋有詳細的伸述並引關中記及唐六典中所紀錄的石柱橋。就晉祠所見則在池中立方約三十公分的石柱若干柱上端微卷殺如殿宇之柱柱上有普拍枋相交其上置斗斗上施十字栱相交以承梁或額（圖版貳拾肆（甲））。在形制上這橋誠然極古當與正殿獻殿屬於同一時期。而在名稱上尙保存着古名謂之飛梁這也是極罕貴値得注意的。

金人　獻殿前牌樓之前有方形的台基上面四角上各立鐵人一謂之金人臺。四金人之中有兩個是宋代所鑄其西南角金人（圖版貳拾肆（乙）及（丙））胸前鑄字爲宋故綿州魏城令劉植……等於紹聖四年立。像塑法平庸字體尙佳。其中兩個近代補鑄一清朝一民國塑鑄都同等的惡劣。

晉祠範圍以內尙有唐叔虞祠關帝廟等處匆促未得入覽只好俟諸異日。唐貞觀碑原石及後代另摹刻的一碑均存且有碑亭妥爲保護。

山西民居

35043

門樓　山西的村落無論大小很少沒有一個門樓的圖版貳拾伍(甲)。村落的四週並不一定都有圍牆，但是在大道入村處必須建這種一座紀念性建築物，提醒旅客告訴他又到一處村鎮了。河北境內雖也有這種布局但究竟不如山西普遍。

山西民居的建築也非常複雜，由最簡單的穴居到村莊裡深邃富麗的財主住宅院落，到城市中緊湊細緻的講究房子，頗有許多特殊之點值得注意的。但限於篇幅及不多的相片只能略舉一二，詳細分類研究，只能等候以後的機會了。

穴居　穴居之風，盛行於黃河流域，散見於河南，山西，陝西，甘肅諸省，龍非了先生在本刊五卷一期穴居雜考一文中，已討論得極為詳盡。這次在山西，隨處得見穴內冬暖夏涼，住居頗為舒適，但空氣不流通，是一個極大的缺憾。穴窰均作拋物線形，內部有裝飾極精者，窰壁抹灰，乃至用油漆護牆。窰內除火坑外，更有衣櫥桌椅等等傢俱。窰穴時常據在削壁之旁，成一幅雄壯的風景畫圖版貳拾伍(乙)，或有穴門權衡優美純淨，可在建築術中稱上品的，圖版貳拾伍(丙)及(丁)。

磚窰　這並非北平所謂燒磚的窰，乃是指用磚發劵的房子而言圖版貳拾陸(甲)。雖沒有向深處研究，我們若說磚窰是用磚來摹倣崖旁的土窰，當不至於大錯。這是因住慣了穴居的人，要脫去土窰的短處，如潮濕，土陷的危險等等，而保存其長處，如高度的隔熱力等，所以用磚砌成窰形，三眼或五眼，內部可以互通。　爲要壓下券的推力，故在兩旁須用極厚的牆墩；爲要使券頂堅固，故須用土作撞券。　這種極厚的牆壁，自然有極高的隔熱力的。

這種窰券頂上均用磚墁平（圖版貳拾陸（乙）），在秋收的時候，可以用作曝晒糧食的露台。　或防匪時，村中臨時城樓，因各家窰頂多相聯，爲便於升上窰頂，所以窰旁均有階級可登。　山西的民居，無論貧富，什九以上都有磚窰或土窰的，乃至在寺廟建築中，往往也用這種做法。　在趙城至霍山途中，適過一所建築中的磚窰（圖版貳拾陸（丙）），頗饒趣味。

在這裏我們要特別介紹在霍山某民居門上所見的木版印門神（圖版貳拾陸（丁）），那種簡潔剛勁的筆法，是匠畫中所絕無僅有的。

磨坊　磨坊雖不是一種普通的民居，但是住着却別有風味。　磨坊利用急流的溪水做發動力，所以必須引水入庭院，而入室下，推動機輪，然後再循着水道出去，流入山溪。　因磨粉機不息的震動，所以房子不能用發券，而用特別粗大的樑架。　因求麵粉潔淨，坊內均舖光潤的地板。　凡此種種，都使得磨坊成爲一種極舒適涼爽，又富有雅趣的住處（圖版貳拾柒（甲）及（乙）（丙）），尤其是峪道河深山深溪之間，世外桃源裏，難怪得被洋人看中，做消夏最合宜的別墅。

由全部的布局上看來，山西的村野的民居，最善利用地勢，就山崖的峻緩高下，層層疊疊，自然成畫，使建築在它所在的地上，如同自然由地裏長出來，權衡適宜，不帶絲毫勉強，無意中得到建築術上極難得的優點。

農莊內民居　就是在很小的村莊之內，莊中富有的農人也常有極其講究的房子。這種房子和北方城市中「瓦房」同一模型，皆以「四合頭」爲基本分配的形式，中加屏門垂花門等等。

其與北平通常所見最不同處有四點：

一，在平面上假設正房向南，東西廂房的位置全在北房「通面闊」的寬度以內，使正院成一南北長東西窄狹長的一條，失去四方的形式（圖版貳拾伍（戊））。這個佈置在平面上當然是省了許多地盤，比將廂房移出正房通面闊以外經濟，且因其如此，正房及廂房的屋頂（多半平頂）極容易聯絡，石梯的位置，就可在廂房北頭，夾在正房與廂房之間，上到某程便可分兩面，一面旁轉上到廂房頂，又一面再上幾級可達正房頂。

二，雖說是瓦房，實仍爲平頂磚窰，僅留前廊或前簷部分用斜坡青瓦。　側面看去實像磚牆前加用「雨搭」。

三，屋外觀印像與所謂三開間同，但內部卻仍爲三窰，眼窰與窰間亦用發券門，印象完全不似尋常堂屋。

四，屋的後面女兒牆上做成城樓式的箭垛，所以整個房子後身由外面看去直成一座堡壘（圖版貳拾柒（丁））。

城市中民房　如介休靈石城市中民房與村落中講究的大同小異，但多有樓，如用窰造亦僅限於下層。城中房屋櫛篦擁擠不堪平面佈置尤其經濟，不多佔地盤，正院普通的更瘦窄。一房與他房間多用夾道，大門多在曲折的夾道內，不像北平房子之莊重均衡，雖然內部則仍沿用一正兩廂的規模。

這種房子最特異之點，在瓦坡前後兩片不平均的分配。房脊靠後許多，約在全進深四分之三的地方，所以前坡斜長，後坡短促，前簷玲瓏，後牆高壘，作內秀外雄的樣子，倒極合理有趣。

趙城霍州的民房所佔地盤較介休一般從容得多。趙城房子的簷廊部分尤多繁富的木雕，院內眞是畫梁雕棟琳瑯滿目，房子雖大，聯絡甚好，因廂房與正屋多相連屬可通行。

山莊財主的住房　這種房子在一個莊中可有兩三家，遙遙相對，仍可以令人想像到當日的氣焰。其所佔地面之大，外牆之高，磚石木料上之工藝，樓閣別院之複雜，均出於我們意料之外甚多。靈石往南在汾水東西有幾個山莊，背山臨水，不宜耕種，其中富戶均經商別省，發財後回來築舍顯耀宗族的。

房子造法形式與其他山西講究房子相同，但較近於北平官式，做工極其完美。外牆石造雄厚驚人，有所謂「百尺樓」者，卽此種房子的外牆依着山崖築造，樓居其上。由莊外遙望，十數里外猶可見百尺矗立，崔嵬奇偉，足鎭山河，爲建築上之榮耀！

結尾

這次晉汾一帶暑假的旅行，正巧遇著同蒲鐵路興工期間，公路被毀，給我們機會將三百餘里的路程，慢慢的細看，假使坐汽車或火車，則有許多地方都沒有停留的機會，我們所錯過的古建，是如何的可惜。

山西因歷代爭戰較少，故古建築保存得特多。我們以前在河北及晉北調查古建築所得的若干見識，到太原以南的區域，若觀察不慎，時常有以今亂古的危險。在山西中部以南，大個兒斗栱並不希罕，古制猶存。但是明清期間，山西的大斗栱，栱頭昂嘴的卷殺極其彎矯，斜栱用得毫無節制，而斗栱上加入纖細的三幅雲一類的無謂雕飾，尤其曝露後期的弱點，所以在時代的鑑別上，仔細觀察，還不十分擾亂。

殿宇的制度，有許多極大的寺觀，主要的殿宇都用懸山頂，如趙城廣勝下寺的正殿前殿，上寺的正殿等等，與清代對於殿頂的觀念略有不同。同時又有多種複雜的屋頂結構，如霍縣火星聖母廟，文水縣開柵鎮聖母廟等等，為明清以後官式建築中所少見。有許多重要的殿宇簷椽之上，不用飛椽，有時用而極短。明清以後的作品，雕飾偏於繁縟，尤其屋頂上的琉璃瓦，製瓦者往往爲對於一件一題雕塑的興趣所驅，而忘却了全部的布局，甚悖建築圖案簡潔的美德。

發劵的建築，爲山西一個重要的特徵，其來源大概是由於穴居而起，所以民居廟宇莫不用之，而自成一種特徵，如太原的永祚寺大雄寶殿，是中國發劵建築中的主要作品，我們雖然懷疑它是受了耶蘇會士東來的影響，但若沒有山西原有通用的方法，也不會型成那樣一種特殊的建築的。在劵上築樓，也是山西的一種特徵，所以在古劇裏，凡以山西爲背景的多有上樓下樓的情形，可見其爲一種極普遍的建築法。

趙城縣廣勝寺在結構上最特殊，寺旁明應王殿的壁畫，爲壁畫不以佛道爲題材的唯一孤例，所以我們在最近的將來，卽將前往詳究。晉祠聖母廟的正殿，飛梁，獻殿，爲宋天聖間重要的遺構，我們也必須去作進一步的研究的。